Zu diesem Buch

Vom Wetter reden wir alle, nicht nur die Landwirte, Seeleute und Segelflieger. Wir möchten es gern vorher wissen, wir führen Kopfschmerzen aufs Wetter zurück, von ihm hängt es ab, ob der Betriebsausflug stattfindet und wie hoch die Heizkosten sind – das Wetter gehört zu den Grundvoraussetzungen unseres Lebens. Aber wer versteht schon etwas davon?

Die Wissenschaft vom Wetter – die Meteorologie – ist eine noch verhältnismäßig junge Wissenschaft. Wettervorgänge sind physikalische Tatsachen, die physikalischen Gesetzen gehorchen. Aber überaus kompliziert sind die Zusammenhänge, übergroß ist die Zahl der Bedingungen, von denen sie abhängen. Erst die modernsten Methoden der Beobachtung (mit Radar und Wettersatelliten), der Nachrichtenübermittlung und der Verarbeitung zahlloser Einzelinformationen durch Computer eröffnen heute die Möglichkeit, sie in ihren Zusammenhängen zu erkennen.

Eben diese Zusammenhänge stellt dieses Buch in einer Weise vor, die auch dem ein Verständnis ermöglicht, der «nichts von Mathematik und Physik versteht».

Der Autor

Dr. Hans-Joachim Tanck, geb. am 5. 4. 1911 in Brunau (Altmark), studierte in Göttingen und Hamburg Naturwissenschaften und spezialisierte sich auf Meteorologie.

Seine berufliche Laufbahn begann er bei der Deutschen Seewarte in Hamburg. Dort war er in der Beratung und Planung des Übersee-Luftverkehrs tätig.

Während der Kriegszeit war er Geschwadermeteorologe eines Jagdgeschwaders.

Danach konnte er bei der Deutschen Lufthansa nach deren Neugründung die überseemeteorologische Beratung und Planung wiederaufnehmen. Er vertrat die Lufthansa auch auf internationalen Konferenzen der Luftfahrt- und meteorologischen Organisationen.

H.-J. Tanck ist Mitglied der Deutschen Meteorologischen Gesellschaft, der American Meteorological Society, der American Geophysical Society und der internationalen wissenschaftlichen Organisation für den Segelflug (OSTIV).

Hans-Joachim Tanck

Meteorologie

Wetterkunde, Wetteranzeichen,
Wetterbeeinflussung

rororo

Rowohlt

Umschlagentwurf: Manfred Waller
(Foto: Dr. Krügler, Hamburg
Cirruswolken in Polarbanden)
Redaktion: Jürgen Volbeding

Bildquellen Tafelteil:
II, III, IV, V, VIII, X, XIII, XV, XVI, XVII:
Friedrich Krügler, Hamburg.
Alle übrigen der Autor.

39.–49. Tausend September 1985

«Meteorologie» erschien zum erstenmal 1969
in der rororo tele-Taschenbuchreihe (tele 3).
Die vorliegende Fassung ist grundlegend überarbeitet,
aktualisiert und erweitert.
Veröffentlicht im Rowohlt Taschenbuch Verlag GmbH,
Reinbek bei Hamburg, September 1985

Satz Times (Linotron 202)
Gesamtherstellung Clausen & Bosse, Leck
Printed in Germany
980-ISBN 3 499 17927 X

Inhalt

Vorwort

Die erste «Meteorologie» erschien in der rororo tele-Taschenbuchreihe (tele 3) als Extrakt einer Fernsehreihe: Meteorologie im 3. Programm des NDR 1967.

Die tele-Ausgabe erfreute sich großer Beliebtheit, so daß eine Neuauflage gerechtfertigt erscheint.

Seit der ersten Auflage sind sechzehn Jahre vergangen. Die Wissenschaft von der Meteorologie hat seitdem Fortschritte gemacht. Sie ist den allgemeinen Entwicklungsweg gegangen, den schon Herbert Spencer, der englische Philosoph, 1870 für die Naturwissenschaften als Ganzes voraussagte: Die Mathematisierung der Wissenschaften. Der Weg geht von anfangs beschreibender Darstellung zu messend numerischer Abschätzung.

Wie die Physik heute viele Versuche als mathematische Modelle von Rechenanlagen simulieren läßt, so läuft die wissenschaftliche Forschung auch in der Meteorologie zu mathematischer Modell-Simulierung über. Diese Methode findet bereits in der praktischen Vorhersageroutine Anwendung.

Alle meteorologischen Beobachtungen der Welt, zu einem Zeitpunkt zusammengefaßt – d. h. synoptisch gesehen –, beschreiben einen Anfangszustand, der als Ausgangssituation in zentrale Rechenanlagen eingegeben wird. Unter Benutzung verschiedener mathematischer Ansätze, der Modelle, errechnen die Computer dann zukünftige atmosphärische Zustände, zunächst auf einen bis sieben Tage, voraus. Nächstes Ziel sind Vorausrechnungen für einen Monat, dann soll der Computer «weiterlaufen» und ganze Klimamodelle ermöglichen.

Die Resultate der Rechnungen werden von Meteorologen für Bedarfsträger des öffentlichen Lebens interpretiert, so für das Fernsehen, die Zeitungen, das Transportwesen, die Landwirtschaft, das Bauwesen und das Militär.

Subjektiv sind aus der Rechnung die Wechselwirkungen der programmierten physikalischen Abläufe, wie sie die Rechenmaschine durchgerechnet hat, nicht mehr zu ersehen. Man muß bedenken, daß ohne die Rechenanlagen ein Team von Mathematikern und Rechnern Jahrhunderte gebrauchen würde, um nur die Entwicklungen für den nächsten Tag numerisch zu bestimmen.

Aus der Maschine kommt das Ergebnis «eben heraus» – und es ist so gut oder so schlecht wie die eingegebenen Daten, die im Rechner verarbeitet wurden.

Wer heute eine meteorologische Fachzeitschrift zur Hand nimmt – fast alle Zeitschriften sind wegen der internationalen Zusammenarbeit in Englisch geschrieben –, versteht von dem, was da behandelt wird, kein Wort. Zu den Gleichungen und Kurven hat er keinen anschaulichen Zugang mehr.

Die Wissenschaftler haben sich hinter die imponierenden geistigen Festungsmauern zurückgezogen, deren Zutritt nur über den Verständnisschlüssel der elektronischen Zauberkästen zu erreichen ist. Diese Entwicklung nimmt auch in anderen naturwissenschaftlichen Zweigen denselben Weg: Geophysik, Astrophysik, Hydrologie, Chemie, Biochemie. Es muß nicht alles aufgezählt werden.

Wenige Fachvertreter stehen draußen vor den Festungen, die sozusagen in Jahrmarktsbuden den Leuten erklären, was drinnen gedacht wird. Berufs-Spottbezeichnungen wie «Wetterfrosch» oder «Meteorolüge» für die mathematischen Insassen der Festung, die im Zwiegespräch mit ihren elektronischen Zauberkästen stehen, oder soll man diese Kästen Computerkollegen nennen, sind nicht mehr relevant.

Die beschriebene Entwicklung zur angewandten Mathematik rechtfertigt die Neuauflage einer populärwissenschaftlichen Beschreibung einmal mehr.

Vorbei sind die Zeiten der Mystik, in denen eine Wettervorhersage wie eine astrologische Weissagung erstellt wurde (Hundertjähriger Kalender und ähnliches).

Heute ist die Wettervorhersage ein exakt mathematisch-physikalisches Verfahren mit einer Wissenschaft Meteorologie dahinter, die eigentlich nur vergessen hat, sich statt Meteorologie nunmehr Meteoronomie zu nennen, so wie die Astrologie zur Astronomie wurde. Einstein soll über die Meteorologie bemerkt haben, daß sie erst dann als Wissenschaft zu respektieren sei, wenn sie Meteoronomie geworden sei.

Gewinnung von Beobachtungs- und Meßdaten

Die Wetterkarten im Fernsehen zeigen es schon: Ein weltweiter Informationsdienst ist erforderlich, um meteorologische Beobachtungswerte von jedem Teil der Erde zu jeder Zeit abrufen zu können. Das Wetter bei uns wird, wie an jedem anderen Ort der Welt, weitgehend mitbestimmt durch meteorologische Abläufe auch in entfernteren Gegenden.

Ein meteorologisches Fernmeldenetz überdeckt die ganze Welt und macht vor politischen Grenzen nicht halt. Neben Presse und Rundfunk ist es das größte Informationsnetz. Fernschreiber und Monitore stehen in den Fernmeldezentralen der nationalen Wetterdienste auf Empfang aus anderen Ländern, aber natürlich auch zur Abgabe der eigenen Beobachtung an die anderen Länder. Meteorologische Beobachtungen werden an den Beobachtungsstationen stündlich, z. T. auch halbstündlich, angestellt und müssen anschließend durch das wetterdiensteigene Fernmeldenetz verbreitet werden. Es bedarf eines genau geplanten Zeittaktes, um die Beobachtungen als Meldungen nach ständig gleicher Reihenfolge in eine internationale Ringschaltung aufzunehmen.

Das Wort «Beobachtung» stammt eigentlich aus der früheren «subjektiven» Bestimmungsmethode, als Menschen das Wetter an ihrem Standort noch beschrieben, aber kaum quantitative Meßverfahren benutzten. Heute gibt es raffinierte Instrumente zur Feststellung einer wohldefinierten Meßzahl, wobei noch die Funktion systematischer instrumenteller Fehler von einem Rechner oder Regler verfolgt wird und der Fehlerwert an der richtigen Stelle dem Meßwert als Korrektiv zugegeben wird. Dadurch wird es möglich, auch an unzugänglichen Standorten automatisch messende Geräte aufzustellen, schwimmen zu lassen, sofern es sich um Wasserflächen handelt, oder mit Ballons durch die Atmosphäre in verschiedenen Höhen dahintreiben zu lassen. Die so messend erfaßte Umwelt wird nicht mehr durch einen Menschen beschrieben. An den Standorten der Instrumente hat der Mensch keinen Lebensplatz. Die automatische Messung, überall nach gleichem Verfahren, sichert auf der anderen Seite eine begehrte Standardisierung, die alle zusammengetragenen Werte untereinander vergleichbar macht.

Die per Funk oder Fernschreiben weitergegebenen Daten (beim Deutschen Wetterdienst werden 16 Millionen Funkzeichen empfangen und 60 Millionen verbreitet, alles pro Tag, davon 8 Millionen an Rechenzentren) gehen zu den Speichern der Großrechner, zu internationalen Datenban-

1: Ein eindrucksvolles Bild der Gesamtansicht der dem METEOSAT 1 zugewandten Erde. Diesen Erdteil sieht der Satellit immer, denn er steht stationär darüber. Im Fernsehen wird der Ausschnitt von Europa in diesem Bild entzerrt und vergrößert wiedergegeben. (Bild: ESO/Dornier)

ken für Dokumentationszwecke, an Fernschreibvermittlungsstellen zur Weitergabe an die Kundschaft und auch zu Klimaauswertstellen. Es gibt einige zehntausend punktartige Beobachtungsorte in der Welt. Sie sind zwar die Grundlage für die aktuelle Wetterbeschreibung auf der Erde. Jedoch kann das Netz dieser Stationen kein geschlossenes Bild für eine Kontinuumfläche geben, wie sich die Atmosphäre als Ganzes darbietet. Zwischen den Stationen gibt es große Gebiete, deren Wetterzustände nicht von punktartigen Beobachtungen erfaßt werden können, deren meteorologische Ungewißheit aber störend in die Bestimmung des physikalischen Anfangszustandes eingeht, welcher zur weiteren richtigen Modellrechnung auf die Zukunft erforderlich ist.

So war die technische Entwicklung der Satelliten zugleich mit der Entwicklung der Computertechnik höchst willkommen (Abb. 1). Zur Ergänzung der Punktbetrachtung von einem Beobachtungsnetz aus kommt jetzt noch die Feldbetrachtung mit «remote sensing», dem Messen aus der Ferne. Diese Meßverfahren können demnach nur optisch oder quasioptisch sein. Die Messung aus der Ferne vom Satelliten aus bezieht sich nicht nur auf die optisch sichtbaren Helligkeitseindrücke. In einem solchen Frequenzbereich kann immer nur die Tagseite der Erde vom Satelliten erfaßt werden. Zusätzlich werden Messungen – Anvisierungen – im Mikrowellen- und im Infrarotbereich gemacht. Letztere erfaßt die Wärmestrahlung, welche von der Erde in den Weltenraum geht, und liefert daher, gerade konträr zum optisch sichtbaren Bereich, Aufnahmen von der Nachtseite der Erde mit einer guten Detailauflösung.

Die Wettersatelliten (NOAA-Serie) kreisen in polaren Bahnen in rund 1400 km Höhe sonnensynchron um die Erde (Abb. 2). Sie überfliegen dabei einen geographischen Längenkreis immer zur gleichen Ortszeit und brauchen für einen Umlauf rund 2 Stunden. Dabei werden sie um 30 Längengrade nach Westen versetzt, weil die Erde sich gerade um diesen Betrag unter ihnen durchgedreht hat. 2 Stunden braucht aber auch die Sonne, um 30 Längengrade westwärts vorzurücken. Darum heißt die Satellitenbahn auch sonnensynchron, weil sie wie die Sonne pro Stunde 15 Längengrade westwärts rückt. Um diese Bedingung zu erreichen, muß die Satellitenbahn über die Pole laufen und andererseits die vorgeschriebene Höhe von 1400 km einhalten.

Wenn ein Wettersatellit also beispielsweise um 10 Uhr Ortszeit den 15. Längenkreis östlicher Länge überstreicht, d. i. der Längenkreis von

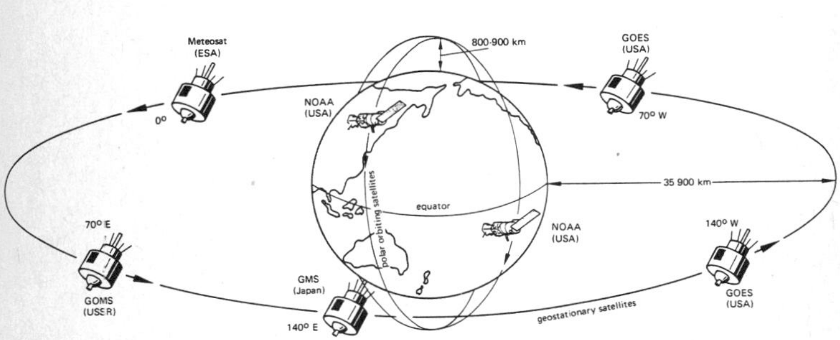

2: Eine schematische Ansicht über die Satellitenverteilung oberhalb der Erde. Die über den Pol ziehenden Satelliten sind sonnensynchron. Sie «sehen» zweimal am Tage die Erdstreifen unter sich zu immer gleicher Ortszeit. Die Erde dreht sich unter ihnen durch, was für die entfernteren Satelliten nicht der Fall ist. Diese sind deswegen geostationär. (Bild: ESO/Dornier)

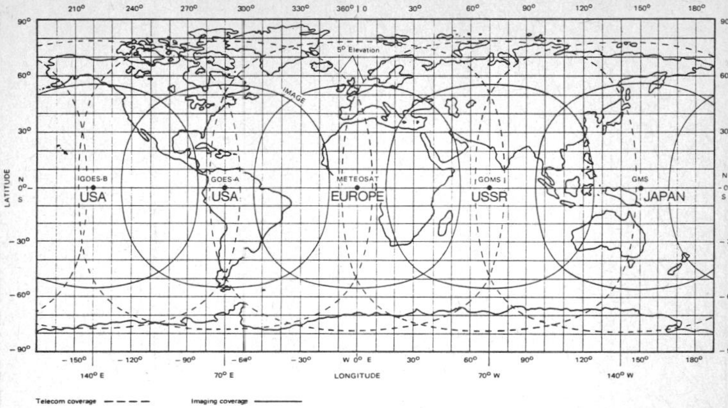

3: Die fünf weltweiten stationären Wettersatelliten überlappen ihre Bildausschnitte. In der Abbildung ist der Punkt bezeichnet, über dem sie in 36000 km Entfernung senkrecht stehen. Die gestrichelten Ränder im polaren Raum geben an, wo die Satelliten nur noch mit 5° Erhebung über dem Horizont zu erkennen sind. Hier ist die polare Grenze der Bildauflösbarkeit. (Bild: ESO/Dornier)

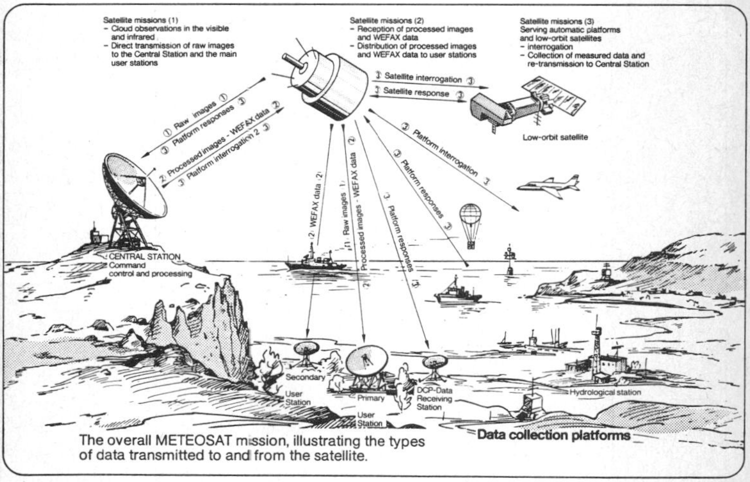

4: Die schematische Darstellung gibt die Aufgaben des METEOSAT an. Wichtig ist, daß der Satellit Wolken im Video-Verfahren fotografiert bzw. filmt. Diese Bilder schickt er zur Erde. Dort werden sie gebrauchsgerecht entzerrt und vergrößert und wieder zum Satelliten zurückgeschickt. Auf einer Fernmeldefrequenz sendet der Satellit dann die zurückgeschickten Bilder wieder zur Erde, wo jeder die Bilder mit geeigneten Empfangsgeräten aufnehmen kann. (Bild: ESO/Dornier)

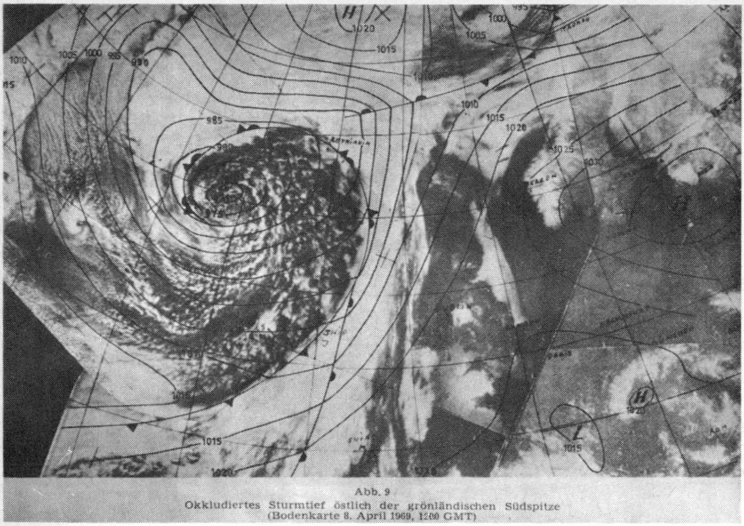

5: Wenn man Wetterkarte und Satellitenbild zur Deckung bringt, erkennt man, wie genau sich die Wolkenbänder an die Wetterfronten anpassen. Hinter Kaltfronten gibt es Schauerwolken. Das Wolkenfeld erscheint fleckig. Vor Warmfronten gibt es geschlossene Schichtwolkenfelder, die bandartig und spiralig angeordnet sind.

der mitteleuropäischen Zeit (Stargard und Gleiwitz liegen auf dieser Länge), so kehrt er nach 2 Stunden auf dem 15. Längengrad West wieder, also gerade westlich der Britischen Inseln. Dann aber ist es an allen Punkten dieses Längenkreises wieder 10 Uhr Ortszeit.

Inzwischen hat der Satellit natürlich auch die Nachtseite der Erde überflogen, die hierzu zeitsymmetrisch liegt. So geraten auch wir zweimal am Tage in das Aufnahmefeld des Satelliten, nach unserem Beispiel einmal 10 Uhr morgens und einmal 10 Uhr abends.

Dies sind sonnensynchrone Satelliten. Die Forderung nach konstanter Ortszeit gibt ihre Süd-Nord-, Nord-Süd-Bahn vor. Anders bei den geostationären Satelliten, die den Vorteil haben, daß sie aus gleichbleibender Ruhestellung über einem festen Ort der Erde die atmosphärischen Bewegungsabläufe durch Wolkenzug und Wolkenentwicklung verfolgen können. Das Verhalten der Tiefdruck- und der Hochdruckwirbel wird auf diese Weise anschaulich gemacht. Um über einem festen Punkt der Erde ortsfest zu bleiben, muß der Satellit 36 000 km hoch stehen. Dadurch hat er natürlich einen weiteren Bildausschnitt im Visier als der sonnensyn-

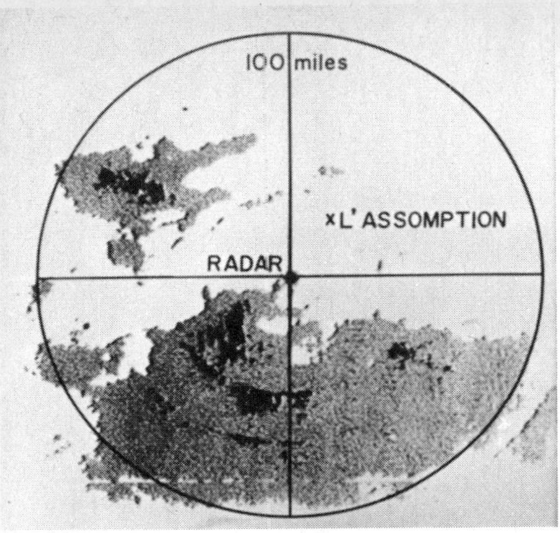

6: Radarabbildung von Schauer- und Gewitterwolken mit Isoechokonturen. Die dunklen Felder sind Gebiete starken Niederschlags, die bei Hagel häufig noch kommaförmig gekrümmt sind.

chrone Satellit, der sich aber von den Polen durch seinen Überlauf ein besseres Bild verschaffen kann als der geostationäre Satellit, denn dieser kann nur ortsfest in 36000 km Höhe bleiben, wenn er genau über dem Äquator steht (Abb. 3).

Sein Blickfeld reicht dann aber nicht mehr bis zu den Polargegenden, sondern schneidet nur gerade noch die 50er geographischen Breitenkreise an.

Ein ausgeklügeltes Rechnerprogramm sorgt jedoch für eine Entzerrung der schräg angeschnittenen polwärtigen Landstriche, so daß die Satellitenbilder in die Projektionen der Wetterkarten eingepaßt werden können (Abb. 4). In unseren geographischen Breiten werden stereographische Projektionen in den Wetterkarten verwendet. In den äquatorialen Gegenden benutzt man Merkatorprojektionen.

Die Standardisierung der Karten hat auch den Vorteil, leichter Vergleiche zwischen den Resultaten der Vorhersagekarten zwischen den nationalen Rechenzentralen der verschiedenen Länder austauschen zu können. Die Resultate der Rechenmaschinen kommen gleich als Vorhersagekarten zum Ausdruck. Ein automatisches Zeichengerät, Plotter genannt, wird von den Computern gesteuert (Abb. 5).

Die gezeichneten oder analysierten Karten sind auch ein direktes Objekt der Fernmeldeverbreitung. Sie werden den Dienststellen im Kundenverkehr per Bildschreiber oder Bildfunk übermittelt.

Die Feldbeobachtung über eine große Fläche ist nicht allein auf die

7: Radarabbildung eines Hurricans vor der Küste Floridas. Eine Wolkenwand legt sich um das Zentrum des Tiefs. Die Küstenlinien sind nachträglich zur Orientierung eingefügt.

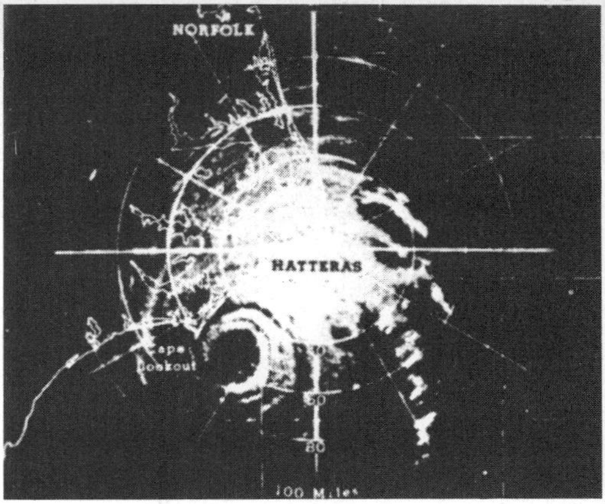

Satellitentechnik beschränkt. Auch das Radargerät steht im Dienst der meteorologischen Feldbeobachtung, des remote sensing (Abb. 6). Freilich erfaßt ein Radargerät nicht eine so riesige Fläche wie ein Satellitenbild, aber ein geschlossenes Radarnetz kann – wie in der Flugverkehrsführung – eine große Felderweiterung erreichen (Abb. 7). Hier ist die Kommunikation aber nicht so weit durchgeführt wie in der Satellitentechnik, wo die zentralen Organisationen der amerikanischen NASA (Nationale Luft- und Raumfahrtbehörde) und NOAA (National Oceanic and Atmospheric Administration) die Grundlage der internationalen Zusammenarbeit auf dem Gebiet der meteorologischen Satellitenbeobachtung geschaffen haben.

Skalen-Größenordnungen

In der Fotografie kann man Nahaufnahmen und Weitwinkelaufnahmen machen, je nachdem, ob der abzubildende Gegenstand im Detail oder total im Rahmen seiner Umgebung wiedergegeben werden soll.

So gibt es auch bei den atmosphärischen Vorgängen Details, die bei einem «Weitwinkelblick», etwa vom Satelliten aus 36000 km Höhe, verschwinden. Die großen Züge der atmosphärischen Zirkulation werden dagegen gut von diesem entfernten Standpunkt erkannt.

Die Kurve der Abb. 8 zeigt die zeitliche und räumliche Ausdehnungsgröße atmosphärischer Wirbel oder Mischungswege, die auch als Turbulenzkörper bezeichnet werden. Die mathematische Simulierung atmosphärischer Vorgänge folgt entsprechend den Größenklassen.

Es gibt:

- 2 Makros-Skalarklassen (makroskalar = großräumig)

Die längste ist eine Monats- bis Jahresskala und bereits auf klimatische Größenklassen eingerichtet. Hierzu gehören die langsamen Bewegungen der großen Zirkulationsräder der Atmosphäre wie beispielsweise der Übergang von einer Winter- zur Sommerzirkulation. Die Verwirbelung kalter und warmer Luftkörper schiebt sich mit dem Sonnenstand natürlich im Sommer polwärts.

Größenklassen von Wochen bis zu 1 oder 2 Monaten gehen bereits in die synoptische Skala. Die mittlere Lebenszeit eines einzelnen Tiefdruckwirbels beträgt beispielsweise durchschnittlich eine Woche.

Man spricht hier auch von dem «zeitlichen Gedächtnis», welches die Atmosphäre für solche Abläufe hat. Eine Woche ist demnach schon ein langes Gedächtnis, verglichen mit solchen Vorgängen, die bereits nach einigen Minuten beendet sind wie kurzfristige Windwirbel auf Straßen und an Häuserecken.

- 2 mesoskalige Felder (mittelräumige Erstreckung)

Die erstere reicht von 1000 bis 100 km herunter und betrifft gänzlich die Ausdehnungen, welche in einer Wetterkarte gezeigt werden. Sie ist die eigentliche synoptische Skala. Abläufe dauern hier Tage bis zu einer Woche.

Die zweite Mesoskala geht von 100 auf 5 km herunter. Diese kann man als «subsynoptisch» bezeichnen, die detailliertere Abläufe aufzeigt, als sich an Wetterkarten erkennen läßt.

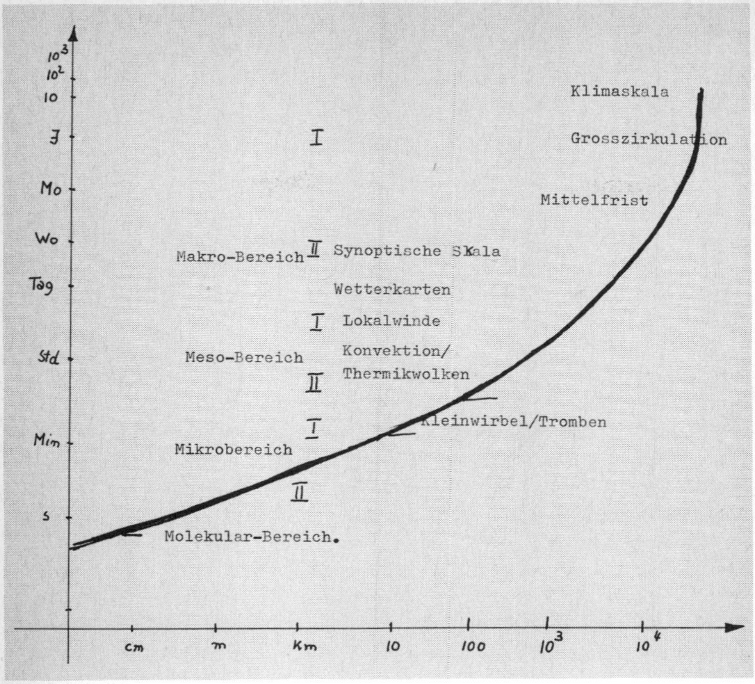

8: Skalengrößen der Atmosphäre.

Man kann sie noch in Regionalwetterkarten wiederfinden. Ihre Zeiterstreckung geht von Stunden bis zu 1 bis 2 Tagen.

Die erforderliche mathematische Nachbildung unterscheidet sich bereits von den Ansätzen her, die man für großräumige Vorgänge erstellt. Die Luftfeuchtigkeit spielt von der Physik her eine besondere Rolle, wie sich beispielsweise Stau und Föhn in einem Berggelände auswirken. Damit sind auch einzelne Verwirbelungszellen in einer Wetterfront angesprochen, zumal wenn sie in einer Landschaft für mehrere Tage stationär ist.

Während die makroskaligen Vorgänge nach oben sich noch bis in die Stratosphäre erstrecken, d. i. eine Höhe von 15 km, sind für die unteren mesoskaligen Betrachtungen nur noch Höhenerstreckungen bis zu gut 5 km einbezogen, d. i. eine Höhe, in welcher die Atmosphäre ihrer Masse nach bereits zur Hälfte durchlaufen ist. Auch einzelne Schauer- und Gewitterzellen fallen in diese Größenklasse.

- 2 mikroskalige Felder unterschreiten die Abläufe von einer Stunde. Man könnte sie als Viertelstundenabläufe bezeichnen. Sie erstrecken sich auf 1 bis 5 km und betreffen auch Wolkenanordnungen, Wolkenbänke, Nebelfelder oder landschaftsbedingte Feuchte- und Temperaturverteilungen, z. B. die Auskühlung enger Täler im Winter gegenüber benachbarten Hochplateaus.

Unterschreitet man die Fünf-Minuten-Dauer eines Vorganges, so kommt man beispielsweise auf Erstreckungen, wie sie bei der Turbulenz an Flugzeugen gespürt werden. Betrachtet man interne Luftaustauschvorgänge wie Molekulardiffusion, Streustrahlung, Strahlungsabsorption und -emission, so kommt man in die Dimension mikroskopisch kleiner Aerosole (Schwebestoffe der Luft) und der Luftmoleküle selbst.

Hier können auch die chemophysikalischen Prozesse erwähnt werden, die man beispielsweise an Luftverschmutzungsstoffen wie den schwefligen Säuren u. ä. untersuchen muß, oder solche in großen atmosphärischen Höhen, wo die energiereiche Strahlung zu chemischen Zwischenstufen beiträgt, wie der Bildung von Ozon, dem dreiatomigen Sauerstoff, welches als Schutzschild das Eindringen harter Ultraviolettstrahlung in die untere Biosphäre verhindert.

Aus den submikroskalen Resultaten läßt sich auch auf die Verweilzeiten schließen, die die Grundbestandteile der Luft und die Aerosole in der Atmosphäre haben. Hierbei wird die Frage behandelt, wo die Quellen und Senken für Stickstoff und Sauerstoff liegen.

Die anderen Planeten unseres Sonnensystems nämlich zeigen uns, daß unsere Erdatmosphäre so was Selbstverständliches, wie wir sie im Alltagsbewußtsein nehmen, nicht ist. Die Atmosphären der anderen Planeten bestehen vorzugsweise aus Methan, Ammonium, Kohlendioxid, also sehr viel zusammengesetzteren Molekülen als die Erdatmosphäre, deren Zusammensetzung wohl zunächst damit zusammenhängt, daß wir auch eine Hydrosphäre, unsere Ozeane, besitzen, die wiederum eine biologische, eine Lebensentwicklung erst ermöglicht hat.

Aus der Erdgeologie können wir erkennen, daß dies nicht immer so war, daß vielmehr die Erdatmosphäre im ersten Viertel der Lebenszeit der Erde auch eine vorwiegend Methan-Ammonium-Atmosphäre war. Erst nach Entwicklung der Hydrosphäre, vermutlich über die Vulkanaktivität, konnte sich pflanzliches Leben entwickeln, das dann seinerseits für die Einstellung der heutigen atmosphärischen Zusammensetzung sorgte.

An diesem Beispiel sieht man, daß auch Untersuchungen im Molekularbereich der Atmosphäre weittragende Erkenntnisse bewirken können.

Vertikaler Aufbau der Atmosphäre

Das Wetter «passiert» nur im unteren Teil der atmosphärischen Hülle. Drei Viertel der Gesamtluftmasse befinden sich bis zu einer Höhe von etwa 12 km, wo auch die Obergrenze der Wetterzone liegt. Das liegt darin begründet, daß alle Gase zusammendrückbar sind.

Die Wetterzone arbeitet wie eine Wärmekraftmaschine. Sie funktioniert, weil unter hohem Druck – unten – erwärmt und unter niedrigem Druck – oben – abgekühlt wird. Für die Erwärmung der Luft sind im wesentlichen drei Bestandteile der Luft verantwortlich, die in der Lage sind, die direkte Zustrahlung der Sonne in Wärme umzuwandeln oder auch einen Teil der Wärmeabstrahlung der festen und flüssigen Erdoberfläche.

In der unteren Luft sind dies Wasser, hauptsächlich sein gasförmiger Aggregatzustand, und Kohlendioxid (CO_2). Letzteres ist das Exhalationsprodukt (Exhalation = Ausdünstung) von Vulkanen, von der Biosphäre einschließlich dem Meeresplankton und neuerlich – seit etwa drei bis vier Generationen – auch von den fossilen Verbrennungsprodukten der Industrieanlagen und Wohnungsheizungen.

Da Wasser und CO_2 somit vom Boden oder der Meeresoberfläche her produziert werden, ist ihr Anteil in den bodennahen Luftschichten am größten und nimmt nach oben auch logarithmisch ab wie die Luftdichte selbst. Wir werden in einem späteren Abschnitt die Funktion der Wettermaschine als Folge der entstandenen vertikalen Temperaturverteilung kennenlernen.

Die dritte strahlungsabsorbierende Gaskomponente der Luft findet sich in recht dünner Zusammensetzung in der hohen Atmosphäre um 25 km Höhe und muß als chemisches Zwischenprodukt bei Aufspaltung der Luftmoleküle durch die UV-Strahlung der Sonne aufgefaßt werden. Es handelt sich um das Ozon (O_3), ein dreiatomiges Sauerstoffmolekül. Ozon erwärmt sich in der 25 bis 30 km-Schicht so stark, daß die Lufttemperatur, die zwischen 10 und 15 km Höhe bereits auf −40° C bis −70° C abgefallen war, wieder auf 0° C und mehr ansteigt. Warme Luft über Kaltluft hält die Luftschichtung stabil, genauso wie warme Wasserschichten über kalten die Wasserschichtung stabilisieren.

Eine solche Schichtung unterbindet den vertikalen thermischen Luftaustausch. Die von der Strahlung auf diese Weise auferlegte Ausschichtung der Luft bleibt in der Stratosphäre, so heißt dieses Höhenintervall

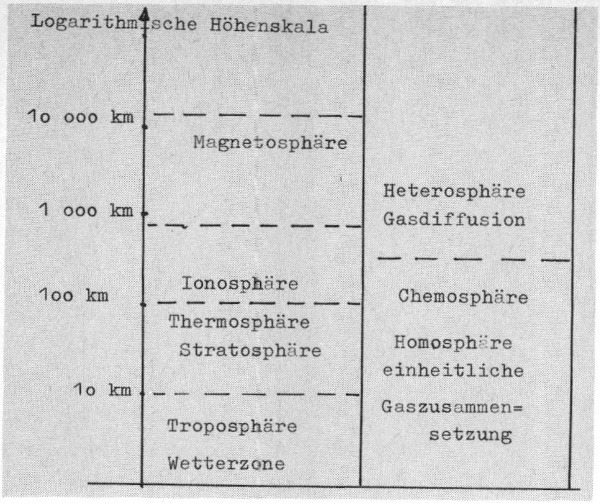

9: Aufbau der Atmosphäre.

der Atmosphäre, sehr beständig. Die Stratosphäre liegt unmittelbar über der Troposphäre, *der Wetterzone,* die sich gerade durch andauernde vertikale thermische Umschichtung auszeichnet, einen Vorgang, den wir landläufig als Wetter bezeichnen.

Die Stratosphäre reicht von 12 km Untergrenze bis 30 km Obergrenze (Abb. 9). In ihrem oberen Teil ist die ozonreiche Schicht eingelagert, die man auch als Ozonosphäre bezeichnet. Dort oben ist die Atmosphäre schon recht dünn. Die logarithmische Abnahme der Luftdichte und des Luftdrucks mit der Höhe führt zu dem Resultat, daß sich ganz hoch oben niemals ein perfektes Vakuum einstellt, sondern sich immer noch Spuren von Gasen zusammenfinden, die es schwermachen, die Lufthülle durch eine physikalisch deutliche Trennlinie von dem leeren Weltenraum zu unterscheiden. Eine logarithmische Folge läßt Halbwertstufen definieren, über welche die Mengenabnahme des Stoffes der Reihe 1, ½, ¼, ⅛, 1/16, 1/32 usw. entspricht. Luftdichte und Luftdruck folgen dieser Reihe mit einer Halbwert-Stufenhöhe von 5500 m.

Wenn man mit 1 den Grundzustand am Boden bezeichnet, so geht die Größe immer auf die Hälfte des vorangegangenen Wertes nach diesem Höhensprung zurück. Streng gilt die Gesetzmäßigkeit bei einer isothermen Atmosphäre, welche damit die Temperatur mit der Höhe konstant hält. Weil die Atmosphäre aber in den unteren 10 km monoton mit der Höhe kälter wird, verstärkt diese Höhenabkühlung ein wenig die beschriebene Gesetzmäßigkeit. Die Druck- und Dichteabnahme mit der Höhe ist sogar noch etwas steiler.

Wir verfolgen die Auswirkung der Gesetzmäßigkeit noch mal im einzelnen:

Nennen wir den Luftdruck am Boden 1 atm (Atmosphäre als technische Luftdruckeinheit), so ist in 5500 m Höhe der Luftdruck ½ atm, in abermals 5500 m Höhe darüber, also in 11 km Höhe, die Hälfte der halben Atmosphäre, also ¼ atm. Mit 16 500 m Höhe gelangen wir so auf ⅛ atm, in 22 km auf 1/16 atm und in 27 500 m auf 1/32 atm.

Haben wir die meteorologische Luftdruckeinheit mit 1000 hPa (Hektopascal – neue Luftdruckeinheit) bezeichnet (am Erdboden), so erhalten wir für 27 500 m ca. 30 hPa. Wegen der kälteren Luft in unteren Schichten ist der tatsächliche Luftdruck hier etwas geringer. Man kann sich leicht merken: In 25 km Höhe sind etwa 25 hPa Luftdruck.

Verfolgen wir die gleichen Schritte noch mal bei der Luftdichte, so beginnen wir mit dem Gewicht von 1 m^3 Luft in 1200 m Höhe. Hier wiegt nämlich der Kubikmeter gerade 1 kg. In gut 5500 bis 6000 m Höhe vermindert sich dann das Gewicht für die Raumeinheit auf ½ kg. Nach der logarithmischen Abnahme reduziert sich das Gewicht von 1 m^3 Luft in 27 500 m Höhe auf 30 Gramm. Merkformel: 1 m^3 = 25 g in 25 km Höhe.

Die uns vertrauten Wirkungen der Luft – Wind, Luftfeuchtigkeit und Luftdruck – spielen in solcher Höhe physikalisch nur noch eine untergeordnete Rolle. Wie wir schon beim Wintersport in hohen Bergen merken, dominiert der Strahlungseffekt als Wärmeüberträger immer mehr, und die Wärmevermittlung durch unmittelbare Luftberührung, bei Wind noch verstärkt, wird nachgeordnet. Was der Mensch schon in den Bergen subjektiv verspürt, wird nun auch objektiv physikalisch in großen Höhen vorrangig: Strahlung und elektrische Leitfähigkeit – daneben wirken auch chemische Umwandlungen noch auf das bißchen Luft da oben ein.

Für einige hundert Kilometer Höhe spielt die Luftdichte in der Satellitentechnik immer noch eine Rolle, weil schnell bewegte Satelliten Reibungsverluste auch in extrem dünner Luft erleiden. Die Reibungsverluste bringen Satelliten dann zum Absturz, wenn die für ihre Sollhöhe verantwortliche Zentrifugalkraft geringer wird als die Erdanziehungskraft. Weil es keine fest definierbare Obergrenze des Luftmeeres als einer Gashülle gibt, schwankt die Höhe der noch für solche Satellitenbewegungen Einfluß nehmenden Luftdichte.

Eine der Schwankungen dürfte von der Sonnenfleckenaktivität ausgehen. Bei hoher Aktivität bläht sich die äußere Lufthülle, wie der unerwartete Absturz des Raumlaboratoriums Skylab vor einigen Jahren gezeigt hat.

Um die Physik der hohen Atmosphäre zu verstehen, ist es zweckmäßig, ihre Wechselbeziehung zu der ankommenden Sonnenenergie zu erkennen.

Die Sonne liefert ihren Planeten zwei Arten von Energieströmen. Die eine ist die elektromagnetische Wellenstrahlung, innerhalb deren die optische oder sichtbare Strahlung den wesentlichen Energieanteil im gelben

10: Diese Abbildung zeigt, welchen physikalischen Kräften unsere äußere Atmosphäre ausgesetzt ist. Von der Sonne kommen elektrische Ströme, der Sonnenwind, hier als weiße Streifen von links zu erkennen. Das äußere Magnetfeld der Erde wird zur Tagseite hin dadurch eingedrückt und erweitert sich zur Nachtseite wie ein Kometenschweif. Mit dieser Erscheinung hängt der unterschiedliche Kurzwellenempfang bei Tag und Nacht zusammen. (Aus: Die Sonne und ihre Planeten, Physik Verlag 1984)

und grünen Farbbereich liefert. Dies hängt mit der Oberflächentemperatur der Sonne zusammen, die mit 5000 bis 6000° K (Kelvingrade, objektives physikalisches Temperaturmaß) Oberflächentemperatur Strahlung in den Weltenraum entläßt. Würde die Sonne in heißeren Temperaturbereichen strahlen, so würde sich die größere Energie im Bereich der blauen

Farbe befinden. Körper wie unsere Erde, die wesentlich kälter als die Sonnenoberflächentemperatur sind, strahlen nur im Infrarot-Bereich ab; darum tasten die Satelliten die Erdtemperaturverteilung von außen auch in diesem Bereich ab.

Der zweite Energiestrom von der Sonne ist die Korpuskelstrahlung, auch solare kosmische Strahlung genannt, die keine Wellenstrahlung mehr ist, sondern ein elektrischer Fluß positiver und negativer Korpuskeln (Körperchen) von der Sonne (Abb. 10). Er besteht aus Atomteilen, freien Elektronen und Atomkernen, wie denen des Wasserstoffs (Protonen) und Heliums (Alphateilchen), aber auch aus ionisiertem Sauerstoff und Kohlenstoff.

Da die Erde ein Magnetfeld um sich hat, werden die Korpuskeln im Magnetfeld umgelenkt und erreichen in spiraligen Bahnen tiefere atmosphärische Schichten, vornehmlich an den Polen, wo sie in Höhen von 100 bis 400 km das Polarlicht erzeugen, wenn sie mit den Bestandteilen der Luft kollidieren.

Die solare kosmische Strahlung drückt auf der Tagseite der Erde das Magnetfeld zusammen, während auf der Nachtseite der Erde das Feld offen zum Weltenraum gerichtet ist wie ein Kometenschweif. Dieses zur Erde asymmetrische Feld beschreibt die Magnetosphäre.

Nach unten hin ist die Magnetosphäre durch die Magnetopause begrenzt, womit angegeben ist, daß diese Fläche zugleich die Obergrenze einer Hülle ist, die aus ionisierten Gasen besteht. Die Gase sind überwiegend im oberen Teil der Plasmasphäre eingefangene Korpuskeln des *Sonnenwindes*. So nennt man die Korpuskelstrahlung, welche von der Sonne kommt, solange sie noch den interplanetaren Raum zwischen Sonne und Planeten durchwandert. Der untere Teil der Plasmasphäre geht in die Ionosphäre über, deren Gase nicht völlig ionisiert sind wie die der Plasmasphäre. Außerdem variiert der Ionisierungsgrad der Ionosphäre zeitlich, da er von der harten Sonnenstrahlung und der Sonnenoberflächenaktivität (Sonnenflecken) abhängig ist. Ein besonderer Effekt der zeitlichen Ionisation ist dabei der Tag- und Nacht-Effekt.

Die Ionosphäre spielt bekanntlich für die Ausbreitung der Funkwellen, insbesondere im Kurzwellenband, eine Rolle. Unterhalb 50 bis 60 km Höhe wird die atmosphärische Hülle natürlich auch noch von sehr harter Sonnenstrahlung getroffen, deren Intensität aber nicht mehr ausreicht, um die Luft ständig zu ionisieren. Dagegen werden hier von der UV-Strahlung die molekularen Bestandteile der Luft aufgespalten, d. h. dissoziiert. So wird O_2 zu $O + O$ zerlegt oder H_2O zu $H_2 + O$. Der Wasserstoff ist am leichtesten und entweicht nach oben. In der nächtlichen Einstrahlungsruhe rekombinieren die zerlegten Molekülteile wieder, und es kommt u. a. zur Erzeugung von O_3, Ozon. Zur gleichen Zeit werden auch NO und NO_2 gebildet. Die Stickoxide sind an ihrem scharfen Geruch zu

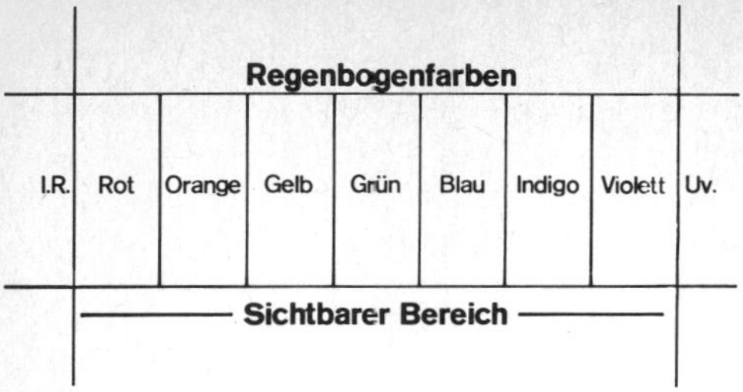

11: Vom nahezu unendlich weiten Bereich der elektromagnetischen Wellen nimmt das sichtbare Licht nur ein schmales Spektrum ein, das sich als Regenbogenfarben auflösen läßt.

spüren. Wenn man unter einer künstlichen Höhensonne sitzt, wirkt auch deren UV-Strahlung zerlegend auf die Luftmoleküle ein. Bald stellt sich ein scharfer Geruch ein, und man weiß, daß mit Stickoxiden gleichzeitig Ozon gebildet wird. Aber «Das riecht hier nach Ozon» sollte besser heißen: «Das riecht hier nach Stickoxiden!» – Gewiß, die Ozonbildung geht damit einher. Ozon ist für die Atmungswege in größeren Mengen schädlich. Sauerstoff in reichen Mengen tut der Biosphäre sowenig gut wie zuviel UV-Strahlung. Darum ist das sensible Gleichgewicht zwischen Ozonbildung und Ozonzerfall durch Strahlung und Wärme für die Lebenssphäre der Erde so wichtig.

Übrigens: auch die Ionisierung können wir am Experiment mit der künstlichen Höhensonne nachvollziehen. Ionisierte Luft ist elektrisch leitfähiger als elektrisch neutrale Luft. Bringt man einen elektrisch aufgeladenen Kondensator in die Nähe der UV-Sonne, so wird der Kondensator so entladen, als wenn er geerdet worden wäre.

Wegen solcher und noch weitergehender chemischer Umwandlungen der Luftbestandteile durch die UV-Strahlung der Sonne im Höhenbereich 30 bis 60 km nennt man diese Hülle die Chemosphäre. Sie liegt unmittelbar über der Stratosphäre. Nach allen Erklärungen können wir den vertikalen Aufbau der Atmosphäre nachstehend tabulieren:

Hülle:	**Höhenbereich:**	**Bedeutung:**
Magnetosphäre	Obergrenze 3 Erdradien bis hin zum Weltenraum Untergrenze 1 Erdradius	
	6000 km	
Plasmasphäre		Polarlichter
	500 km	
Ionosphäre		Spiegelschicht für Funkwellen (UK)
	100 km	
Chemosphäre		Ozonbildung
	30 km	
Stratosphäre		Erwärmung nach oben
	12 km	
Toposphäre		Wetterzone, Abkühlung nach oben.
	0 Höhe	

Was die heute viel zitierten, durch Menschen verursachten Verschmutzungen anbelangt (anthropogene Luftbelastung mit Aerosolen – Luftschwebestoffe) – auch die Natur selbst ist nicht ganz frei von Aerosolproduktion. Aus dem Meer steigen Salze auf. Sie werden in der Luft schnell dissoziiert. Mit dem Chlor entsteht dabei in der Luft auch Salzsäure, die hygroskopisch (= wasseranziehend) ist und bei noch nicht feuchtgesättigter Luft früh zur Ausscheidung von salz- oder schwefelsäurehaltigen Wolkentröfpchen, Dunst- oder Nebeltröpfchen führt.

Auch jodhaltige Verbindungen werden produziert. Global mag sich zur Zeit die Schwefelsäureproduktion durch fossile Verbrennungen mit jener durch Vulkanausschüttungen die Waage halten.

Die Wetterkarte

Am bekanntesten sind die meteorologischen Informationen, die täglich als Wetterkarte im Fernsehen veröffentlicht werden. Die Wetterkarte der ARD besteht z. B. aus zwei Teilen. Zuerst wird der aktuelle Stand der Bodenwetterkarte mit der vorhergesagten Verlagerung der Wetterfronten gezeigt. Daß die Linie der Wetterkarte, die die Felder von Hoch- und Tiefdruckgebieten beschreiben, Isobaren, Linien gleichen Luftdrucks sind, hat sich allmählich herumgesprochen. Sonst würden solche Karten nicht im öffentlichen Fernsehen oder auch in Zeitungen präsentiert (Abb. 12). Wir kommen darauf aber noch mal zurück.

Der zweite Teil der ARD-Wettervorhersage zeigt die Entwicklung der Wetterelemente, welche den Betrachter am meisten interessieren: Sonnenschein oder Wolken, Temperatur, Niederschlag und Wind. Die Trickdarstellungen sind mit dem Wetteramt vereinbart. Die bewegte Darstellung des Regens z. B. wird durch eine Handkurbel oder durch Schablonenverschieben erreicht. Wetterkarten werden natürlich auch in der Fachwelt benutzt. Die Meteorologen erarbeiten ihre Wettervorstellung aus Wetterkarten, welche als Rechenprodukte aus dem Computer kommen, den Vorhersage-Wetterkarten.

Für die Beschreibung der grundlegenden Wetterelemente, wie sie auch die Öffentlichkeit interessieren und eben aufgezählt wurden, dient die Bodenwetterkarte. Alle Informationen, die dort eingetragen sind, stellen Gleichzeitigkeitsbeobachtungen dar. Sie beziehen sich auf einen Weltzeittermin. Bekanntlich entspricht dieser der Ortszeit des nullten geographischen Längengrades, auf welchem per Definition das astronomische Institut in Greenwich, einem östlichen Vorort von London, liegt. Wie schon erwähnt, bezeichnen die Meteorologen eine solche Gleichzeitigkeitsbetrachtung als Synopsis (Zusammenschau).

Die Analyse der aktuellen Wetterkarten ergibt sich aus den zusammengetragenen Messungen, die in den synoptischen Meldungen enthalten sind. Die nachfolgende Zahlenreihe ist Beispiel einer synoptischen Wettermeldung, wobei erkennbar wird, wie eine Zahlenverschlüsselung die weitschweifige Beschreibung des Wetterzustandes an einem Ort zusammendrängt. Seit dem 1. 1. 1982 ist die neue Schlüsselform in Kraft; sie ist der Verarbeitung des Meldeguts in elektronischen Datenverarbeitungs- und Rechenmaschinen angepaßt. Es ist selbstverständlich, daß solche Verschlüsselungsformen international vereinbart werden, weil das meteorologische Meldenetz global ist und auch vor politisch noch so hohen Mauern nicht halt macht.

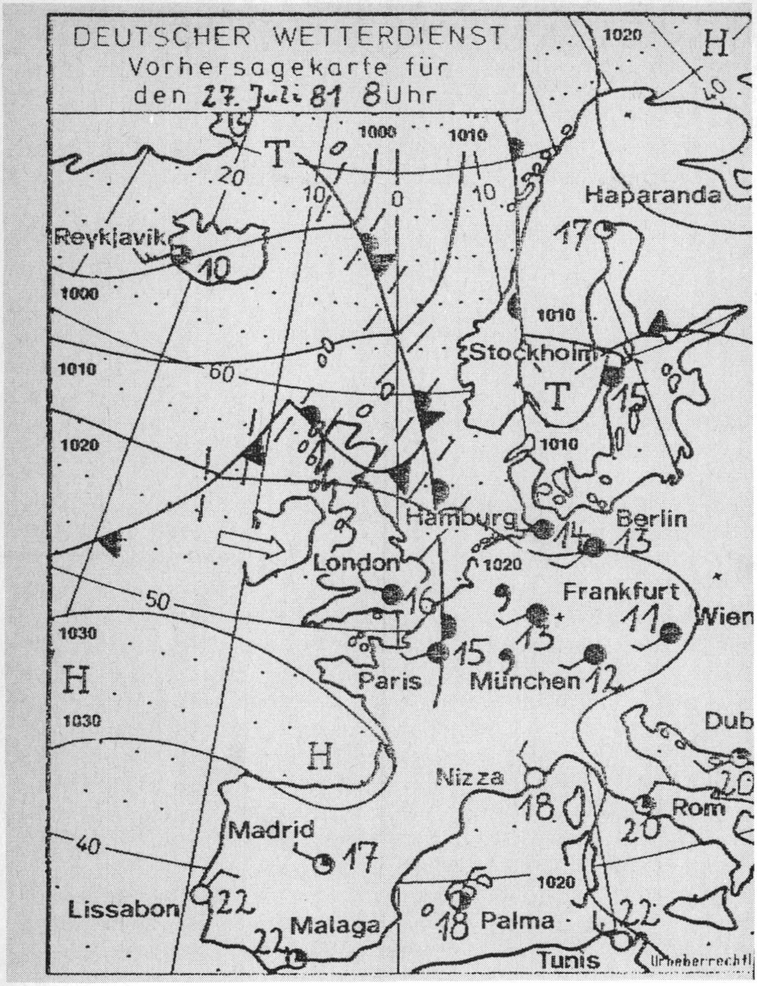

12: Vorhersage-Wetterkarte des Zentralamts des Deutschen Wetterdienstes, wie sie über Bild-Fernschreiber an die Presse und an die angeschlossenen Wetterämter der Bundesländer verteilt wird.

Es soll hier einmal eine meteorologische Meldung dieser Art am Beispiel einer Beobachtung vom Flughafen Düsseldorf-Lohausen untersucht werden. Man wird erkennen, wie lang eine solche Aussage über die Wetterbeobachtung nur eines einzigen Termins wird, wenn sie in Worten erklärt werden soll. Die täglich mehrfache internationale Übermittlung tausender von Meldungen und ihr internationaler Austausch wären ohne die Verwendung des hier angeführten Schlüssels gar nicht möglich.

Die Meldung als Beispiel lautet nun:

10400	11525	63602	10141	20130	30154	40216	58010	69902	71021	85531

400 ist die Kennziffer von Düsseldorf-Lohausen. Diese Station gehört zur Bundesrepublik Deutschland. Darum steht am Anfang der ersten Zahlengruppe eine 10. Das ist die europäische Staatenkennung.

Die beiden ersten Einsen der nächsten Gruppe sind Kennziffern, durch welche die Art der weiteren Meldungen bekanntgegeben wird, so z. B., ob Niederschlagsmeldungen mit aufgenommen sind oder ob es sich um eine Station mit ständigem Beobachtungspersonal handelt. Beides trifft in diesem Falle zu. Deswegen stehen zuerst die beiden Einsen.

Als dritte Ziffer in der zweiten Zahlengruppe dient die Angabe der Höhenstufe der unteren Bewölkung. Mit der Zahl 5 ist ausgesagt, daß die Wolkenhöhe zwischen 600 und 1000 m über dem Beobachtungsstandpunkt, d. i. die Höhe von Düsseldorf-Lohausen, liegt, d. s. 45 m NN.

Für das Höhenintervall der Wolkenuntergrenze spielt in diesem Falle die Angabe, ob über Meeresniveau oder ob über Platzhöhe, keine Rolle. Anders wäre der Fall schon, wenn die Wolkenhöhe nur wenige Meter über der Platzhöhe läge, etwa 50 m. Für die Abwicklung des Flugverkehrs auf dem Flughafen Lohausen macht es einen Unterschied, ob man die Wolkenuntergrenze von der Platzhöhe oder der Meereshöhe aus angibt. Das muß eindeutig definiert sein.

Die letzten beiden Ziffern der zweiten Gruppe beziehen sich auf die horizontale Sicht am Boden. Sie ist definiert als die günstigste Sicht aus 2 m Höhe (mittlere menschliche Augenhöhe) in den sichtmäßig schlechtesten Halbraum des Umkreises um den Beobachter. Gerade für einen Standpunkt wie Lohausen am Rande der Großstadt Düsseldorf macht sich bemerkbar, ob man die Sicht in den Halbraum des mit dem Wind versetzten Stadtdunstes bestimmt oder rechtwinklig abgekehrt davon. Bestimmt man also die Sicht in den dunsterfüllten Halbraum hinein, so wählt man die am weitesten erkennbaren Gegenstände aus, die in der Ferne gerade noch erkennbar sind. Solche «Sichtmarken» sind für jeden meteorologischen Beobachtungsort festgelegt und seine Entfernung zum

Beobachter ausgemessen. Erkennt der Beobachter ihn, so weiß er damit den Sichtabstand. Im obigen Fall beträgt er 2500 m. In der Schlüsselzahl sind die Hunderter Meter weggelassen. Bis zu einer Sichtgrenze von 5 km bestimmt man die Sicht in Hundert-Meter-Stufen, über 5 km dann in km-Schritten. Oberhalb einer so guten Sicht wie 30 km werden dann nur noch 5 km-Schritte aufgenommen.

Die dritte Zahlengruppe beginnt mit der Gesamt-Wolkenbedeckung des Himmels, ausgedrückt in Achtel der Himmelsscheibe. Da nur eine Schlüsselziffer für diese Aussage verfügbar ist, bleiben gerade 8 Ziffern zur Unterteilung übrig. Logischerweise ist die Ziffer 0 nämlich für die Feststellung nötig, daß der Himmel wolkenlos ist. Die Ziffer 9 wird dazu gebraucht, auszudrücken, daß bei Nebel oder dichtem Schneefall die Bedeckung des Himmels mit Wolken nicht bestimmt werden kann. Diese Ziffer darf jedoch nicht im Falle nächtlicher Dunkelheit benutzt werden, derentwegen vor allem in der Nähe erleuchteter Städte der Grad der Himmelsbedeckung mit Wolken nicht feststellbar sein könnte. Man unterstellt vielmehr, daß ein Beobachter alle Mühe aufzuwenden hat, auch bei Nacht den Bedeckungsgrad des Himmels abschätzen zu können. Ländliche Beobachtungsplätze sind dafür natürlich günstiger. Die restlichen Ziffern der dritten Meldegruppe beziehen sich auf den Wind. Dieser wird mit einem Meßgerät bestimmt, das auf einem 10 m hohen Mast montiert ist. Der Aufstellungsort des Mastes ist so zu halten, daß er außerhalb von Luftwirbeln verbleibt, die sich bei stärkerem Wind in der Nähe größerer Strömungshindernisse (z. B. Gebäudekomplexe, Baumansammlungen u. ä.) bilden. Ein Flugplatz hat ohnehin genügend Freiraum zur Aufstellung des Windmastes unter Einhaltung dieser Vorbedingung. Jedoch sollte der Mast so aufgestellt sein, daß die Windmessung eine Repräsentativangabe des Windes auf der Startbahn darstellt.

Die Windwerte werden vom Windmast über Kabel an die Wetterwarte fernübertragen und dort in Richtung und Stärke angezeigt. Zugleich werden sie meistens auch auf einer Schreibtrommel registriert. Die Trommel wird als Zeitmesser von einem Uhrwerk getrieben.

Die vier Ziffern der Windgruppe beziehen sich auf die Windrichtung und -stärke, diese in Knoten ausgedrückt (1 NM = 1,85 km. 1 kt = 1 NM/Std.) In unserem Beispiel sagt die Windgruppe «Nordwind mit 2 kts» aus. 360° der Kompaßrose entspricht der Nordrichtung. Die Einer-Grade sind bei der Windrichtungsangabe in dem Zahlenschlüssel weggelassen.

Die Geschwindigkeit in Knoten ist international eine Konzession an die Luft- und Seefahrt, wo solche Angaben gebräuchlich sind.

Die folgenden Zahlengruppen sind durchnumeriert, so daß sie bei Aufnahme in elektronische Rechenmaschinen schnell den darauf bezüglichen Wetterelementen zugeordnet werden können. In der Zahlengruppe, die mit der Kennziffer 1 beginnt, wird die aktuelle Temperatur angegeben.

Die erste Ziffer nach der 1, in unserem Beispiel ist es eine 0, besagt, daß es sich um Temperaturen in Celsiusgraden oberhalb 0°, also über dem Gefrierpunkt, handelt. Würden, wie im Winter, negative Celsiusgrade gemessen werden, so würde die zweite Ziffer eine 1 als Merkmal haben. Die Temperatur wird in Zehntelgrad angegeben, in diesem Beispiel sind es demnach 14,1° C. Sie wird in der bekannten weiß-jalousierten Wetterhütte gemessen. Durch die Jalousie kann der Wind in das 2 m über dem Erdboden angebrachte Häuschen streichen. Die Anzeige erfolgt auch hier über Kabel in der Wetterwarte, vielfach als Registrierung auf einer Schreibtrommel dokumentiert. Temperaturfühler dienen der elektrischen Fernübertragung der Temperaturwerte, wenngleich es zur persönlichen Ablesung der Hüttentemperatur als standardisierte Klimawertbestimmung noch feine Quecksilberthermometer gibt. Neben der aktuellen Temperatur zum Beobachtungstermin wird auch die Taupunkttemperatur gemessen. Sie ist zugleich ein Maß der relativen Luftfeuchtigkeit. Je größer der Differenzwert zwischen der aktuellen und Taupunkttemperatur ist, um so trockener ist die Luft.

Der Wert der Taupunkttemperatur ist in unserem Beispiel 13,0° C. Sie steht in der mit der Kennung 2 bezeichneten Zahlengruppe und ist wieder mit einer 0 eingeleitet worden, um zu zeigen, daß die folgenden Zahlenwerte als positive Celsiusgrade gelesen werden müssen.

Bei 14,1° C aktueller Temperatur und 13,0° C Taupunkttemperatur ist die relative Luftfeuchtigkeit 94 Prozent. Da Luft in Abhängigkeit von der Temperatur nur begrenzte Wassermengen in Dampfform aufnehmen kann, so kennzeichnet die relative Luftfeuchtigkeit den jeweiligen Sättigungsgrad. Mit 94 Prozent ist die Luft schon nahe ihrer Sättigung mit Wasser. Deswegen bilden sich in der Luft bereits auskondensierte Tröpfchen, die zugleich die Luft so trüben, daß die Sicht nicht mehr als 2500 m beträgt.

In der Zahlengruppe, die mit der Ziffer 3 eingeleitet ist, folgt nun der Luftdruckwert, gemessen in der Platzhöhe von Düsseldorf. Er beträgt 1015,4 hPa (Hektopascal). Von dieser Zahl sind Hunderter, Zehner und Einer sowie Zehntel angegeben. Der aus diesem Wert auf Meeresniveau reduzierte Luftdruckwert ist in der folgenden Zahlengruppe mit der Eingangsziffer 4 wiedergegeben. Er beträgt hier im Beispiel 1021,6 hPa. Die Beziehung auf Meeresniveau ist für die Darstellung von Wetterkarten erforderlich, denn in diese werden Gebiete hohen und Gebiete tiefen Luftdrucks hineinkonstruiert. Das gelingt aber nur, wenn alle Luftdruckwerte auf ein einheitliches Niveau bezogen sind, hier auf Meereshöhe. Andernfalls würde man alle Tiefdruckgebiete im Gebirge antreffen, wo der Luftdruck wegen der großen Höhe immer tiefer sein muß als im Tal oder am Meer (Abb. 13).

Die Änderung des Luftdrucks während der letzten 3 Stunden wird in der Gruppe, welche mit der Kennzahl 5 beginnt, bekanntgegeben. Die folgende Ziffer 8 sagt aus, daß der Luftdruck nach kurzem Anstieg gefallen ist, und zwar um den mit den nachfolgenden Zahlen angegebenen Betrag, ausgedrückt in Zehner-, Einer-, und Zehntel-Stufen Hektopascal. Ein Druckfall in Zehner-Hektopascal kommt ganz selten und nur als Vorbote schwerer Stürme vor. Deswegen ist die erste Ziffer dieser Angabe des Luftdruckfalls zumeist eine 0.

In unserem Beispiel fiel der Luftdruck in den letzten 3 Stunden um 1 hPa.

Die Zahlengruppe, die mit der 6 beginnt, sagt etwas über den an der Beobachtungsstation gefallenen Niederschlag aus. 990 bedeutet, daß zwar Niederschlag gefallen ist, aber kein in Millimeter Niederschlagshöhe meßbarer Betrag. Die letzte Ziffer gibt Aufschluß über den zurückliegenden Zeitabschnitt, für welchen die Niederschlagsmenge gelten soll. Mit der Ziffer 2 in diesem Beispiel ist ausgesagt, daß die Niederschlagsmenge während der letzten 12 Stunden gefallen ist.

Nun folgt mit der Zahlengruppe 7 eine Aussage über das zur Zeit der Beobachtung herrschende Wetter und über das vergangene Wetter. Zwei Ziffern werden für das aktuelle Wetter verwendet, in unserem Falle die 10. Die Zahl bedeutet Dunst durch feine schwebende Wassertröpfchen. Weiter oben wurde bereits aus der Differenz zwischen aktueller und Taupunkttemperatur ermittelt, daß die Luftfeuchtigkeit zur Beobachtungszeit mit 94 Prozent recht hoch war.

Die Kondensation kleiner Tröpfchen hat bereits eingesetzt. Die beiden letzten Ziffern der Gruppe gelten für das vergangene Wetter, dabei bezeichnet die erste Ziffer das Wetter der vergangenen letzten 3 Stunden, die zweite Ziffer das der vergangenen 6 bis 3 Stunden. Die Zahl 2 in der Bedeutung des vergangenen Wetters bedeutet, daß der Himmel bedeckt war. Die Zahl 1 bedeutet, daß die Bewölkung aufgelockert war.

Auch schon in älteren Wetterschlüsseln hat man für die Wolkengruppe als Kennzahl die 8 vorweggestellt. So ist es auch im synoptischen Wetterschlüssel nach dem 1. 1. 1982 geblieben. Die erste Ziffer nach der 8 gibt den Bedeckungsgrad des Himmels nur durch die untere Bewölkung an. Wir erinnern uns, daß schon die dritte Zahlengruppe des synoptischen Zahlenschlüssels die Wolkenbedeckung des Himmels mit der ersten Ziffer beschrieb. Dort war aber die Bedeckung mit allen Wolkenetagen gemeint. Jetzt gilt dieselbe Achtelangabe für Bedeckung nur, soweit die untere Wolkenetage dazu beiträgt. Die Gesamtbedeckung war in unserem Beispiel $\frac{6}{8}$, die untere ist nach der Achter-Zahlengruppe $\frac{5}{8}$. Die weiteren drei Zahlen dieser letzten Gruppe bestimmen die Art der Bewölkung für jede Wolkenetage: unten, in der Mitte und oben. Physikalisch ist die mittlere Wolkenetage eine Bewölkung im Temperaturintervall $-12°$ C bis $-25°$ C.

Sie besteht aus Wassertröpfchen und Eiskristallen und liegt zwischen 2000 und 3500 m Höhe.

Das obere Wolkenstockwerk ist mit seinen Eiswolken bei Temperaturen kälter als −25° C.

Die Aussagen über die Wolkenarten in der Achtergruppe beziehen sich aber auf die jeweilige Wolkenform, nicht auf den Aggregatzustand der Wolkenelemente. Diese ist durch die Zuordnung in eine der drei Zahlenfolgen schon gegeben. Für die untere Bewölkung bedeutet die Zahl 5 unseres Beispiels eine Haufen-Schichtbewölkung, mit wissenschaftlichem Namen als Stratocumulus bezeichnet. Die Zahl 3 der mittelhohen Wolkenart bedeutet eine Altocumulus-Bewölkung.

Die Vorstellung der Silben Alto weist auf die mittelhohe Wolkenetage hin. Altocumulus ist also eine mittelhohe Haufenwolke. Für die höchste Wolkenart steht in unserem Beispiel eine 1. Die höchste Wolkenetage besteht nur aus Eiswolken. Ein paar feine Cirren hängen demnach am Himmel, welche auch die Reste von Kondensfahnen aus Düsenflugzeugen sein können.

Die Darstellung von Wettermeldungen in Zahlengruppen mit je fünf Ziffern in einer Gruppe ist eine international gültige postalische Abmachung. Für die Post ist ein volles Telegrammwort, wenn man es in Schlüsselzahlen übermittelt, eine aus fünf Ziffern bestehende Zahlengruppe.

Um diesen Zahlenschlüssel einigermaßen zu durchschauen, waren, wie bemerkt, auch nur für eine einzige Station zu einer einzigen Terminbeobachtung immerhin einige Seiten schriftlicher Erklärung notwendig.

Außer den Boden-Wetterbeobachtungen müssen für das Entwerfen von Höhenwetterkarten auch Höhen-Wetterbeobachtungen vorgenommen werden. Dazu verwendet man als Meßinstrumente die *Radiosonden*. Ein kleiner Funksender, der von einem Ballon in die Höhe getragen wird, meldet die Meßergebnisse direkt an die Bodenstation. Der Ballon, an dem ein Radarreflektor hängt, wird vom Wind davongetrieben; der Reflektor ermöglicht einem Radargerät die Verfolgung. Aus der jeweiligen Entfernung, dem Azimut (dem Winkel zur Nord-Süd-Linie) und dem Höhenwinkel (zwischen Radargerät und Reflektor einerseits und der Horizontalen andererseits) berechnet man die Richtung und Stärke des Höhenwindes. Der Ballon darf nach seiner Landung verlorengehen, seine Meßdaten sind schon ausgewertet, bevor er herunterfällt.

Nach den gefunkten und schriftlich fixierten Meßdaten zeichnen Wetterdienstfachkräfte ein *Radiosondendiagramm.* Es beschreibt den Verlauf von Temperatur, Luftdruck und Luftfeuchtigkeit mit der Höhe. Mit Hilfe eines Rechners wird aus der Ballonbahn der Höhenwind bestimmt.

Alle errechneten Werte werden über Fernschreiber oder Funk an eine zentrale Sammelstelle übermittelt, bei uns an den Deutschen Wetterdienst in Offenbach. Dazu dient ein Zahlenschlüssel, der die Meßergebnisse der Ballonaufstiege enthält.

In Offenbach werden nicht nur die Angaben der deutschen meteorologischen Stationen gesammelt; hier treffen aus der ganzen Welt Meldungen über das Wetter ein. Die Fernschreiber melden in ihrem Zahlenschlüssel die Temperaturen, die Windstärken und anderen Wetterbedingungen. Offenbach als Zentralamt steht mit den Wetterzentralen anderer Länder in enger Verbindung, politische Grenzen (auch einen «Eisernen Vorhang») gibt es für den internationalen meteorologischen Nachrichtendienst nicht. Täglich erreichen den Deutschen Wetterdienst über 600 000 meteorologische Meßwerte aus der ganzen Welt. Zweimal am Tag werden von hier aus insgesamt 1,7 Millionen Meßwerte (davon eine halbe Million eigene) gesendet. Die besondere Stellung Offenbachs ergibt sich aus der politischen und geographischen Lage. Zur östlichen Welt wird über Potsdam Verbindung gehalten: Vier- bis achtmal täglich wird das Meldegut der westlichen Welt mit dem der östlichen, einschließlich Chinas, ausgetauscht. Ein eigenes Fernkabel verbindet Offenbach aber auch direkt mit Washington. Eine dritte Verbindung reicht zur Südhalbkugel der Erde über Nairobi nach Südafrika.

Die im Zentralamt des Wetterdienstes in Offenbach eingegangenen Meldungen werden u. a. an die Computeranlagen weitergegeben und hier in die Vorherrechnungen eingearbeitet. Die Computer liefern sowohl den kartenmäßigen Ausdruck für die Analyse der aktuellen Bodenwetterkarte wie auch die aus den Beobachtungen resultierenden Vorhersagekarten, denen die aktuellen Beobachtungen als Beschreibung eines physikalischen Anfangszustands der Atmosphäre gedient haben.

Pro Sekunde werden fast 1000 Informationssignale verarbeitet. Die eingegangenen Werte unterliegen einer Plausibilitätskontrolle, wobei der Rechner prüft, ob die eingegangene Meldung keine Widersprüche in sich enthält, etwa unrealistische Temperaturwerte wie beispielsweise 30° C Wärme im Winter in München oder 20 km Sicht, wenn gleichzeitig von der Station Nebel gemeldet ist. Solche Ungereimtheiten werden dann von Hand korrigiert, bevor die eigentliche Rechenarbeit des Computers beginnt.

Die korrigierten Daten werden auf einem Magnetband gespeichert und für die einzelnen Rechengänge abgerufen. Der Rechner interpoliert die Daten für ein gleichmäßiges Gittersystem, welches für die rundum gerechnete Nordhalbkugel 250 km Gitterabstand der einzelnen Datenpunkte vorsieht. Ein solches Netz ist zwar recht grobmaschig, würde aber auf Grund des dünneren aerologischen Netzes gegenüber dem Beobachtungsnetz der Bodenkarte keine optimalere Verfeinerung erlauben.

Für die makroskalare synoptische Betrachtung ist das Gitternetz ausreichend. Für eine Regionalbetrachtung wird das Gitternetz der interpolierten Anfangsdaten noch auf die halbe Distanz verfeinert. Diese Verfeinerung kann noch bis in die subsynoptische Zeit-Raumskala heruntergebracht werden, da diese ohnehin nicht bis an die Atmosphärenobergrenze durchgerechnet wird, darum wird auch die Bedeutung der Bodenmeldungen für alle begrenzten feinen Gitternetze größer.

Über die Gewinnung von Meßdaten aus den verschiedenen «Ebenen» der Meßmethodik wurde bereits gesprochen. Die eine Ebene ist die konventionelle der Bodenbeobachtungen, die zweite, nur wenig jüngere, die aerologische Ebene, die Messung der höheren Atmosphäre mit Hilfe automatisch sendender und per Radar verfolgter Ballons, der Radiosonden. Die dritte Ebene ist die Satellitenebene, wobei man noch zwischen den sonnensynchronen und den geostationären Satelliten unterscheiden muß. Die Wolkenphysik beinhaltet im wesentlichen die Radaranmessung von Wolken und Niederschlag, die aber über viel Leerräume verfügt, wenn Wolken nur dünn und spärlich vorhanden sind, wie oft im Winter, wo sie für das Wetterradar unsichtbar bleiben. Erkannt werden nur die singulären Gebiete großer Niederschlagsanfälligkeit, die bei uns fast nur auf den Sommer beschränkt bleiben. Die Wolkenbilder der Satelliten werden der Bodenwetterkarte zugeordnet und ergänzen sie. Alle Wettersatellitenfotos zusammen mit den Wetterkarten ergeben ein Bild vom jeweiligen Wetterzustand des betreffenden Tagestermins. Solche großen Termine gibt es zweimal am Tage für 00 Greenwich- und 12 Greenwich-Zeit. Für die Bodenwetterbeobachtungen gibt es noch Zwischentermine, so für 06 und 18 Uhr, zwei Haupttermine, und Regionaltermine für 03, 09, 15 und 21 Uhr. So ergibt sich eine dreistündige kartenmäßige Wetterüberwachung, woran allein der Umfang des erforderlichen Meldeflusses erkannt werden kann.

Der aktuelle Wetterverlauf dürfte kaum optimaler überwacht werden können. Einzelmeldungen werden im regionalen Bereich (Größenordnung: Europa) stündlich verbreitet. Zeitungen und Fernsehen machen leider von einer solchen laufenden Wetterüberwachung bei uns zuwenig Gebrauch. In den USA gelangen z. B. sehr umfangreiche aktuelle Wetterentwicklungen an eine breite Öffentlichkeit. In Europa ist im wesentlichen die Luftfahrt der Nutznießer der aktuellen Wetterüberwachung.

Zu einer Bodenwetterkarte ist noch eine Erklärung der Luftdruckangaben erforderlich: Die Hoch- und Tiefdruckfelder werden durch Potentiallinien wie Druck- (Isobaren) und Höhenlinien (Isohypsen) beschrieben (Abb. 81 u. 82). Dies sind die Linien gleichen Luftdrucks bzw. gleicher Höhe. Dabei ist der Luftdruck auf ein einheitliches Höhenniveau reduziert, als welches das Meeresniveau (NN) gilt. Die Barometerstationen in einem Gelände liegen selbstverständlich nicht auf Meeresniveau mit Ausnahme von Barometern auf Schiffen oder an Küsten. Wenn man

13: Der Luftdruck nimmt in einer Luftsäule genau wie in einer Wassersäule nach oben hin ab. Wenn man also das Gewicht der Säule weiter oben mißt, wird die Säule dort immer leichter sein, als wenn man ihr Gewicht weiter unten mißt.

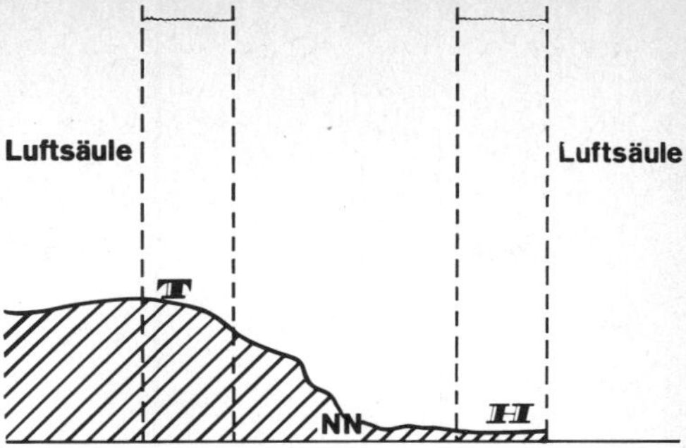

die abgelesenen Barometerstände in eine Wetterkarte eintrüge, würden sich in den hoch gelegenen Gegenden immer Tiefdruckgebiete ergeben (Abb. 13). Es ist deshalb erforderlich, die Ortshöhe auszuschalten. Das geschieht durch die Reduktion auf Meeresniveau unter Berücksichtigung des Gewichtes einer Luftstange, die vom Beobachtungspunkt bis zum Meeresniveau herabreichen würde. Das Luftgewicht ist vornehmlich temperaturabhängig, so daß in die Reduktion die in der Wetterhütte gemessene Temperatur mit eingeht.

Eine Bodenwetterkarte kommt dem Laien wie eine Hieroglyphenschrift vor, eine Fülle von Einzelbeobachtungen, die auf ihr durch Symbole und Ziffern niedergelegt sind.

Die verschiedenen Bedeutungen der einzelnen Symbole ergeben eine sehr breite Aussage über das herrschende Wetter an einer Station. Lesen wir einmal aus der Symbolsprache einer Wetterkarte (Abb. 12, dazu die Zeichen bei Abb. 14) eine Wetterschilderung heraus.

An der Station (großer Kreis) war der Himmel ¾ bedeckt. Es herrschte Nordostwind (Flaggenstock am Stationskreis nach Nordosten gerichtet) mit Windstärke 15 kts, die Windstärke ist in Knoten angegeben; 1 Knoten ist 1 Seemeile (1,85 km) pro Stunde.

Das offene Rechteck mit dem Punkt sagt aus, daß es in der letzten Stunde an der Beobachtungsstation geregnet hat, aber nicht mehr zur Zeit der Beobachtung, die Zahl 57 daneben, daß die Sicht 7 Kilometer beträgt. Die 2 darunter nennt die Taupunkttemperatur, die Temperatur, bei der die Luft mit Wasserdampf gesättigt ist (soviel wie 100 Prozent relative Luftfeuchtigkeit). In Verbindung mit der Lufttemperatur (7 Grad, die Zahl neben dem Windsymbol) gibt sie das Maß für die Feuchtesättigung der Luft ab. (Temperaturangaben hier wie im folgenden immer in Celsius.)

Die 6 neben dem unteren Symbol bedeutet ⁶⁄₈ Bedeckung des Himmels

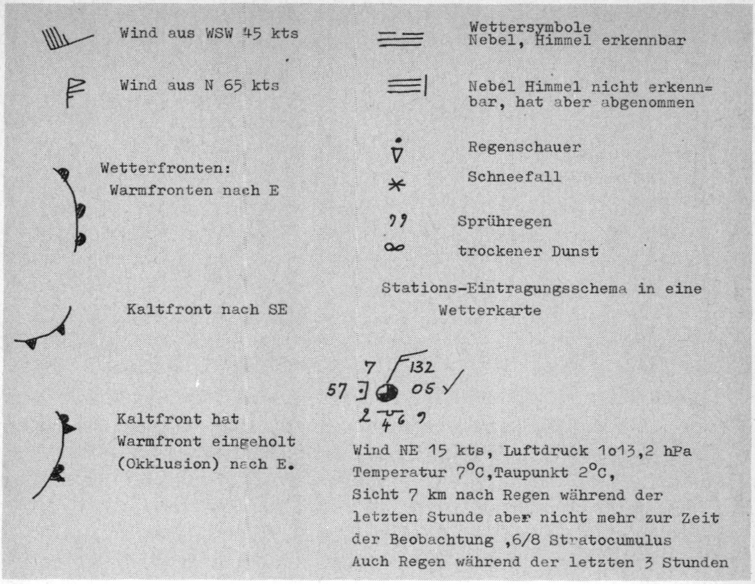

14: Stations-Eintragungsschema in eine Bodenwetterkarte. Wind und Temperatur werden auch in Höhenkarten so benutzt.

mit Stratocumulus-Bewölkung, die 4 darunter (Schlüsselzahl für 1000 Fuß, 328 Meter) gibt die Höhe der Untergrenze der Wolken über dem Gelände des Beobachters an.

Das kommaartige Zeichen bedeutet, daß in den letzten drei bis sechs Stunden Nieselregen geherrscht hat, bevor der Regen anfing. Als Wert für den Luftdruck, bezogen auf Normalniveau, sind 1013,2 hPa angeschrieben (132). Das Hektopascal ist die heute gebräuchlichste Luftdruckgröße der Meteorologen. Schließlich wird noch ausgesagt, daß der Luftdruck in den letzten drei Stunden um 0,5 hPa gestiegen ist (05), nachdem er vorher gefallen war (Winkelhaken).

Der Wind hat zu den Luftdruckfeldern Hoch und Tief eine besondere Beziehung. Diese Beziehung ist in Abb. 15 angedeutet. In ihr ist das Windsymbol in eine geographische Karte eingetragen, bei der eine Flußlandschaft die Erklärung unterstützen soll. Bei einer Flußlandschaft unterscheiden wir ein linkes und ein rechtes Flußufer, indem wir uns mit dem Gesicht flußabwärts richten. Der Wind wird zwar mit der Richtung bezeichnet, aus der er kommt. Aber für Links- und Rechtsunterscheidung blicken wir in die Richtung, in die der Wind geht.

15: Wie bei einem Fluß spricht man auch bei einem Wind von links und rechts, indem man in die Richtung der Strömung blickt.

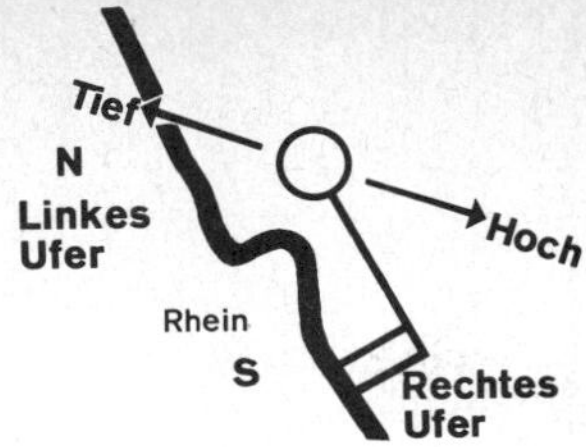

In unserer Abbildung haben wir einen Südostwind. Zugehörig sind Tief- und Hochdruckgebiete in dem Sinne, daß ein Tiefdruckgebiet links voraus und ein Hochdruckgebiet rechts zurück liegt. Darauf weisen auch die Linien hin, die den Wetterkarten ihr eigentümliches Aussehen geben, die *Isobaren.* Das sind Linien gleichen Luftdrucks, bezogen auf Normalniveau. Sie bestimmen Windrichtung und Windstärke in einer Weise, von der in der Folge über den Wind noch die Rede sein wird. Hier zunächst nur, daß der Wind nahezu parallel zu den Isobaren läuft und daß er um so stärker ist, je enger die Isobaren stehen.

In der Höhenwetterkarte (Abb. 82), die vor allem im Flugwetterdienst gebraucht wird, heißen die entsprechenden Linien, die Hoch- und Tieffelder markieren, *Isohypsen.* Isohypsen sind Linien gleicher Höhe. Sie werden auch in geographischen Karten verwendet, um ein Landschaftsrelief zu beschreiben. Solche Karten werden Topographien genannt, und auch die Meteorologen nennen ihre Höhenwetterkarten Topographien. Auf ihnen ist angegeben, für welchen Luftdruck sie gelten. Es gibt also Höhenwetterkarten für verschiedene Luftdruckgrößen, beispielsweise eine für 500 hPa. Ein solcher Luftdruck herrscht im Durchschnitt in einer Höhe von 5500 Metern. Die Isohypsen in der Höhenkarte für die 500 hPa-Fläche verbinden also die Orte gleicher Höhe, an denen ein Luftdruck von 500 hPa herrscht.

Man kann anschaulich sagen: Höhenkarten beschreiben topographisch das Gelände einer isobaren Fläche.

Bezüglich des Windverhaltens nehmen die Isohypsen der Höhenwetterkarte dieselbe Bedeutung an wie die Isobaren der Bodenwetterkarte. Bezüglich der Windrichtung paßt sich diese nun aber dem Isohypsenverlauf vollkommen an, so daß Hochdruckkerne rechts querab zur Windströmung liegen und Tiefdruckzentren links querab (Nordhalbkugel).

Die 500 hPa-Höhenkarten sind die Grundkarten der mathematischen Vorhersageberechnungen. Vorhersagen der 500 hPa-Entwicklung werden schon auf 7 Tage voraus berechnet und geben damit einen guten Überblick über die Entwicklung der Großwetterlage.

Hoch und Tief

Wetterkarten sind das Mittel, mit dem man die räumliche Verteilung des Wetters darstellt. Im Vergleich zu Landkarten haben sie eine noch recht junge Geschichte.

Vor etwa 150 Jahren hatte Professor Brandes, Mathematiker und Physiker in Breslau, die Idee, daß man einzelne Wetterbeobachtungen in ihrer räumlichen Verteilung darstellen sollte, um daraus nähere Aufschlüsse über großräumige atmosphärische Vorgänge zu bekommen. Er schrieb eine Dissertation ‹*Über die ungewöhnlichen Variationen der Atmosphäre und ihres Druckes*› und hat darin auch einige Methoden solcher Darstellungen vorgeschlagen. Auf einer Seite dieser Dissertation (die übrigens noch lateinisch, in der damaligen Gelehrtensprache, geschrieben ist) befindet sich sozusagen die «Urwetterkarte» vom 6. März 1783, die allererste Karte, die räumliche Verteilungen des Luftdrucks zeigt oder doch an einzelnen Beobachtungsstationen seine Abweichungen vom Normalwert in Europa, im Norden bis Bergen und Oslo hinauf, nach Westen Südorte Englands einschließend.

Diese Anregung haben französische Wissenschaftler wenige Jahre später zum Anlaß genommen, zum erstenmal das Feld der Einzelstationen von Brandes mit Linien gleichen Drucks auszufüllen. Sie haben nach den Werten von Brandes eine Wetterkarte gezeichnet, in der sie Linien gleicher Werte, hier der Abweichungen vom Normalwert des Drucks, eingetragen haben, wodurch ein Feld von Isobaren (Linien, Orte mit gleichem Luftdruck verbindend) entstand (Abb. 16).

Ihre Karte enthält auch Windrichtungspfeile. Es zeigt sich, daß der Wind einen ganz bestimmten Bezug zu den vorhandenen Druckfeldern hat.

Hinzu kommt ein zweiter, sehr wichtiger Umstand: Das Zusammentragen von Wetterbeobachtungen aus räumlich sehr entfernten Gebieten war damals schier unüberwindlich schwierig. Man muß bedenken, daß es zu jener Zeit noch keine Fernsprech- oder Funktechnik, ja noch nicht einmal eine Eisenbahn gab. Solche Meldungen zu sammeln war nur auf dem Weg der damaligen Pferdepost möglich. Die Gleichzeitigkeit meteorologischer Beobachtungen ist aber unerläßlich, wenn man Winde und Luftdruckfelder einander zuordnen will. Sie war auch damals schon durchaus möglich, nur hätte es Wochen gedauert, die Einzelmeldungen zu einem Vergleich zu vereinigen.

Um gleichzeitige Beobachtungen allen interessierten Stellen bequem zugänglich zu machen, hat man sich seit langem schon auf eine für die

16: Die erste Bodenwetterkarte, nach Angaben des Breslauer Professors Brandes von französischen Meteorologen konstruiert.

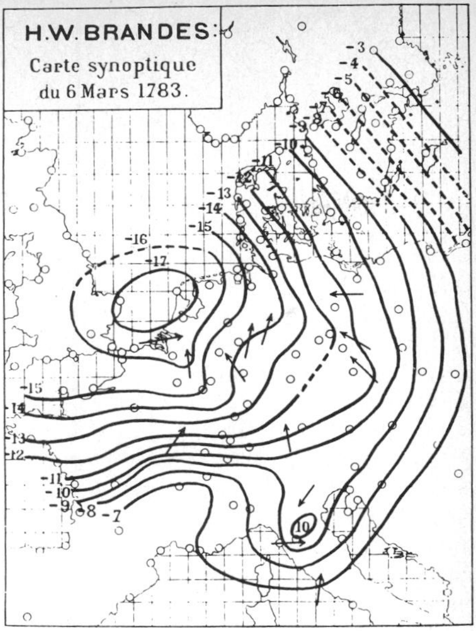

ganze Welt einheitliche Zeit geeinigt, auf die Ortszeit des nullten Längengrades. Das ist der Meridian von Greenwich bei London, und die zugehörige Zeit wird deswegen *Mittlere Greenwich-Zeit* genannt. Dieser Bezug wurde bereits im vorigen Abschnitt angesprochen (neuerdings als UTC oder UTM abgekürzt: Unique Temps Central oder Mondiale).

Da unsere Erde sich täglich einmal um sich selbst von West nach Ost dreht, geht die Sonne früher durch den Mittagsmeridian aller Stationen, die jeweils östlich liegen. Die Ortszeit einer meteorologischen Beobachtung, also ihre jeweilige Tageszeit, ist demnach von der Ortszeit Londons, der Weltzeit für meteorologische Meßtermine, verschieden. Ihre Umrechung ist jedoch einfach, ebenso, dank der Funktechnik, ihre fast augenblickliche Übermittlung.

Die Hochdruckgebiete spielen für die Meteorologie eine besondere Rolle. Sie sind die «Produktionsstätten» von Luftmassen (Abb. 17). In einem Hochdruckgebiet sinkt die Luft ab, in einem Tiefdruckgebiet steigt sie auf. Wo Luft absinkt, haben wir Wolkenfreiheit, wo sie aufsteigt, haben wir Bewölkung.

Ein Hochdruckgebiet in polaren Räumen produziert vorzugsweise Kälte. Der wolkenarme Raum dieses Hochs hat nur spärliche schräge Sonnenzustrahlung im Sommer, aber eine ein halbes Jahr währende un-

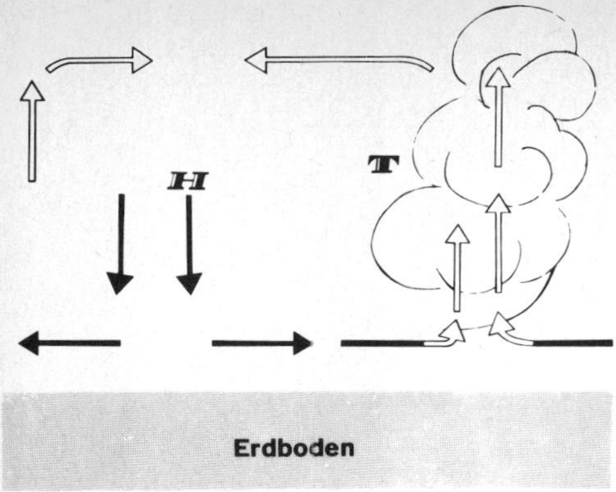

17: Der Kreislauf der Luft zwischen Hoch- und Tiefdruckgebieten, schematisch dargestellt.

unterbrochene Polarnacht im Winter. Also überwiegt vor allem in Meereshöhe kalte Luft. In subtropischen Räumen wird vorzugsweise Wärme durch Sonneneinstrahlung produziert. Hier steht die Sonne das ganze Jahr über nahezu im Scheitelbogen. Wir haben also zwei deutlich unterschiedene Produktionsstätten: Kälteproduktion in Polnähe und Wärmeproduktion in den Subtropen.

Die dazwischenliegenden Tiefdruckgebiete können wir als *Importräume* bezeichnen, in die Kalt- und Warmluft aus den Erzeugergebieten wechselweise importiert wird. Die Hochdruckgebiete, mindestens in Bodennähe, exportieren. Zu den Tiefdruckgebieten hin wird importiert.

So unmittelbar, wie es hier erscheint, findet nun allerdings der Ausgleich zwischen Produktions- und Importstätten nicht statt. Da wir uns auf einer sich drehenden Erde befinden, wird die direkte Bewegung von Hoch nach Tief abgelenkt. Wenn man von oben auf die Nordhalbkugel der Erde blickt, während sich die Erde dreht, erkennt man die Nordhalbkugel als ein linksdrehendes Karussell.

Sähe man dagegen von Süden auf den Globus, dann würde sich die Südhalbkugel als ein rechtsdrehendes Karussell zeigen. Alle Bewegungen, die auf einem solchen Karussell vor sich gehen, werden aus ihrer

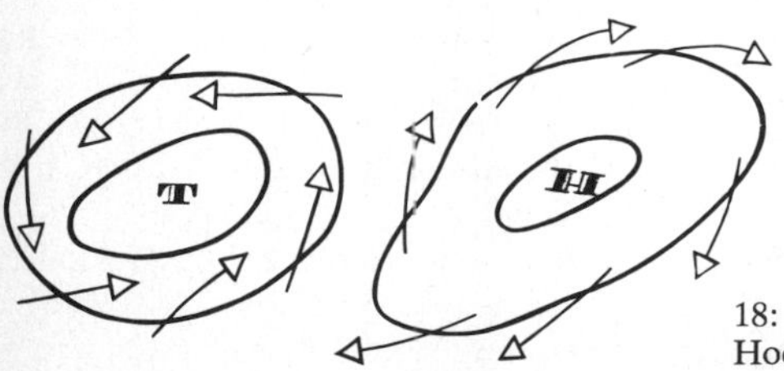

18: Windrichtungen um Tief und Hoch auf der Nordhalbkugel.

ursprünglichen Richtung abgelenkt. Auf der Nordhalbkugel ist die Ablenkung nach rechts in Strömungsrichtung orientiert. Das hat zur Folge, daß die Bewegung von Hoch nach Tief nicht geradezu als Ausgleichsbewegung ablaufen kann, sondern nur mittelbar bei gleichzeitigem Umfließen der verschiedenen Druckgebilde.

Ein Tiefdruckgebiet unter ständiger Rechtsablenkung wird auf der Nordhalbkugel links umflossen, ein Hochdruckgebiet dagegen rechts. Es ergibt sich ein Linkswirbel um Tiefdruckgebiete und ein Rechtswirbel um Hochdruckgebiete (Abb. 18).

Die Tiefdruckgebiete, die für uns Mitteleuropäer wichtig sind, liegen mit ihrem Kern meist in der Nähe Islands oder des englischen Kanals. Die Hochdruckgebiete liegen häufig über den Azoren oder dem Mittelmeer.

Die Enge der Isobaren (also größere horizontale Unterschiede des Luftdrucks auf engerem Raum) gibt ein Maß für die Windstärke (Windgeschwindigkeit). Die Angabe der Zahlenwerte an die Isobaren geschieht in Hektopascal (hPa). Für die meteorologische Einzelbeobachtung wird die Windgeschwindigkeit zusätzlich durch Antragen von Windmast mit Windfähnchen an die Beobachtungsstation kenntlich gemacht. Mit einem hinreichend engmaschigen Beobachtungsnetz lassen sich in einer Wetterkarte die Druckgebilde Hoch und Tief auch mit Hilfe der Windfähnchen unterscheiden.

Immer haben die Winde das Bestreben, bei der Rotation um ein Tiefdruckgebiet die Tiefs aufzufüllen: das Windfeld zieht sich in den tiefen Druck hinein zusammen. Für den Physiker ist diese Tatsache interessant als Versuch der Luftbewegung, ein Trägheitsgesetz einzuhalten, das Gesetz von der Erhaltung des Drehimpulses. Die Erhaltung des Drehimpulses bedeutet, daß beim Zusammenziehen von Wirbelfeldern die Rotationsgeschwindigkeit um die Wirbelachse wächst. Wir können uns dabei an die Pirouettenfigur im Eiskunstlauf erinnern. Auch bei ihr kann man erkennen, daß die Rotationsgeschwindigkeit zunimmt, wenn der Läufer zur Einleitung der Pirouette seine Glieder auf die Rotationsachse zusammenzieht. Das umgekehrte Verhalten (Ausstrecken der Arme) bremst die Rotation dagegen ab. Dem entsprechen die verhältnismäßig langsameren Umläufe des Windes vom Hochdruckgebiet her, wo ja die Luft gleichzeitig mit dem Rechtsumlauf im Hochdruckgebiet der Nordhalbkugel das Bestreben hat, aus den Hochdruckgebieten herauszufließen, also weg von der Rotationsachse solcher Rechtswirbel.

Die Tagesaufnahmen des geostationären Satelliten (Meteosat) zeigen zum Beispiel Wolkenbänder und gefleckte Wolkenfelder (Abb. 19). Wenn dabei milchige Wolkenbänder spiralig im Linksumlaufsinn auf der Nordhalbkugel in das Innere der Wirbel hineingezogen werden, bestätigen die Aufnahmen die Tiefdruckgebiete.

Auf dem Satellitenbild (Abb. 5) unterscheidet man deutlich weiße Wol-

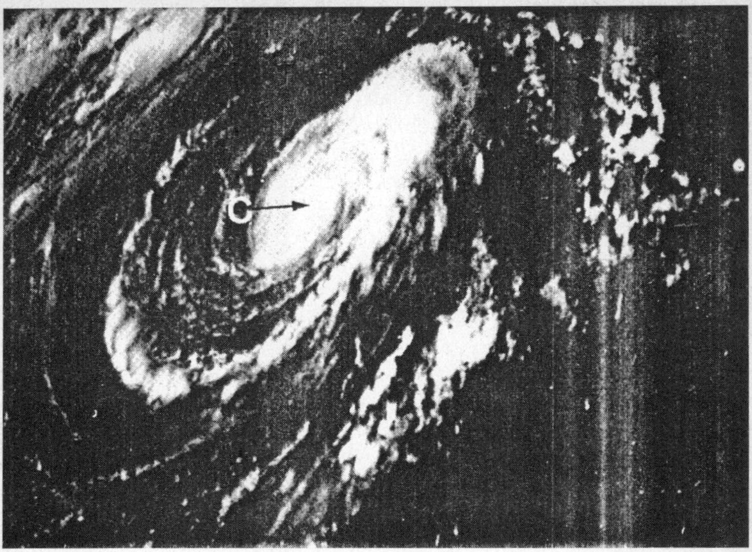

19: Ein tropischer Wirbelsturm aus Satelliten-Entfernung gesehen, gleicht in seiner Spiralfigur den Sternennebeln wie Andromeda. Mit C ist der zentrale Teil des Wirbelsturms bezeichnet.

kenbänder, die milchig aussehen, und Wolkenfelder, die beinahe aussehen wie Heringsrogen. Die ersteren gehören zu Warmluftkörpern, die sehr feucht sind und irgendwo anstauen, wogegen sie der Wind gerade schiebt: an Berghänge, an Küsten oder auch nur an andere (im Bild unsichtbare) Kaltluftkörper.

Die fleckigen Wolkenfelder, die wie Heringsrogen aussehen, verteilen sich weniger bandartig, sondern nehmen eine breitere Fläche, meistens gleichmäßig, ein. Sie gehören zu größeren Kaltluftgebieten, die große Landstriche oder Meeresräume gleichmäßig überschwemmt haben. Wie solche Wolkenfelder zu Hoch- und Tiefdruckgebieten einzuordnen sind, zeigt der Vergleich eines Satellitenbildes mit der Wetterkarte (Abb. 5): Die Hochdruckgebiete sind wolkenarme Gebiete. Besonders die warmen Hochdruckgebiete der Subtropen lassen den ungestörten Einblick des Satelliten auf eine wolkenfreie Landschaft zu, so zum Beispiel auf das Mittelmeer und den südlich angrenzenden Kontinent Afrika (Abb. 1).

Die großen Wolkenfelder selbst gehören zu ausgedehnten Tiefdruckgebieten unserer Breiten, geschlossene Wolkenbänder sind mit Fronten vorstoßender Warmluft gekoppelt. Felder mit Wolkenflecken liegen meist ungeordnet an den Westflanken der großen Tiefs und befinden sich in großräumigen Kaltluftgebieten.

In den polnahen Gegenden ist die Erde wieder wolkenärmer. Dort sind auf unseren üblichen Wetterkarten vorzugsweise Hochdruckgebiete zu sehen. Auf den Satellitenfotos sehen wir aber auch dort weiße Felder; doch sind es diesmal nicht Wolken, sondern Schneefelder. Auch die mit ewigem Schnee bedeckten Gipfel der großen Gebirge (Norwegen in Abb. 5) erscheinen als (kleine) weiße Flecken. Polwärts werden die Schneefelder umfangreich. Die Form Grönlands ist als weiße Fläche auf dem Satellitenbild 5 gut auszumachen. Auch das Polarmeer ist vielfach mit Eis und Schnee bedeckt; ihre weißen Felder gehen oft unmerklich in Wolkenfelder über.

Nebelfelder, die von oben wie Wolkenfelder aussehen, treten häufiger in Hochdruck- als in Tiefdruckgebieten auf. Hochdruckgebiete führen besonders in den Übergangsjahreszeiten an ihren polwärtigen Flanken an der Seite einer Westwindströmung solche Nebel mit sich. Im Frühjahr liegen diese Nebelfelder vornehmlich über dem Meer, im Herbst vornehmlich über den Kontinenten – besonders in Europa, weil dabei der Westwind als feuchter Seewind auftritt.

Wir fassen zusammen: Schichtwolkenfelder zeigen sich voraus vor Wetterfronten, einhergehend mit Landregen. Quellwolkenfelder folgen den Wetterfronten nach und gehen einher mit ungeordneten Schauern. In Hochdruckgebieten finden sich wenig oder keine Wolken; an ihrer Nordwestflanke treten aber gern Felder mit starkem Dunst oder Nebel auf.

Alle diese Darstellungen haben gemeinsam, daß sie statisch sind, d. h., sie können aus ein und derselben Wetterkarte erklärt werden. Für die Vorausschau der Wetterentwicklung ist natürlich wichtig zu wissen, wie sich eine Wetterkarte im Laufe der Zeit ändert. In einem Trickfilm hat der Deutsche Wetterdienst einmal aus echten Einzelwetterkarten eine sehr anschauliche Zeitrafferdarstellung gemacht. Von einem Kartenausschnitt wurden stündliche Karten mit ihren Isobarenfeldern erstellt. Jede dieser Stundenkarten wurde fotografiert, die Folge dieser Fotografien als Zeitraffer filmisch zusammengesetzt. Das Ergebnis zeigte zweierlei:

1. Hoch- und Tiefdruckgebiete sehen wie einzellige Lebewesen aus, die ihre äußere Gestalt ständig verändern und über eine Oberfläche hinweg gleiten oder fließen. So gleiten insbesondere Tiefdruckgebiete im Verlauf einer oder mehrerer Wochen über ein großes Gebiet hinweg, indem sie fortwährend neue Randgebilde wie primitive Gliedmaßen ausstrecken und wieder einziehen. Sie überdecken Mitteleuropa mit Randstörungen, die sich neu bilden und wieder zerfallen.

2. Der Prozeß des Bildens und Zerfallens ist dadurch bemerkenswert, daß Isobaren aus den Kernteilen, dem Innern der Hochs und Tiefs, her-

auskommen, wenn diese sich verstärken, und sich in den Kernteil zurückziehen und schließlich gänzlich darin verschwinden, wenn die Luftdruckgebilde sich abschwächen.

Für uns Mitteleuropäer gilt folgende allgemeine Regel: Tiefdruckgebiete mit breiter Warmluft im Süden ziehen schneller als Tiefdruckgebiete mit weniger Warmluft. Tiefdruckgebiete lassen auf ihrer Wanderung die Kaltluft links und die Warmluft rechts liegen. Orientierung links und rechts in Richtung der Tiefdruckverlagerung. Da es im allgemeinen über Mittel- und Nordeuropa kalt und im Mittelmeerraum warm ist, haben wir allzuoft die Situation, daß Tiefs aus dem Westen nach Mitteleuropa kommen. Es müssen hier schon extreme Temperaturen herrschen, wenn die Tiefs einmal im Sommer, weil es bei uns sehr warm ist, nach Norden, und im Winter, weil es bei uns ungewöhnlich kalt ist, nach Süden ins Mittelmeer abwandern sollen.

Atmosphärische Wellen

In einem der ersten Kapitel haben wir bereits erfahren, daß Längen- oder Skalen-Größenordnungen mit Hinblick auf Bewegungsvorgänge in der Atmosphäre unterschieden werden. Diese erstrecken sich von molekularer bis zu makroskaligen Ausdehnungen in Tausenden von Kilometern. Da schon von der täglichen Sonnenstrahlung her den Vorgängen in der Lufthülle der Erde Rhythmen aufgeprägt werden, analoge äußere Kräfte wie die kosmischen Schwerefelder, welche die Gezeitenrhythmen im Meer bewirken, bietet sich an, alle Vorgänge als periodische Wiederholungen anzusehen, sie somit als Wellenvorgänge aufzulösen.

Wo die Physik Schwierigkeiten bei dem Analysieren von Wechselwirkungen hat, z. B. für deterministische Bestimmung eines Zustandes, greift sie gern auf Wellenanalysen zurück, z. B. in der Quantenphysik.

Bei der mathematischen Modell-Behandlung der Atmosphäre spielen kurzzeitige Druckwellen kleinerer Wellenlänge eine gewisse Rolle, weil sich die im allgemeinen kompressionsfreien Fließvorgänge der Luftströmung mit Schallwellen überlagern, die auf Unterschallgeschwindigkeiten störend einwirken, denn sie verletzen die Kontinuitätsbedingung der Unterschallaerodynamik. In einem atmosphärischen Würfel ohne feste Wände muß beim Fließen zur Aufrechterhaltung der Kontinuitätsbedingung soviel Luft hineingehen wie herausgeht. Es darf im Würfel bei dem Bewegungsablauf nicht plötzlich mehr Luft durch Stauchung steckenbleiben als herauskommt, dann würde die Luft im Würfel kompressiv zusammengestaucht. Solche Effekte treten aber nur bei Überschallbewegungen auf. Man denke an den Schallknall, der an Flugzeugen entsteht, die mit Überschallgeschwindigkeit fliegen. In der Natur sind solche Überschalleffekte vernachlässigbar.

Die Zusammendrückbarkeit der Luft spielt nur bei den statischen Gleichgewichtsbedingungen eine Rolle (Abnahme des Luftdrucks mit der Höhe).

Treten nun aber kurze Druckschwankungen auf, so müssen sie bei den mathematischen Modellrechnungen weggefiltert werden, damit in den Bewegungen die Kontinuitätsbedingungen eingehalten werden. Es bietet sich an, somit Schwankungen um Mittelwerte als Wellen zu lesen und sie, wenn erforderlich, zu dämpfen. Bei der Welleninterpretation erkennt man auch, daß die Natur mit klein- und mittelräumigen Wellen Energie transportieren läßt, die sie dann in langen Wellen akkumulieren kann. Da dieser Vorgang der üblichen Energiekaskade eines Wellenzerfalls von großen Wellen mit hoher Amplitude zu kleinen Wellen zuwiderläuft, hat man über diesen Mechanismus als «negative eddy viscosity» besondere Betrachtungen angestellt.

Auf einer Seefahrt können wir gut beobachten, daß sich Wellen beim Überkämmen in kleinere Wellenzüge auflösen und ihre Energie so nach allen Seiten «kaskadenartig» verteilen. Wir können aber auch sehen, wie sich kürzere, kleinere Windseewellen zu einer großen langen Dünung vereinigen. Wenn wir im Sommer über einer überhitzten Landschaft Gewitter sich entwickeln sehen, so bemerken wir nicht selten, daß diese sich entsprechend ihrer Intensität in Reihen anordnen. Die Reihen können einander wellenartig folgen, wie Landschaft und Höhenwind über den Gewittern es bestimmen. Die Gewitter stellen sozusagen die Reibungsverzahnung zwischen Höhenwind und dem Wind im landschaftlichen Bodenprofil dar. Schließlich aber akkumuliert sich die Gewitterentwicklung zu einem großen Gewittertief beispielsweise über ganz Mitteleuropa, das seinerseits das Wellental eines riesenlangen Wellenzuges von der Größenordnung über 2000 km oder mehr darstellt. Dies ist dann ein Ereignis der Umwandlung kürzerer Wellen zu größeren mit Hilfe der aus den kürzeren gezogenen Energie.

In dem Band eines Starkwindgürtels, dem Jetstream, der sich in rund 6000 m Höhe über die gemäßigten Breiten beider Halbkugeln dahinzieht, zeigen sich ebenfalls Wellenanordnungen. Der Westwind des Starkwindgürtels bildet sich an der steilen Temperaturstufe zwischen polarer und subtropischer Luft. Polare Luft, die weit nach Süden vorstößt, erzeugt eine Einbuchtung dieser Frontalzone nach Süden. Umgekehrt wird mit warmer subtropischer Luft die Temperaturstufe zur polaren Luft weit polwärts verschoben.

Solche breiten Wellen ordnen sich zu nur wenigen großen Wellenzügen rund um die Halbkugel an. Es gibt Zweier- oder Viererfelder. Bei größerer Wellenzahl sind die Wellen nicht so weit geschwungen, sondern flacher, mit kleinerer Amplitude. Das Studium der wenigen langen Wellen zeigt nun, daß sie fast stationär sind, sogar gegen die Westströmung nach Westen wandern. Man kann das wellenmechanisch nachweisen. Man kann diese Bewegung auch aus dem Lufttransport erklären. An der Westflanke großer Hochdruckkeile, die sich aus dem Azorenhoch nordwärts entwickeln, wird mit Südwind Warmluft in breitem Strome polwärts geführt. Mächtige Warmluft baut über sich hohen Luftdruck auf. Die Hochdruckkeile müssen sich demgemäß zu ihrer warmen Flanke verschieben. Entsprechendes gilt für die Ostflanke der Hochdruckkeile, die wir in Mitteleuropa als Sommermonsun oder eben im Winter als Kälteeinbrüche fürchten. Polare Kaltluft dringt an den Ostflanken der Hochdruckkeile weit nach Süden. Das folgende Kapitel wird zeigen, wie mit solchen Kaltluftvorstößen zyklonale Felder entstehen. So folgt den Hochdruckkeilen von Osten ein Tiefdrucktal oder -trog nach. Die Westwanderung der sta-

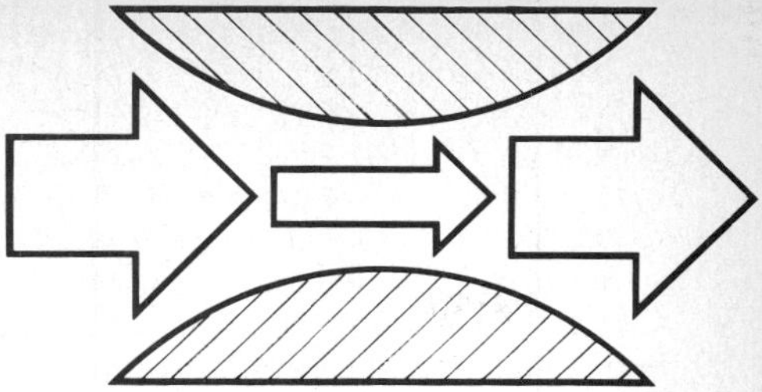

20: Strömung durch einen eingeengten Querschnitt. In der Einengung strömt Wasser oder Luft schneller als ohne Einengung. Dadurch wird die Kontinuität gewahrt, es kommt nicht zu Stauchungen im fließenden Medium. Aber der Luftdruck fällt; der Wind wird von einem Bergkamm eingeengt. Damit beginnt die Leewelle am Bergkamm.

tionären Gebilde ist demnach erklärt. Die Gebilde sind großräumig, sonst würden die breitflächigen Wanderungen polarer auf der einen und subtropischer Luft auf der anderen Seite gar nicht erst anfangen zu strömen.

Anders ist es nun bei flachen Wellen der Frontalzone, deren Zahl größer als 4 über der Halbkugel ist. Diese entstehen entlang einer breitenparallel angeordneten Temperaturstufe zwischen Warm und Kalt. Hier liefert die Energie des Temperaturfeldes hauptsächlich den Antrieb für extrem hohe Westwindgeschwindigkeit. Die flachen Wellen laufen also wie der Wind auch von West nach Ost. Man kann auch feststellen:

Lange, fast stationäre Wellen gehören zu einem meridionalen, sozusagen geradlinig unmittelbaren Austausch zwischen polarer Kaltluft und subtropischer Warmluft. In Mitteleuropa ist ihr Wandern von Ost nach West mit sehr extremem Temperaturwechsel verbunden, z. B. im nassen Sommer '81 und im Winter '82. Etwa 12 Tage dauerte der jeweils zu kalte und zu feuchtwarme Abschnitt. Man konnte erkennen, auf welcher Seite der großen Wellenbewegung wir lagen.

Anders sehen die Perioden großer Stürme aus, bei denen die zonale, breitenparallele Luftbewegung vorherrscht und keine großen Temperaturschwankungen registriert werden, weil das thermische Nord-Süd-Gefälle in Wind umgesetzt wird.

Natürlich gibt es auch atmosphärische Wellen, die man wie Wasserwellen spüren kann, wenn man mit einem Flugzeug hindurchfliegt. Es ist für Segelflieger ein gekonnter und eleganter Sport, die atmosphärischen Wellen zu surfen, sie mit Höhengewinn abzureiten. Ein Wasserwellensurfer rutscht mit seinem Surfbrett die aufsteilende Welle langsam herunter. Ein Segelflieger wird am Hang der aufsteilenden Welle aufwärts in extreme Höhen getragen. Schon in den dreißiger Jahren gelangen den Segelfliegern auf diese Weise Höhenrekorde. Sie waren es auch, die der Erklärung dieses atmosphärischen Phänomens zuerst nachgingen.

Wenn man nach einem Gewitterregen in einen Rinnstein bei gutem

Straßengefälle einen Stein legt, beobachtet man, wie das abfließende Regenwasser einen Buckel über dem Stein bildet, der auf diese Weise stromabwärts eine Welle angeregt hat, die sich noch eine Strecke stromabwärts fortsetzt (Abb. 20).

Dasselbe geschieht nun in der Atmosphäre, wenn diese einen Gebirgsriegel quer zu ihrer Strömung vorfindet. Eine Voraussetzung für das Entstehen von Wellen auf der Leeseite des Gebirges ist, daß kalte Luft bis zur Gebirgskammhöhe verhindert, die überströmende Warmluft in ihre frühere Gleichgewichtshöhe zurückfallen zu lassen. Die stromab schwingende Welle erstreckt sich zu immer höheren Höhen herauf, bis sie an die Obergrenze der Wetterzone, die Tropopause, stößt. Das macht die atmosphärische Leewelle am Gebirge so geeignet für Rekordhöhen beim Wellensegelflug (Abb. 20 a).

Wegen der Voraussetzung kalter Luft in den unteren Gebirgstälern und der in sich thermisch stabilen Schichtung der Warmluft, welche das Gebirge überströmt, ist der ausgehende Winter die idealste Jahreszeit, in Europa solche segelfliegerischen Verhältnisse vorzufinden. In dieser Jahreszeit haben Segelflieger noch nicht die Chance, ihre gewohnten som-

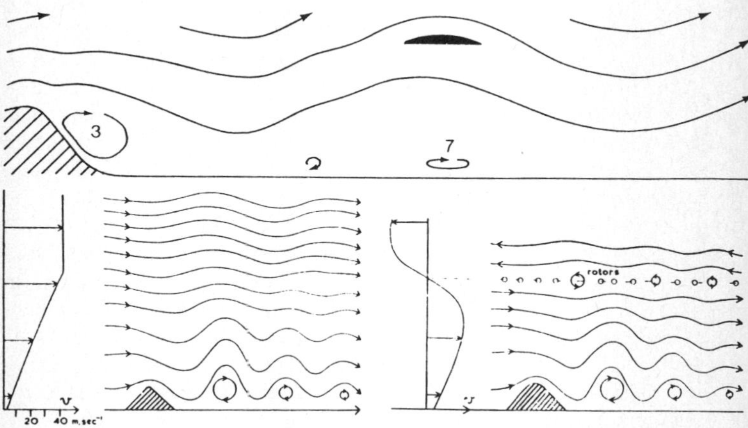

20 a: Drei Darstellungen über das Entstehen von atmosphärischen Wellen am Gebirgskamm. An den Wellenkämmen entstehen Linsenwolken, im oberen Bild schwarz angedeutet, die in gleicher Entfernung zum Bergkamm stehen bleiben. Außerdem ist ein Sprung in der Windströmung nahe dem Bergkamm erforderlich. Die rechte untere Abbildung zeigt die häufige Scherung zwischen Seealpen und Riviera an, wo die Segelflieger im Frühjahr bei Mistral-Wetterlagen Höhenrekorde in den Leewellen fliegen. (Aus: R. Scorer, Environmental Aerodynamics, London 1978)

merlichen Thermikflüge in Warmluftblasen zu machen. So gehen sie nach Südfrankreich, wenn der Mistral bläst, und segeln an den Seealpen oder auch den Cevennen. Bei Südwind kann man natürlich diesen Sport auch in den Nordalpen betreiben.

Zu schäumenden Brandungswellen werden die Leewellen an den Gebirgen dort, wo diese sich den stärksten Westwinden entgegenstellen. Das gilt in geradezu beispielhafter Deutlichkeit an den Rockies, dem Felsengebirge Nordamerikas, und an den argentinischen Anden Südamerikas, weil auf diese beiden Gebirgsabschnitte jeweils der westliche Starkwind der Frontalzone voll drauf steht. Schnell fliegende Verkehrsflugzeuge sollten diese schäumende Brandung atmosphärischer Wellen tunlichst umgehen, denn die Turbulenzen in der Zone stellen riskante Materialbeanspruchungen für Flugzeuge hoher Auftriebsbelastung dar.

Hiermit haben wir auch zugleich den Übergang gefunden zu den Turbulenzphänomenen der Atmosphäre. Ähnlich wie bei den Wellen spricht man auch bei der Turbulenz von einem Turbulenzspektrum. Turbulenz heißt ja eigentlich «Störung». Im Fließvorgang wird der ungestörte Fall der gleichmäßigen Bewegung, der in einem fließenden Medium stabiler Schichtung sauber übereinander verläuft, ohne daß sich die Schichten austauschen – laminarer Verlauf –, durch seitlichen oder instabilen Anstoß gestört. Die Dimension der Störung kann auch hier von unterschiedlicher Ausdehnung sein, weswegen es auch ein mikro-, meso- oder makroskalares Turbulenzspektrum gibt. Selbst die großen atmosphärischen Wirbel der Hoch- und Tiefdruckgebiete kann man als solche Störungsgebilde ansehen, überhaupt alle Vorgänge, die Austausch bewirken.

Man sieht: Wellen- und Turbulenzbetrachtung sind dann möglich, wenn die Atmosphäre als ein fließfähiges Kontinuum gesehen wird. Einzelvorgänge wie ein Gewitter, ein Wolken- oder Nebelfeld, ein Sturmgebiet werden da nicht als alleinstehende separate Gebilde betrachtet. Vielmehr sind sie nur Schwankungen um einen mittleren Zustand oder Störungen desselben. Ausgang ist der störungsfreie Grundzustand, den die Natur uns gar nicht zeigt, der selbst in klimatischen Mittelwerten deswegen nicht auftritt, weil auch noch das Klima übergeordnete zeitliche und örtliche Schwankungen besitzt, die, wenn man sie auch noch verwischen würde, schließlich nur in einen undifferenzierten homogenen Grundzustand enden würden.

So gesehen ist die Betrachtung vom atmosphärischen Kontinuum über Wellen- und Turbulenzspektren wie auch die rein statistische Interpretation von meteorologischen Ereignissen recht abstrakt und verliert an Anschaulichkeit.

Die theoretisch-mathematische Bewältigung ist schwierig.

Prinzip der Kreiselerhaltung bei atmosphärischen Wirbeln

In der Schule haben wir gelernt, daß ein Kreisel durch seinen Drehimpuls eine Erhaltungstendenz hat – er will seine Lage im Raum beibehalten. In der Navigation macht man davon Gebrauch, indem man statt der recht instabilen Magnetkompasse Kreiselkompasse benutzt mit hoher Kreiselumlaufgeschwindigkeit bei verhältnismäßig kleinen Maßen, was vor allem für Luftfahrzeuge vorteilhaft ist. Ein Kreisel auf der Erde hat dann eine stabile Drehachse, wenn diese mit ihrer Verlängerung zum Erdmittelpunkt weist. Liegt die Drehachse jedoch schräg zu einer Radiallinie aus dem Erdmittelpunkt, so beschreibt der Kreisel mit seiner Achse noch zusätzlich zu seiner Eigendrehung eine Drehung um eine gedachte Radiale im gleichen Drehsinne wie die Rotation um seine eigene Achse. Diese zusätzliche Drehbewegung wird Präzession genannt.

Die atmosphärischen Wirbel kann man auch als Kreisel auffassen. Sie müssen demnach auch physikalisch etwas von der Verhaltensweise eines Kreisels zeigen. Will man an der Bewegung strömender Flüssigkeiten solche Kreiselmomente sichtbar machen, so wirft man einfach ein hölzernes Schaufelrad oder auch nur ein einfaches Holzkreuz auf das Wasser. Wo bei scherender Strömung das Rad sich zu drehen beginnt, dort sind in der Strömung Kreiseleigenschaften vorhanden. Ein schwedischer Forscher, Rossby, hat solche «Kreiseligkeit» für atmosphärische Scherbewegungen und Wirbel zuerst beschrieben und analysiert. Der angelsächsische Ausdruck dafür wurde unübersetzt in die deutsche meteorologische Fachliteratur übernommen: vorticity.

Wie für den Kreisel ist auch für die vorticity das Erhaltungsprinzip gültig. Es läßt erkennen, daß die großen Kreisel: Planet feste Erde und seine atmosphärische Hülle wechselseitig Kreiselimpulse austauschen. Mit der heutigen Meßtechnik läßt sich beispielsweise nachweisen, daß die feste Erde sich nicht in allen Jahreszeiten gleich schnell dreht, sondern sich in den Übergangsjahreszeiten etwas verlangsamt und zu den Hauptjahreszeiten hin wieder beschleunigt.

Man spricht wegen des Austauschs der Kreiseleigenschaften zwischen fester Erde und Atmosphäre auch von der erdfesten vorticity, dem Kreiseleffekt der Erddrehung, einerseits und andererseits von der relativen vorticity, womit der Scherungs- und Wirbelvorgang in der Atmosphäre gemeint ist. Relativ bedeutet hier: Bewegungen bezogen auf das erdfeste

Koordinatensystem, während die Drehung der Erde auf ein Himmelskoordinatensystem bezogen ist.

Mit den nachfolgenden Betrachtungen wollen wir diese Aussagen anschaulich machen.

Bei einem Blick von außen auf die Erdpole können wir die Drehrichtung des Kreisels Planet Erde deutlich erkennen. Nehmen wir an, wir ständen mit einem Satelliten still über einem der Pole, z. B. dem Nordpol der Erde. Dann beobachten wir, daß sich die Erde im Laufe eines Tages wie ein Karussell unter uns hindurchdreht. Die Drehung geht von West nach Ost, das ist von oben gesehen eine Linksherum-Drehung. Würden wir mit dem Satelliten über dem Südpol der Erde stehen, so würden wir die Tagesdrehung der Erde als Rechtsherum-Drehung beobachten. Wenn wir nun unsere bisherigen meteorologischen Kenntnisse in Erinnerung bringen, so wissen wir, daß linksdrehende atmosphärische Wirbel auf der Nordhalbkugel den Drehsinn der Tiefdruckgebiete haben. Die erdfeste vorticity, so sagt man, ist eine zyklonale vorticity. Der Rechtsdrehsinn, den wir für die Südhalbkugel beobachtet haben, ist auch dort ein zyklonaler Drehsinn, denn die Tiefdruckgebiete der Südhalbkugel werden von der Luft rechtsherum umströmt.

Ein großer atmosphärischer Kreisausschnitt, der beispielsweise über dem Nordpol kreissymmetrisch still ruht, macht im Laufe eines Tages auch die erdfeste zyklonale Drehung um den Pol herum mit (Abb. 21).

Wird so eine atmosphärische Scheibe durch eine vorgegebene Luftdruckverteilung zur Seite aus der polaren Lage herausgeschoben, so behält sie ihre von der Erde aufgeprägte Drehung bei. Findet man diese

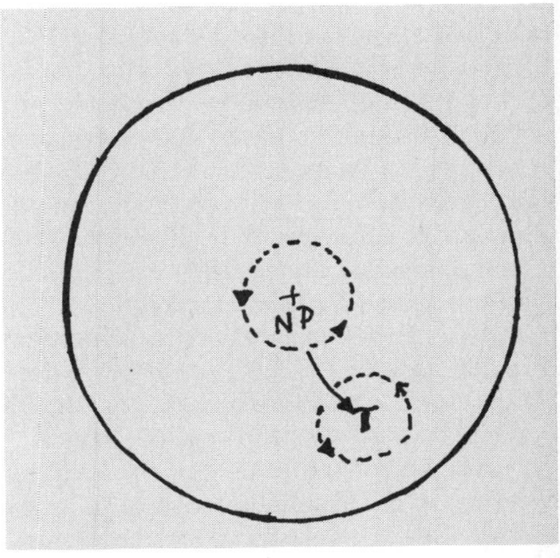

21: Die Nordhalbkugel von oben gesehen. Die Luft dreht sich auch am Nordpol (NP) an einem Tage mit der Erde um sich selbst gegen den Uhrzeigersinn (zyklonal). Wird der Luftkreisel vom Pol weggeschoben, so behält er seine ursprüngliche Drehung bei.

atmosphärische Scheibe nach einigen Tagen vielleicht in den hohen fünfziger Breiten, so zeigt sich ihre zyklonale Eigendrehung dadurch, daß sie sich jetzt im Verhältnis zur Erdoberfläche um sich selbst dreht wie ein Tiefdruckwirbel – an einem Tage einmal herum.

Hätte die Scheibe über dem Pol einen Durchmesser von 200 km gehabt, so würde sie eine Bahngeschwindigkeit von rund 25 km/h in sich mittragen. Die horizontalen Flächen auf der Erde ändern sich in ihrer Neigung gegenüber der Polfläche mit dem Sinus der Breite, weswegen man solche Bahngeschwindigkeit nicht unmittelbar auf die Breiten außerhalb des Pols übertragen kann. Zyklonale Kreiselmomente werden jedoch von der Luft mitgeschleppt, wenn sie aus polaren Breiten äquatorwärts befördert wird. Luft aus polaren Breiten bringt damit nicht nur thermische Eigenschaften aus ihrem Ursprungsland mit, sondern auch mechanische Eigenschaften. Diese Eigenschaft ist die Zyklonalität. Man kann sie auch Tiefdruckwirbeligkeit nennen.

Kommt der Wind vom Pol nicht unmittelbar als Nordwind, sondern ist noch eine Westwindkomponente überlagert, so daß der Wind als Nordwest über Europa auftritt, so unterstützt die Westwindkomponente noch zusätzlich die Erddrehung von West nach Ost, verstärkt also die erdfeste Zyklonalwirbeligkeit. Logischerweise sind daher in unseren Breiten Tiefdruckentwicklungen immer mit Nordwestwind verbunden.

Eine Ostwindkomponente, die einer Nord-Süd-Verfrachtung der Luft aus dem Pol überlagert wäre, würde die zyklonale Eigenschaft der Polarluft dagegen dämpfen, denn der Ostwind steht gegen die Drehrichtung der Erde. So ist es deswegen auch erklärlich, daß polare Luft mit Nordostwind keine tiefdruckerzeugende Wirkung hat und sie daher meistens wolkenarm einfließt, wenn sie nicht auf ihrem Wege über warme Wasserflächen zusätzliche Feuchtigkeit aufnimmt. Der Übergang von erdfester auf relative zyklonale Wirbeligkeit wird um so intensiver, je weiter sich die Luft von ihrem polaren Ursprungsgebiet entfernt.

Polare Kaltlufteinbrüche führen im Mittelmeerraum nicht selten zu verheerenden Wetterschäden. Auch die Auslösung der bekannten nordamerikanischen Tornados wird dort bei polaren Kaltlufteinbrüchen begünstigt, die deswegen im Frühjahr und Frühsommer am häufigsten sind.

Der Kreiselerhaltungseffekt erreicht jedoch eine Grenze, die mit der Kreiselpräzession zusammenhängt.

Betrachten wir nämlich unsere atmosphärische Drehscheibe auf ihrer Wanderung vom Pol äquatorwärts von der Seite, so sehen wir, daß ihre Drehachse die radiale Ausrichtung zum Erdmittelpunkt immer weiter verliert, je mehr sie sich vom Pol entfernt (Abb. 22). Die Drehachse bildet zum Radialstrahl aus dem Erdmittelpunkt einen immer größeren Winkel, der mit 90° minus der geographischen Breite der Drehachsenlage wächst. Der Kreisel muß daher bei seiner Auswanderung aus dem Pol

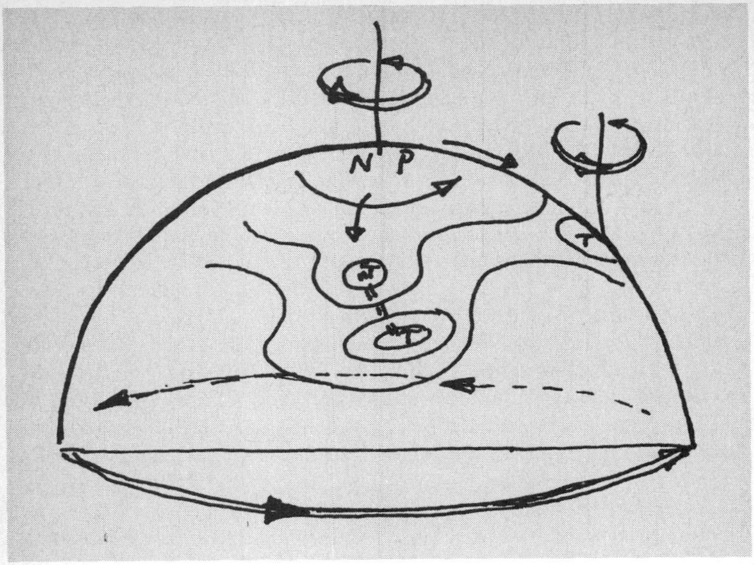

22: Die Erde dreht sich von West nach Ost. Für Luftsäulen, die vom Pol äquatorwärts getragen werden, bleibt die Kreiseldrehung erhalten. Aber die Kreiselachse steht außerhalb des Pols nicht mehr senkrecht auf der horizontalen Erdfläche. Zwischen Bodentief und Höhentief entsteht eine Präzessionsbewegung.

anfangen zu präzidieren. Die Präzession wird um so wirksamer, je länger die Achse der Drehscheibe ist, d. h. je größer die vertikale Erstreckung der ausgebrochenen Polarluft bleibt. Die Schrägstellung der Drehachse außerhalb der Pollage erkennt man beim Vergleich der Lage des Tiefdruckzentrums in der Bodenwetterkarte mit jener einer Höhenwetterkarte, beispielsweise der 300 hPa-Fläche. Das Zentrum des Wirbels ist zunächst in der Höhe polwärts gegenüber der Bodenlage verschoben. Denn wenn die Drehachse der atmosphärischen Scheibe ihre außerirdische Stellung konstant läßt, so wird sie gegenüber der gekrümmten Erdoberfläche außerhalb der Pole immer geneigter. Durch Präzession versucht sie, ihre Kreiselstabilität zu halten. In der Entwicklung der Wetterkarten erkennt man den Präzessionsablauf daran, daß der Kern des Höhentiefs um den Kern des Bodentiefs im zyklonalen Sinne herumgeführt wird. Gleichzeitig beschreibt aber auch der Kern des Bodentiefs eine zyklonale Bewegung um den Kern des Höhentiefs. Die gemeinsame Achse der beiden Tiefdruckkerne oben und unten macht hierbei die Präzessionsbewegung.

Am Winterende ist Europa natürlich am meisten ausgekühlt. Polarluft stößt häufiger als zu anderen Jahreszeiten bis ins Mittelmeer vor. Beim Umlauf um die Alpen zeigen sich dann häufiger die beschriebenen Präzessionsbewegungen. Bodentief und Höhentief bewegen sich wie im Ringelreihenspiel um die Alpen zyklonal – also linksherum.

Der Kern eines Bodentiefdruckgebietes legt sich beispielsweise an das nördliche Alpenvorland. Auf seiner Westseite dringt mit kaltem Nordwind, dem Mistral, die Polarluft durch das Rhônetal Richtung Mittelmeer. Es bildet sich über Oberitalien ein selbständiges Höhentief aus. Dieses Höhentief zieht seinerseits das Zentrum des Tiefs der Bodenwetterkarte von Bayern durch die Schweiz ins Rhônetal. Bei dieser Lage wird das Höhentief von Oberitalien nach Dalmatien und Österreich weitergesteuert. Nun führt das Höhentief seinerseits das Bodentief aus dem Rhônetal nach Oberitalien, während es selbst durch die neue Lage des Bodentiefs nach Oberbayern weiterziehen muß. Dieses Spiel kann sich mehrere Male im Laufe von 2 bis 3 Wochen wiederholen, bis Zirkulationsumstellungen aus der Nachbarschaft das in sich abgeschlossene Präzessionssystem auflösen.

Über freien Ozeanen kann man erkennen, wie weit ein Polarwirbel äquatorwärts wandern kann, bis er schließlich umkippt, weil er bei extrem schräger Achsenlage seine Kreiselstabilität nicht mehr aufrechterhalten kann. Wenn nämlich die Abweichung der Wirbel-Drehachse zur Erdradialen zu groß wird, kann die Kreiselstabilität auch nicht mehr durch Präzession erhalten bleiben. Spätestens bei den dreißiger Breiten, im Subtropengürtel kippt der Kreisel. Seine Drehebene, die beim Auswandern aus dem Pol sich immer senkrechter gegenüber der Horizontalebene der außerpolaren Breiten stellt, unterstützt nun konvektive Auf-und-ab-Bewegungen der Luft. Dieser Vorgang ist deswegen bemerkenswert, weil er als mechanischer Austauschvorgang im gleichen Sinne wie die thermische Konvektion (Quellwolken- und Schauer-Bildung) wirkt.

Das Vorticity-Prinzip, der Austausch nicht bloß thermischer, sondern auch mechanischer Eigenschaften der Luft zwischen Pol und Äquator ist in den anfänglichen meteorologischen Theorien wohl deswegen weniger beachtet worden, weil die Temperatur und Feuchtigkeitseffekte sich subjektiv für den Menschen vordergründig bemerkbar machten und für jeden Einzelpunkt der Erde spürbar waren. Aber die mechanischen Eigenschaften konnten erst durch die Betrachtung von geschlossenen Feldern, den Strömungsfeldern, erkannt werden. Wasserkastenmodelle auf Drehtischen lieferten die ersten Erkenntnisse.

Wind

Der Wind ist ein besonders wichtiges Wetterelement. Zwischen Wind und Luftdruckfeld besteht eine enge Beziehung. Wenn man den Wind beobachtet, kann man auf das der Beobachtungsstation benachbarte Luftdruckfeld schließen, eine Methode, die bei den See- und Luftfahrern angewendet wird. Das benachbarte Druckfeld verrät dann auch gleichzeitig die großräumige Verteilung von Gutwetter- und Schlechtwettergebieten.

Wir wollen uns daher jetzt damit befassen, wie ein Wind entsteht und welchen Kräften er ausgesetzt ist. Zuerst wollen wir darüber sprechen, wie das Luftdruckfeld den Wind hervorruft, und dann darüber, wie die tägliche Drehung der Erde die Windrichtung beeinflußt.

Die Luft, die die Erde umgibt, ist beinahe immer in Bewegung. Sie ist unsichtbar. Was wir sehen, ist deshalb nicht die Bewegung der Luft, sondern sind die Gegenstände, die durch die Luft bewegt werden, z. B. Rauch. Um die Luft in Bewegung zu setzen, muß irgendeine unsichtbare Kraft vorhanden sein. Was ist diese unsichtbare Kraft?

Wenn wir am Badestrand unsere Luftmatratze aufblasen, d. h. mit Kraft Luft hineindrücken, und die Öffnung verschließen, haben wir in ihrem Innern einen höheren Luftdruck hergestellt, als draußen herrscht. Wenn wir den Stöpsel herausziehen, strömt die Luft aus der Luftmatratze wieder heraus, sie fließt vom Gebiet höheren Drucks zum Gebiet niedrigeren Drucks.

Der Luftdruck bestimmt demnach die Strömung der Luft. Luftdruck wird mit einem Barometer gemessen. Ein Barometer ist ein sehr empfindliches Gerät zum Messen auch sehr kleiner Luftdruckänderungen. Meist gibt ein über einer Luftdruckskala spielender Zeiger die Größe des Luftdrucks an. Ein von Hand einstellbarer Zusatzzeiger gestattet, das Auswandern des Luftdruckzeigers nach einem bestimmten Zeitintervall gegenüber dem von Hand eingestellten früheren Wert abzulesen. Der Luftdruck über Meeresspiegelhöhe ist im Mittel 1013 Hektopascal.

Hektopascal, die physikalische Dimension des Luftdrucks, leitet sich aus der physikalischen Definition der Kraft her. Für den Physiker wird heute der Luftdruck in der Einheit Newton/m^2 angegeben, wobei die Größe Newton eine Einheit der Kraft ist. Es ist die Kraft, die der Masse 1 kg die Beschleunigung 1 m/s^2 erteilt. Die früher übliche Bezeichnung Bar für die Einheit des Druckes war gegenüber der jetzigen um das 10^5-fache größer. Jedoch bedienten sich die Meteorologen schon immer der tausendstel Einheit des Bars, nämlich des Millibars. Somit entspricht das Millibar (mbar) 100 Newton/m^2 (N/m^2). Ein Newton pro m^2 wird als Pascal bezeichnet. Seit 1. 11. 1983 haben statt Millibar 100 Pascal oder 1 Hektopascal Einzug in die Meteorologie gehalten, d. s. eben 100 N/m^2. Mittelt man den atmosphärischen Luftdruck auf Meeresniveau global und zeitlich, so erhält man einen standardisierten Mittelwert von 1013,2 hPa. Eine so gemittelte Atmosphäre, auch nach Temperatur und Höhe, ist zu einer weltweiten Industrienorm der Luftfahrt geworden. Sie ist in der Unterorganisation der UNO, nämlich der ICAO (International Civil Aviation Organization) anerkannt. Leistungsdaten von Flugzeugtriebwerk, Flugzeugzelle und Flugzeuginstrumenten sind auf die Normatmosphäre ausgelegt (z. B. 15° C in 0 m Höhe bei 1013,2 hPa, −56,5° C in 11 km Höhe bei 225 hPa an der Obergrenze der gesamten Wetterzone [Troposphäre] bei einem Temperaturrückgang von 0,65° C auf 100 m Höhenanstieg). In der freien Natur und ihrer wirklichen Atmosphäre existiert eine so normierte Einheitlichkeit keineswegs. Erstens ist die Atmosphäre an verschiedenen Punkten der Erde verschieden mächtig, weil die Atmosphäre keine gleichförmige Oberfläche wie das Wasser der Ozeane hat, sondern schlierenartig in den freien Weltenraum übergeht. Zweitens sind die verschiedenen Schichten der Atmosphäre in den verschiedenen Gegenden der Erde unterschiedlich temperiert. Da kalte Luft schwerer als warme Luft ist, resultiert hieraus schon ein unterschiedliches Gewicht der Luft in verschiedenen Gegenden, bezogen auf eine einheitliche Seehöhe. So kommt es allein statisch schon zu unterschiedlichen Luftdrucken.

Unterschiedliche Strahlungsbedingungen nach Jahreszeit, Meere, Festland, Gebirge, Wüsten und polare Schneeflächen mit ihren ständig wechselnden Einflüssen auf Lufttemperatur und damit auch auf Luftgewichte stellen die Gegensätze her, die mit Hilfe der Winde und deren Luftmassentransporte ausgeglichen werden müssen.

Beispielsweise schafft die unterschiedliche Erwärmung von Land und Meer sommer- und wintertags gegenläufige Luftdruckunterschiede, die einen Land- und Seewind zustande bringen. Dieser pflegt im Rhythmus von Tag und Nacht in seiner Richtung zu kentern.

Bei näherer Betrachtung stellt sich eine solche Zirkulation folgendermaßen dar: Bei Tag wird Land unter dem Einfluß der Sonnenstrahlung schneller warm als Wasser, denn zur gleichen Temperaturerhöhung bedarf eine gleiche Masse Land nur eines Fünftels der Wärmemenge wie Wasser. Damit kühlt sich aber umgekehrt Land bei nächtlicher Ausstrahlung schneller ab als Wasser, und Wasser speichert Wärme länger.

Im jeweils wärmeren Gebiet – bei Tag über Land, bei Nacht über See – steigt die Luft nach oben, so daß die atmosphärische «Luftstange» über dem warmen Gebiet gleichsam länger wird als über dem kalten Gebiet, wie ja auch eine Quecksilbersäule im warmen Thermometer höher steht als im kalten. Für die Atmosphäre bedeutet dieser Befund aber, daß die unterschiedliche Temperatur zwischen Luftsäule über Land und Luftsäule über See in einigen tausend Metern Höhe höheren Luftdruck schafft in der wärmeren, längeren atmosphärischen Säule als in der kürzeren, kälteren. Damit fließt Luft in diesen hohen Höhen vom hohen Luftdruck zum tiefen, d. h. von Warm nach Kalt, wie in unserem Beispiel aus der Luftmatratze nach draußen.

Weil mit dieser einleitenden Luftbewegung der warmen Luftsäule insgesamt Luftmenge entnommen und der kalten Säule zugeführt wurde, ist jetzt der Gesamtdruck der beiden Luftsäulen unten auf Meeresniveau verschieden. Die warme Luftsäule wurde durch die Luftentnahme leichter, die kalte aber durch die Luftzugabe schwerer. Also ergibt sich in Meereshöhe hoher Luftdruck im kalten und niedriger im warmen Gebiet. Abermals setzt sich Luft in Bewegung, wieder von Hoch nach Tief. Da in Meereshöhe die Luftdruckgegensätze, wie beschrieben, gegenläufig zu denen in der Höhe verteilt sind, ist auch die untere Ausgleichsströmung der Luft gegenläufig zur oberen. Das ist die Land-Seewind-Zirkulation, die Abb. 23 schematisch veranschaulicht.

Luftdruckunterschiede können sich über sehr viel größere Entfernungen als im engeren Küstenraum zwischen Meer und Land bemerkbar machen. Auf unseren Wetterkarten sind durchweg ausgedehntere Luftdruckunterschiede zu finden. Unser Wetterkartenbeispiel (Abb. 12) zeigt ein Hochdruckgebiet über ganz Westeuropa. Ein Tiefdruckgebiet liegt weit draußen im Norden vom Atlantik hin. Da liegen mehr als tausend Kilometer zwischen den Kerngebieten von Hoch und Tief.

Wenn der Wind das Bestreben hat, Hoch und Tief auszugleichen, indem er vom Hoch zum Tief hinüberfließt, so muß er diese tausend Kilometer durchlaufen. Bei einer so großen Distanz macht sich aber die Tatsache bemerkbar, daß wir auf einer kugelförmigen Erde leben, die sich um

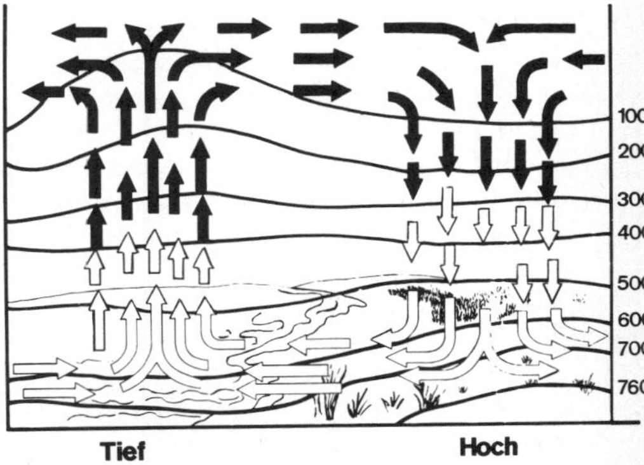

23: Warme Luft steigt in den Sommernächten über dem Meer auf, kalte Luft von Land fließt zum Meer hin ab (Landwind). Die Isobaren zeigen oben, daß hoher Druck über der Warmluft und tiefer Druck über der Kaltluft entsteht, eine ältere, aber richtige Darstellung, bei der als Maßeinheit des Druckes noch Millimeter Quecksilbersäule verwendet wurde (Torr).

sich selbst dreht. Da sie sich von West nach Ost dreht, zeigt eine Draufsicht auf die Nordhalbkugel ein linksdrehendes (entgegen dem Uhrzeiger sich drehendes) «Karussell». Was wird nun aus Bewegungen, die auf einem solchen Karussell ablaufen?

Sie werden ganz allgemein nach rechts (wenn man in die Richtung der Bewegung blickt) abgelenkt. Ein Gegenstand, der sich von Norden nach Süden bewegt, gerät in Rückstand gegen die im Süden schnellere Drehung der Erde. Ein anderer Gegenstand auf dem Weg von Süden nach Norden eilt der Erddrehung voraus. Auch Bewegungen in Richtung oder Gegenrichtung der Erddrehung werden nach rechts abgelenkt, das eine Mal infolge höherer, das andere Mal infolge geringerer Geschwindigkeit als der Drehgeschwindigkeit der Erde. Solche Bewegungsablenkungen hat zuerst (um 1830) der französische Physiker Coriolis erkannt, weshalb man von *Coriolisbeschleunigung* und *Corioliskraft* spricht, wenn man es mit überlagernden Bewegungen von frei beweglichen Körpern auf einem drehenden Bezugssystem zu tun hat.

Das physikalische Prinzip, das der Corioliskraft ähnlich wie der Zentrifugalkraft zugrunde liegt, ist ein Trägheitsprinzip der Natur. Dieses Trägheitsprinzip sagt in der Mechanik aus, daß drei physikalische Größenarten das Bestreben haben, konstant zu bleiben: unmittelbar die Energie, ein auch für alle anderen Sparten der Physik, nicht nur für die Mechanik geltendes Prinzip, abgeleitet aber ebenso für Impuls und Drehimpuls. Die Konstanz des Drehimpulses hat für die Bewegungen der Planeten schon Kepler formuliert, aber für freie Bewegungen auf der Erdoberfläche formulierte sie Coriolis.

Sie besagt, daß jeder frei bewegliche Körper seinen ihm einmal mitgeteilten Drehimpuls beibehalten möchte, wenn keine weiteren äußeren Kräfte an ihn angreifen. Ein starr bewegliches Karussell, dessen einzelne Massenpunkte nicht frei beweglich sind, hat bei seiner Drehung überall gleiche Winkelgeschwindigkeit, dafür aber verschiedene Drehimpulse: außen in großer Entfernung von der Rotationsachse ein Maximum des Drehimpulses, in Achsennähe ein Minimum des Drehimpulses.

Frei bewegliche Körper auf dem starren Drehsystem, wie Wasser oder Luft auf der Erdoberfläche, behalten bei ihrer Eigenbewegung den Drehimpuls ihrer Eigenbewegung bei. Somit treffen sie unentwegt eine Unterlage mit einem Drehimpuls, der von ihrem eigenen verschieden ist. Daraus ergibt sich die genannte Ablenkungswirkung.

Und jetzt ziehen wir Folgerungen aus der Rechtsablenkung der Luftströmungen auf der Nordhalbkugel durch einen Vergleich mit dem Rechtsverkehr auf unseren Straßen. Dieser Vergleich gibt zwar keine Erklärung, aber er macht uns die Regeln deutlich.

Wenn Winde in ein Tiefdruckgebiet einfließen – von allen Seiten, da ja rundherum höherer Luftdruck herrscht –, dann haben wir so etwas wie einen Kreisverkehr, in dem der Kern des Tiefdruckgebiets die Verkehrsinsel darstellt. Um diese fährt alles links herum. So kreisen auch die Winde im Tiefdruckgebiet links herum. Aus einem Verkehrskreisel heraus aber biegt man nach rechts ab, und so läuft auch der Wind aus Hochdruckgebieten rechts heraus (Abb. 18).

Auf der Südhalbkugel geht es anders herum, da sich diese ja rechts herum dreht. Da sorgt die Corioliskraft für eine Ablenkung nach links, und Tiefdruckgebiete werden rechtsherum umfahren und Hochdruckgebiete linksherum.

Wind ist Ausgleich der Luft zwischen Gebieten hohen und Gebieten tiefen Luftdrucks. Er wird dabei abgelenkt. Wie weit wird er nun aus seiner ursprünglichen Bahn herausgezogen? In den Wetterkarten haben wir die Isobaren – Linien, die alle Orte mit gleichem Luftdruck, bezogen auf Meeresniveau, miteinander verbinden. Wir können sagen, daß die Corioliskraft den Wind immer auf den Isobaren hält, und zwar im jeweiligen Umlaufsinn von Tief und Hoch.

Es besteht ein Kräftegleichgewicht, ein Strömungsgleichgewicht, das vom Luftdruckgefälle einerseits und von der ablenkenden Kraft der Erddrehung andererseits bestimmt wird. Der tiefe Druck versucht unseren Wind in sein Inneres zu ziehen, wie die Schwerkraft alles zur Erde herunterzieht. Gleichzeitig zieht ihn die Corioliskraft nach rechts aus seiner ursprünglichen Richtung. Warum aber nur gerade soweit, daß er in Richtung der Isobaren gehalten wird? Die Corioliskraft wird von den Physikern als «Scheinkraft» (d. i. weiter nichts als «trägheitserhaltende Kraft») bezeichnet. Daher kann sie nicht mehr leisten, als der eigentlich Arbeit leistenden Kraft des Druckgefälles oder der Schwerkraft das Gleichgewicht zu halten. Sie ist nämlich von der Windgeschwindigkeit abhängig, diese aber wird vom Luftdruckgefälle bestimmt, wie die Geschwindigkeit eines Flusses von seinem Gefälle bestimmt wird.

Das Luftdruckgefälle zwischen Hoch- und Tiefdruckgebiet ist der atmosphärische Motor, der die Bewegung der Luft zustande bringt und aufrechterhält. Diese Bewegung wird auch zu einem Maß der Ablenkungskraft durch Erdrotation, bis es zwischen beiden Kräften zu einem Gleichgewicht kommt, der den Wind gerade parallel zu den Isobaren hält, also senkrecht (quer) zur Zugkraft des Luftdruckgefälles.

Solche Gleichgewichtssituationen finden wir beispielsweise auch in der Luftfahrt. Auch ein Flugzeug bewegt sich quer zu den Kräften, zwischen denen es sich bei einem horizontalen Flug im Gleichgewicht befindet. In dem Augenblick, wo es vom Boden abgehoben hat, wirken zwei Kräfte auf das Flugzeug ein, die senkrecht zu seiner Bewegungsrichtung wirksam sind. Zum Unterschied vom Wind und seinen Gleichgewichtskräften sind hier die Kräfte nicht in einer horizontalen, sondern vertikalen Ebene zu betrachten. Die Arbeit leistende Kraft am Flugzeug ist die Schwerkraft, das Gewicht des Flugzeugs. In der Luft hält der Vortrieb des Motors die Bewegung aufrecht. Nun haben wir ein Gleichgewicht zwischen dem Auftrieb als einer Scheinkraft, die von der vom Vortrieb erzeugten Geschwindigkeit abhängt, und der Schwerkraft nach unten, quer zu beiden: Bewegungsrichtung des Flugzeugs.

Wenn wir nun allerdings den bodennahen Wind betrachten, also den Wind, den wir unmittelbar am Erdboden fühlen, dann ist die bisher beschriebene Gleichgewichtsbedingung nicht voll erfüllt. In Wetterkarten weisen die Fähnchen an den Windmasten, die als Symbole für die Windstärke dienen, immer in den tiefen Luftdruck, auf der Nordhalbkugel also nach links, in Windrichtung gesehen. Nun beobachtet man im allgemeinen, daß die Windmasten, die am Symbol die Windrichtung bezeichnen, ein wenig in den tiefen Druck hineingedreht sind und damit nicht streng parallel zu den Isobaren verlaufen. Das bedeutet: Der bodennahe Wind (bis hinauf in eine Höhe von etwa 1000 Meter) wird nicht unerheblich von der Reibung mit dem Erdboden beeinflußt, unterschiedlich wirksam je nach Bodenform und Bodenbedeckung. Der reibungsbeeinflußte Wind folgt nicht voll der Ablenkung, wie sie durch die Corioliskraft eigentlich sein müßte. Denn, wie gesagt, diese Scheinkraft ist von der Windgeschwindigkeit abhängig. Die Reibung des Windes am Erdboden vernichtet fortwährend einen Teil der Geschwindigkeit, die ursprünglich durch das seitliche Luftdruckgefälle aufgebaut wurde. In Nähe des Erdbodens ist daher durch den Reibungseinfluß die Kraft des seitlichen Luftdruckgefälles ein wenig größer als die ablenkende Kraft der Erdrotation. Der Wind weht nicht parallel zu den Isobaren, sondern je nach Reibungseinfluß 20 bis 40 Winkelgrade einwärts in das zugehörige Tief hinein.

So wird zum Beispiel aus einem Westwind in höheren, von der Reibung unbeeinflußten Schichten in Bodennähe ein schwächerer Südwest- bis Westsüdwestwind. Es gilt hiernach die Regel für die unteren 1000 Meter, daß der Wind mit der Höhe immer mehr rechts dreht, nämlich von einer reibungsbeeinflußten, erdbodennahen Windrichtung auf eine reibungsunbeeinflußte Höhenwindrichtung. Das Rechtsdrehen gilt in diesem Sinne auch wieder nur für die Nordhalbkugel.

Sturm

Wenn der Wind immer heftiger wird, also eine immer höhere Geschwindigkeit annimmt, nennen wir ihn schließlich Sturm. Als Grenze sieht man eine Geschwindigkeit um 70 Kilometer/Stunde an. Bei Geschwindigkeiten über 100 Kilometer/Stunde sprechen wir von einem Orkan (abgeleitet aus dem indianischen Wort «Hurrikan»).

Wenn die Meteorologen von einer Sturmwarnung sprechen, sprechen sie meistens gleichzeitig von einem Sturmtief. Warum niemals von einem Sturmhoch?

Tiefer Druck ist ein Gebilde, das Luft ansaugt. Luft zieht sich in ein Tiefdruckfeld hinein zusammen. Das Bewegungsfeld verengt sich damit auf ein Tiefdruckfeld zu. Hochdruckgebiete dagegen sind solche Räume, aus denen Luft herausfließt: also erweitern sich die Bewegungsfelder um Hochdruckgebiete herum. Nehmen wir das zunächst einmal als Feststellung und ziehen wir die Folgerungen. Wenn wir Luft von einem Bewegungsfeld mit breiten Querschnitten in ein Bewegungsfeld mit engem Querschnitt versetzen (durch eine enger werdende Röhre treiben) und sie schließlich wieder in ein breites Feld übergehen lassen, wird ein und dieselbe Luftmenge in der gleichen Zeit durch verschiedene Querschnitte getrieben. Die Geschwindigkeit der gleichen Menge Luft muß sich entsprechend den Querschnitten ändern (Abb. 20). Dies ist ein Prinzip der Physik, das auch für die Luft unter der Bedingung gilt, daß sie während dieses Vorgangs nicht zusammendrückbar ist. Damit würde die Luft ihre Dichte auf dem Wege durch die verschiedenen Querschnitte nicht erheblich ändern.

Während die Luft sich in den linksdrehenden Wirbel eines Tiefdruckgebiets zusammenzieht, kommt nun auch noch das Trägheitsprinzip zur Anwendung: die Erhaltung des Drehimpulses, von dem schon mehrfach die Rede war. Tiefdruckwirbel folgen derselben Gesetzmäßigkeit der Trägheit wie der Eiskunstläufer bei der Pirouette. Wie dieser sich um so schneller um sich selbst dreht, je enger er die Arme an den Körper legt, um so mehr beschleunigt sich auch Luft, die in die engere Drehachse eines Tiefs einströmt. Wenn die Luft dagegen Hochdruckgebiete umfließt, kann sie auch bei steilerem Luftdruckgefälle nicht auf höhere Geschwindigkeiten kommen. Da nämlich der Luftdruck vom Hoch aus nach außen abfällt (als ob eine Straße in der Kurve auf der Innen- statt auf der Außenseite überhöht worden wäre), wird die Luft nach außen aus der Bahn getragen und vermindert dabei ständig das Luftdruckgefälle. Der Wind umläuft so mit geringerer Geschwindigkeit recht weit angelegte Hoch-

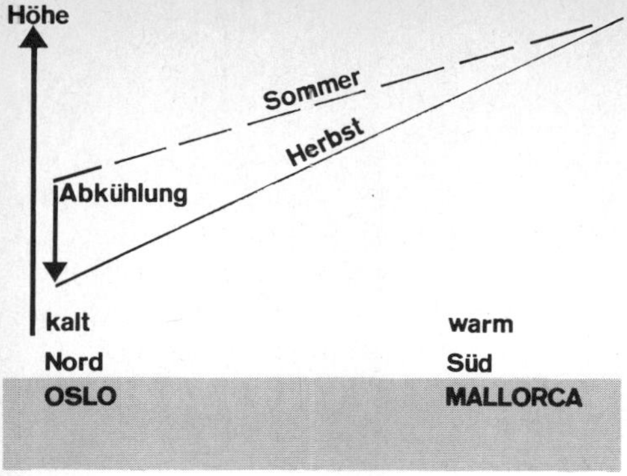

24: Im Herbst steilt die Abkühlung im polnahen Raum das südnördliche Luftdruckgefälle auf.

druckkurven bei flacher Hangneigung des Luftdrucks mit «verkehrter Kurvenbahnüberhöhung».

Das Tief aber kann beliebig eng gekrümmt sein, die Hangneigung beliebig steil, wie bei der gewagtesten Kurve einer Bobbahn. Denn im Tief ist die Kurvenbahnüberhöhung immer «richtig herum». Daher scheinen in den Tiefdruckbahnen der Windgeschwindigkeit keine Grenzen gesetzt.

Nun haben wir bei uns die meisten Stürme im Frühjahr und im Herbst. Warum?

In der Folge über den Wind haben wir die Verbindung von Luftdruckfeldern (Hoch und Tief) mit dem Wind gesehen. In den Bodenwetterkarten werden Hoch- und Tiefdruckgebiete durch die Isobaren eingegrenzt. Isobaren sind Luftdruckwerte, die auf Meeresniveau bezogen sind. Der Wind läuft parallel zu den Isobaren. Er läuft auch parallel zu den Isohypsen, die wir an Stelle der Isobaren in den Höhenwetterkarten finden. Isohypsen verbinden jene Punkte in gleicher Höhe, an denen der gleiche Luftdruck herrscht. Für die Herleitung von Windrichtung und -stärke aus den Unterschieden von Luftdruckverteilung haben sie die gleiche Bedeutung wie die Isobaren. Das Luftdruckgefälle verläuft also auch zu den Isohypsen quer, und für einen Westwind finden wir ein Luftdruckgefälle von Süd nach Nord. Von Süd nach Nord haben wir im allgemeinen aber auch ein Temperaturgefälle. Wir nehmen als Beispiel eine Linie, die Mallorca mit Oslo verbindet.

Sehen wir uns eine Reihe von Bildern (Aufrißdarstellungen, Seitenansichten) an. Die Aufrißfläche in der Abb. 24 soll durch ein Temperaturfeld zwischen Oslo und Mallorca gelegt sein. Mallorca im Süden ist warm, Oslo im Norden kalt. Kalte Atmosphäre zeigt in der Höhe niedrigen Luftdruck (Tief), warme Atmosphäre hohen Luftdruck (Hoch), denn wie alle Körper dehnt sich Luft bei Wärme aus und zieht sich bei Kälte zusammen.

Nach unserer Betrachtung über den Wind sollten wir jetzt verstehen, daß zwischen einem Hoch im Süden und einem Tief im Norden ein Westwind wehen muß, entlang den Isobaren in der Bodenwetterkarte und den Isohypsen in einer Höhenwetterkarte, entsprechend der Ablenkung durch die Corioliskraft. Die Stärke dieses Westwindes hängt von der Neigung des Druckgefälles zwischen Hoch und Tief ab, also auch von der Neigung des Temperaturgefälles. Das Temperaturgefälle aber ändert sich mit den Jahreszeiten. Abb. 25 soll eine sommerliche oder winterliche Lage darstellen. In den Übergangsjahreszeiten dagegen wird das Süd-Nord-Temperaturgefälle größer, und damit auch die Neigung einer Gleichdruckfläche. Gehen wir vom Sommer aus! Dann soll unsere Gleichdruckfläche in Abb. 24 im Sommer zwischen Oslo und Mallorca die Neigung haben wie die gestrichelte Linie. Aber zum Herbst wird die Neigung der Gleichdruckfläche größer, weil etwa im Oktober (das ist unser typischer Herbstmonat) winterliche Kälte sich in Oslo schon deutlich bemerkbar macht, während es in Mallorca noch warm ist wie zu Ende des Sommers. Also ändert die Linie der Gleichdruckfläche im Herbst ihre Höhenlage über Mallorca noch nicht. Dagegen liegt sie über Oslo tiefer als im Sommer. Die Neigung zwischen beiden Orten hat sich verstärkt, und dazu gehört stärkerer Westwind.

Ganz ähnlich, nur andersherum, beim Übergang vom Winter zum Frühling. Im Winter ist die Neigung der Gleichdruckfläche wieder schwächer; denn beide Orte haben auf ihre Weise winterliche Kälte bekommen. Mallorca ist natürlich immer noch wärmer als Oslo. Aber wer als Tourist im März nach Mallorca fährt, trifft dort bereits den Frühling an, wenn nicht schon den beginnenden Sommer. In Oslo dagegen ist es noch immer

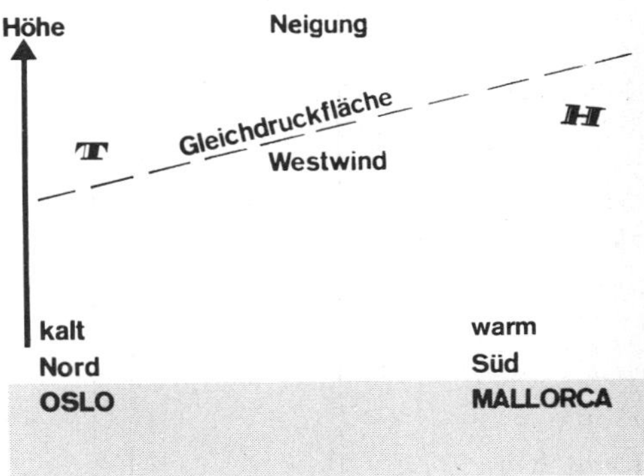

25: Das südnördliche Temperaturgefälle bewirkt in der Höhe auch ein entsprechendes Luftdruckgefälle. Der Wind läuft auf dem Höhenhang quer zum Gefälle, so daß der tiefe Druck links und der hohe Druck rechts verbleibt.

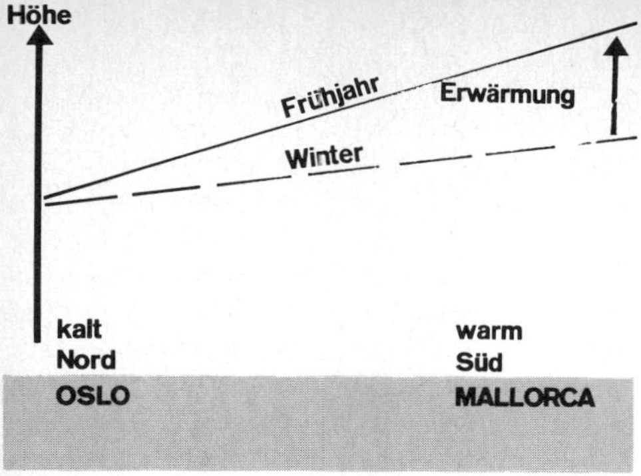

26: Im Frühjahr steilt sich das Druckgefälle auf, weil der Mittelmeerraum schon erwärmt wird, bevor der polare Raum sich erwärmen kann.

kalt. Die Gleichdruckfläche hat sich auf der warmen Seite gehoben (Abb. 26). Ob also im Herbst die Gleichdruckfläche im Norden früher absinkt oder im Frühling im Süden früher ansteigt, in beiden Fällen ist das Resultat eine geneigtere Druckfläche. Dazu gehören die stärkeren Frühjahrs- und Herbstwinde.

Das Druckgefälle, abhängig vom Temperaturgefälle, bestimmt die Geschwindigkeit des Windes, wie das Gefälle eines Wasserlaufs die Geschwindigkeit des fließenden Wasser bestimmt. Wenn die isobare Fläche sich stärker neigt, wird ein Teil der Luft am isobaren Hang zur tiefen Seite (zur kalten, polaren) hin verrutschen, und zwar mit zunehmender Geschwindigkeit, wie ja auch eine Kugel eine schiefe Ebene rascher hinunterläuft, wenn man ihre Neigung erhöht. Mit der Beschleunigung wird Luft aus dem mittleren Bereich zwischen Tief und Hoch herausgesogen und zur kalten Seite hin verfrachtet (Abb. 27). Aber jetzt bekommen wir

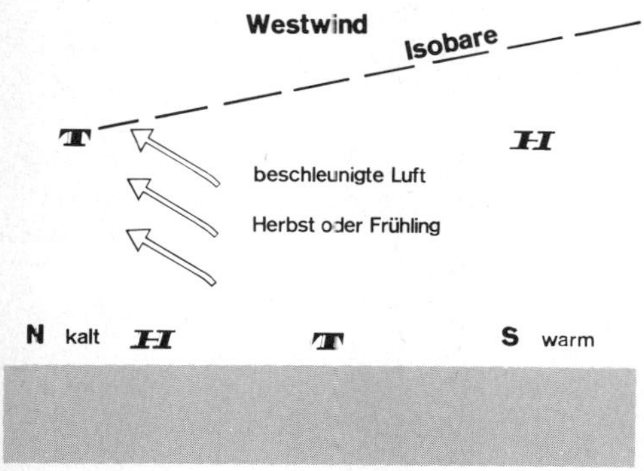

27: Die zum Pol beschleunigte Luft muß an der polaren Kaltluft aufsteigen wie an einem Gebirgshang.

eine veränderte Luftdruckverteilung im Meeresniveau. In den Abb. 24 bis 26 sind keine Hoch- und Tiefmerkmale in den bodennahen Luftschichten eingezeichnet. Als Folge davon, daß Luft aus den gemäßigten Breiten (Mitteleuropa) herausgesogen und zu polaren Breiten verfrachtet wird, wirkt sich der Fehlbetrag an Luft als tiefer Bodendruck in den gemäßigen und der Zustrom an Luft als hoher Bodenluftdruck in polaren geographischen Breiten aus. Aber weil wir am Pol in Kaltluft sind, haben wir oben in der Höhe immer noch, trotz des Luftzustroms, ein T stehen. Wo die Luft aus Mitteleuropa abgezogen wurde, steht auf Meeresniveau T, auch wenn darüber ein reiner Westwind weht. Diese Zuordnung, ein Tief unten und ein Westwind darüber, ist für unser Vorstellungsvermögen nicht so einfach. Das Ergebnis der Verschärfung des nordsüdlichen Temperaturgegensatzes ist jedenfalls: In den gemäßigten Breiten entstehen Wirbel tiefen Drucks.

Die Polkappe hat eine Kaltluftmütze auf. Bei der Beschleunigung zum Pol hin wird ein Teil der gemäßigten Luft zum Aufgleiten auf die kalte Polarluftkappe gezwungen und bildet Wolken und Niederschlag. In der Beschleunigungsphase der Übergangsjahreszeiten wächst also nicht nur der Westwind stärker an, bis zum Sturm, sondern nehmen auch Bewölkungsmenge und Niederschlagshäufigkeit und -menge zu.

Zusammenfassend: Die Verstärkung eines Temperaturgegensatzes bewirkt in den gemäßigten, in unseren Breiten Verstärkung des Windes, Bildung von Tiefdruckgebieten auch in Bodennähe, Wolkenzunahme und Niederschlagszunahme. Wir bekommen unser Frühlingswetter und die Herbststürme.

Sehen wir jetzt noch auf eine Wetterkarte (Abb. 82), eine Höhenwetterkarte, die die Westwindzone zwischen polarem Tief und subtropischem Hoch enthält. Die schwarzen Linien, die Isohypsen der Höhenwetterkarte, stimmen mit der Richtung des Windes überein. Die Drängung der Linien ist gleichzeitig ein Maß für die Windstärke. In der Höhenkarte liegen die Tiefs dort, wo geographisch die hochreichendste, die mächtigste Kälte erzeugt wird, nämlich am Pol. Die Hochs liegen umgekehrt dort, wo wärmere Luft am mächtigsten produziert worden ist, nämlich in den Subtropen.

In der Bodenwetterkarte ist die Verteilung ein wenig anders. Wir können unsere Bodenwetterkarte (Abb. 80) mit einem zentralen Tief vor Schottland in Beziehung zur Höhenwetterkarte (Abb. 82) setzen. Das Tiefdruckgebiet der Bodenwetterkarte liegt gerade unterhalb der Hauptwestwindströmung der Höhenwetterkarte. Demnach wird der Westwind in der Höhe Tiefdruckgebiete in der Bodenwetterkarte nach Osten versetzen. Wir können im großen und ganzen sagen: Wenn das Tiefdruckgebiet der Höhenströmung folgt, hat es eine erkennbare Zugbahnregel, die wieder auf die Ursache des Höhenwindes zurückgeführt werden kann.

Das Bodentiefdruckgebiet hat nämlich bei dieser Wanderung die Kaltluft zur linken Hand gelassen und die Warmluft zur rechten.

Wenn man weiß, daß Tiefdruckgebiete so ziehen, daß Kaltluft links und Warmluft rechts bleibt, dann kann man ihre weitere Wanderung nach einer vorliegenden Wetterkarte abschätzen. Je nach Jahreszeit zeigt z. B. auch folgende Feststellung das Verhalten von Tiefdruckgebieten an Hand einer Wetterkarte von Europa: Tiefdruckgebiete, die vom Nordatlantik mit Westdrift zu uns kommen, mögen in den Hauptsommerwochen ein zu warmes Mitteleuropa vorfinden. Deswegen müssen sie nach der Rechtsregel Warmluft rechts liegen lassen, also weiter nach Norden abschwenken. Sie kommen dann nicht unmittelbar in unseren mitteleuropäischen Raum.

Befinden wir uns dagegen mitten im Winter, dann ist Mitteleuropa etwa bei Einwirkung der asiatischen Kälte mit Südostwind zu kalt geworden. Nach der Linksregel müssen nun die vom Atlantik kommenden Tiefs über Frankreich durch das Rhônetal ins Mittelmeer ziehen. Im Mittelmeer ist deshalb der Winter die Hauptzeit des Schlechtwetters.

In den Übergangsjahreszeiten verteilt sich die Temperatur in Europa so, wie in den Abb. 24 bis 27 als Normalfall angenommen wurde. Wärme am Mittelmeer, Kälte in Nordeuropa. Unter dieser Voraussetzung ziehen die Tiefdruckgebiete vom Atlantik «geradeaus» zu uns herein. Je stärker der Gegensatz warm–kalt im Süd-Nord-Schnitt ist, um so schneller wandern die Tiefdruckgebiete zu uns und um so energiereicher werden sie. Das trifft besonders für die Monate Oktober und Februar zu. Im Oktober verschärft sich der Gegensatz besonders dann, wenn zu früh Kaltluft im Norden ansteht und über die norwegische See und die nördliche Nordsee in das deutsche Küstengebiet verfrachtet wird. Das führt zu den Oktoberstürmen. Andererseits ist im Februar das Mittelmeer wärmer geworden. Vor allen Dingen kann bei der der Sturmerzeugung vorausgehenden Südströmung Warmluft entlang der europäischen Westküste nach Norden gelangen. Aber Nordeuropa ist noch zu kalt. Der Temperaturgegensatz wird durch diese «frühe» Warmluft verschärft. Auch das kann zu sehr heftigen Sturmtiefs führen, die übrigens in den fünfziger und sechziger Jahren häufiger und heftiger waren als die Oktoberstürme. Es sei nur an den Holland-Orkan vom 1. Februar 1953, an den Hamburg-Orkan vom 16. Februar 1962 und an den Adolph-Bermpohl-Orkan vom 23. Februar 1967 (benannt nach dem dabei havarierten Rettungsschiff) erinnert. Bei diesem, der in der Gegend von Flensburg eine Spitzengeschwindigkeit von 185 Kilometer/Stunde erreichte, zeigte sich besonders deutlich, wie sehr Temperaturgegensätze an der Entwicklung eines Sturms beteiligt sind: Zwischen Belgien und Irland war in der mittleren Atmosphäre ein Unterschied von 30 Grad, während er sonst für solche Entfernungen 5 Grad zu sein pflegt (Abb. 81).

Die häufig bei schweren Küstenstürmen auftretenden Fluten sind dadurch unterstützt, daß die Windgeschwindigkeit über See leicht höher werden kann als über Land, da über See der Reibungseinfluß der Luft auf der Wasseroberfläche geringer ist. Außerdem wirft der Wind über See nicht nur Wellen auf, sondern versetzt auch das Wasser, fegt es sozusagen vor sich her. Dadurch kommt es zu einem Schwall, zu einem erhöhten Pegelstand, der sich bei Übertritt der angestauten Flut auf Flachwasser besonders auswirkt. Auch werden von den Luftdruckfeldern großräumiger Tiefdruckgebiete stehende Wellen verschiedenster Wellenlänge und Wellenhöhe erzeugt. Und schließlich spielen auch noch die Gezeiteneinflüsse eine gewichtige Rolle. Am gefährlichsten ist das gleichzeitige Auftreten von Springflut (wenn die Anziehungskräfte von Sonne und Mond sich summieren) und Spitzengeschwindigkeit des Sturms. Die Flutkatastrophe in Holland 1953 und die in Hamburg 1962 waren gerade durch die Mitwirkung der Gezeiten so verheerend groß geworden.

Natürlich herrscht beim Durchzug eines Sturmtiefs nicht immer Westwind vor. Oft ändert der Wind seine Richtung mit dem Durchlauf des Tiefs sprungartig an zugehörige Wetterfronten. Typisch ist, daß bei Beginn eines Sturms, also vor dem eigentlichen Sturmtief, ein zunehmender Südwind auftritt, der sich dann bei schneller Vertiefung des Sturmtiefs auf West einstellt, später auf Nordwest dreht und dabei die Westflanke des Bodentiefs entlangströmt. Auf der «Rückseite» eines Tiefs, das erst am Ende des Tiefdruckdurchzugs bei der Beobachtungsstation wirksam wird, entfaltet sich der Sturm besonders gern zum vollen Orkan.

Wetterfronten

In den geographischen Breiten, in denen wir leben, ziehen viele Male Tiefdruckgebiete über unseren Lebensraum hinweg. Die Tiefdruckgebiete sind häufig mit Schlechtwetter verbunden. Das Schlechtwetter, das sich bei seiner Annäherung ankündigt, hat eine ganz spezifische Erscheinung draußen in der freien Atmosphäre. Es beginnt mit einer hohen Bewölkung. Diese kündigt sich oft schon als bandenartige Bewölkung mit Ausfaserungen darin an. Es sind Banden von Eiswolken, die hin und wieder zum Horizont wie zu einem Pol zusammenlaufen und deshalb auch *Polarbanden* genannt werden (siehe Titelbild).

Mit der Zeit verdichten sich die Eiswolken zu einer zwar sehr dünnen, transparenten, aber doch geschlossenen Schichtwolkendecke, durch die immer noch Sonne oder Mond durchscheinen. Das ergibt den optischen Effekt eines Rings um Sonne oder Mond. Die Meteorologen nennen diesen Ring einen *Halo* (Tafelabb. I und II). Wenn aber die Wolke aus der Eisphase in die Wasserphase übergeht, hat sie sich so verdichtet, daß der Ring verschwindet und statt dessen eine milchglasartige Aufhellung bei Sonne oder Mond erscheint. Allein diese Aufhellung wird in der Fachsprache *Hof* genannt. Die nächsten Phasen der Verdichtung von Schichtwolken sehen von unten, zumal wenn sie den ganzen Himmel bedecken, struktur- und trostlos aus. Aber vom Flugzeug aus fotografiert, ergibt sich das folgende Wolkenbild (Tafelabb. VI bis VIII): In mehreren Etagen, zum Teil ausgeschichtet, zum Teil mit Quellungen an der Obergrenze durchsetzt, oft aber mit sehr einförmiger Obergrenze, hängen riesige Wolkenfelder über der Landschaft. Landregen fällt nach unten heraus. Dieser geschilderte Ablauf tritt bei Annäherung einer Warmfront auf.

Wie kommt solch Wetterablauf zustande, der systematisch immer mit hoher Bewölkung beginnt und mit dicker Schlechtwetterbewölkung endet, aus der meistens Niederschläge fallen? Die Meteorologen sprechen bei der Verschlechterung des Wetters in dieser Art von einer Warmfront, von der auch in den Wetterberichten die Rede ist, verbunden mit dem Herannahen von Tiefdruckgebieten. Front muß ja wohl heißen, daß gegensätzliche Luftkörper aufeinanderstoßen. Im allgemeinen liegt der Gegensatz im Temperaturunterschied, Kalt gegen Warm. Dabei ist kalte Luft schwerer als warme, für beide gleichen Rauminhalt vorausgesetzt. Wenn zwei unterschiedlich temperierte Luftmassen nebeneinanderstehen, dann dauert dieser Zustand nicht lange an. Die kalte Luft sinkt nach unten, die warme schiebt sich über die kalte, bis sich am Ende eine waagerechte Grenzfläche zwischen Kalt und Warm herausgebildet hat.

28: Austausch strömender Medien im Zweikammersystem. Vom labileren statischen Gleichgewichtszustand in der linken Kammer senkt sich der Schwerpunkt S zum stabileren Zustand in der rechten Kammer, während sich zugleich Kalt unter Warm schiebt.

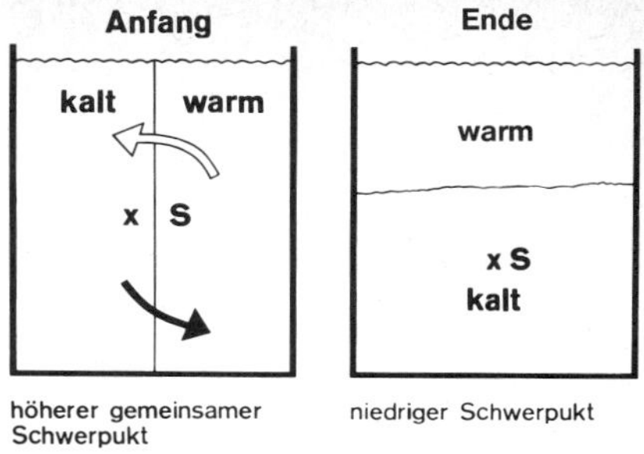

In Abb. 28 steht ein Kreuz, mit S bezeichnet, für den gemeinsamen Schwerpunkt des «Zweikammersystems» Kalt und Warm. Schwerpunkt sagen wir deswegen, weil die Schwerkraft der Erde an diesem Punkt angreift, wenn sie versucht, aus dem Nebeneinander von Kalt und Warm ein Übereinander durch Herunterziehen des Schwerpunkts herzustellen. Die Schwerkraft greift also am markierten Kreuz an und zieht während der Umschichtung der beiden unterschiedlich temperierten und damit unterschiedlich dichten Massen den Schwerpunkt nach unten. Die Überlagerung würde man physikalisch als *stabile Schichtung* zwischen Kalt und Warm ansehen, die Ausgangslage dagegen (das Nebeneinander) als *labile Schichtung*. Die labilere Schichtung kann sich frei, d. h. ohne Trennwand, nicht lange halten, sie geht in die stabile Schichtung über.

Auch in der freien Natur ist bei der Aktivierung von Wetterfronten der Endzustand, daß Kalt unter Warm geschoben wird. Es ist zu einem guten Teil auch die «Aufgabe» unserer Tiefdruckgebiete, dieses Ziel zu erreichen. In der Natur geht es allerdings nicht so unmittelbar vor sich wie in unserem theoretischen Modell. Mindestens überlagert dieses System zusätzlich ein Wind. Das bedeutet gleichzeitige seitliche Versetzung.

In der Abb. 29 soll dies mit einer überlagernden Südströmung erklärt werden. Im Süden wäre Warmluft, im Norden Kaltluft, dazwischen eine senkrechte Front. Aber überlagernd wirkt eine Südströmung, die dieses Zweikammersystem nach Norden weiterschiebt. Während des Transports nordwärts aber strömt unten die Kaltluft in den Warmluftraum. Oben rückt die Warmluft über den Kaltluftkörper. Es wird daher die ursprüngliche Süd-Nord-Bewegung durch die Warmluftbewegung in der Höhe unterstützt, aber durch die Kaltluftbewegung am Boden gehemmt. Das heißt, die Bewegung der Frontfläche, die ursprünglich senkrecht zwischen Kalt und Warm stand, wird durch die überlagernde Windkomponente so verändert, daß sie eine schräge Lage bekommt.

Unten bewegt sich unsere Warmfront, wie sie nun heißen muß, langsamer nordwärts und oben schneller, mit der Auswirkung, daß für eine län-

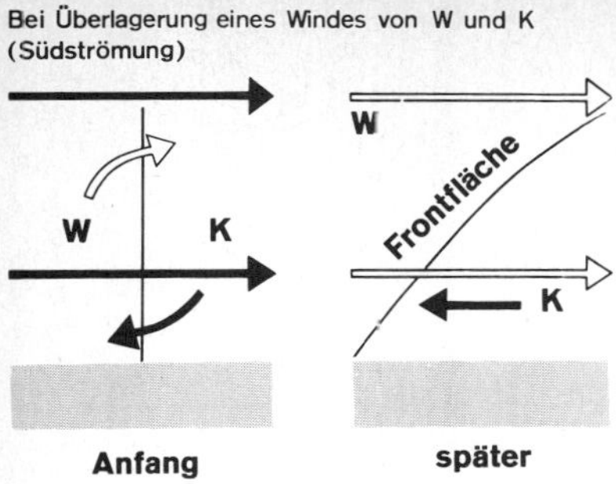

29: Entstehung einer Warmfront bei Überlagerung einer Grundströmung (aus Süden) mit einer internen Strömung nach Art von Abb. 28.

gere Zeit die Frontfläche in schräger Lage bleibt, und zwar längere Zeit deswegen, weil immer wieder Warmluft von der einen Seite nachbrandet und ein großer Stau von Kaltluft auf der anderen Seite den Vormarsch der Warmluft zurückhält. So wirkt der Kaltluftkörper gleichsam wie ein Kaltluftgebirge, an dem die Warmluft luvwärts erzwungen hinaufgeschoben wird (Abb. 30).

Die zugehörigen Wolken würden in der Reihenfolge, in der wir sie auf uns zukommen sähen, mit Eiswolken beginnen. Das wäre eine hohe *Cirrus*bewölkung, meist oberhalb 6000 Meter, deren oberer Teil gewöhnlich ausgefranst ist (Titelbild). Die zweite Bewölkung wäre die mittelhohe Bewölkung, auch *Alto*bewölkung genannt. Wenn sie, wie im Fall der Warmfront, mit Schichtform verbunden ist, heißt sie *Alto-Stratus*, also mittelhohe Schichtbewölkung, meist zwischen 2500 und 6000 Meter auftretend. Kommt aus dieser mittelhohen Bewölkung, deren Elemente meist kleine Wasser- und Eispartikel sind, Niederschlag heraus, dann

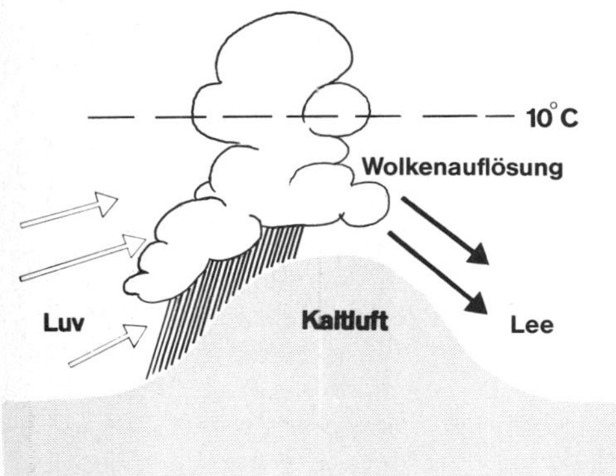

30: Wärmere Luft höheren Wasserdampfgehalts regnet beim Überströmen eines Kaltluftblocks oder -gebirges aus. Die trokkene ausgeregnete Bewölkung strömt auf der Leeseite abwärts und erwärmt sich kompressiv.

31: Warmfrontlinie im Querschnitt. Die Warmluft ist in der Höhe schneller, als die Kaltluft darunter zurückweichen kann. Wolken gleiten an der Frontfläche auf.

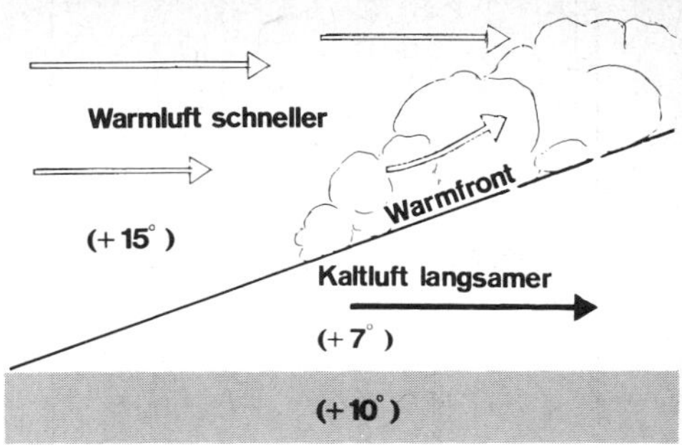

geht unser Alto-Stratus in den *Nimbo-Stratus* über, d. h. in eine Bewölkung, aus der Niederschlag fällt. Wenn der Regen nach unten durchgesackt ist und den unteren Luftraum genügend befeuchtet hat, bildet sich auch im unteren Luftraum Bewölkung. Das wäre dann *Stratus*bewölkung (Tafelabb. IV bis VIII). An einer Warmfront sind nämlich vorzugsweise alle Wolkenformen (fachlich gesprochen) Stratuswolken.

Was in den Abb. 29, 30 und 31 als Aufriß in Seitenansicht gezeigt wurde, stellt eine Wetterkarte normalerweise im Grundriß dar (Abb. 12). Ein ziehendes Tief schiebt mehrere Frontflächen vor sich her. Die erste Front ist in der Wetterkarte als Warmfront markiert. Ihr folgt mindestens *eine* Kaltfront. Die Warmluft nämlich, die an der Warmfrontfläche beteiligt ist, hat nur begrenzten Nachschub. Dieser wird durch einen relativ schmalen Ausschnitt auf der Südseite des Tiefs dargestellt, der wie ein schmaler Sektor in den ganzen Tiefdruckwirbel eingeschlossen ist. Er wird also nach der rückwärtigen, d. h. hier westlichen Seite abermals durch eine Begrenzungsfläche von Warm nach Kalt, das ist nach dem Westen hin, abgeschlossen.

Abb. 32 zeigt daher einen vollständigen Seitenriß methodisch vereinfacht: kalt – warm – kalt. Wenn die überlagernde Strömung dieses Tief mitschleppt, hier im Beispiel von links nach rechts gerichtet, so würde für einen Beobachter, über den das System hinwegwandert, zuerst die Front Warm gegen Kalt, die Warmfront, in Erscheinung treten. Hierbei gleitet also Warmluft aktiv an Kaltluft auf.

Welches Wetter gestaltet aber die folgende Kaltfrontfläche? Sehen wir uns nach dem gleichen Schema wie vorhin zuerst das äußere Wolkenbild an einer solchen Kaltfront an. Schon die Wolkenform ist hier von der Warmfront verschieden. Wir sehen eine quellige, mächtig aufgetürmte Haufenbewölkung. Die Front kommt tatsächlich als hoch aufragende geschlossene Wand heran (Tafelabb. X). Die einzelnen Quelltürme zeigen in der Höhe den Cirrus-Schirm, eine pilzförmige Ausbreitung. Das ist der

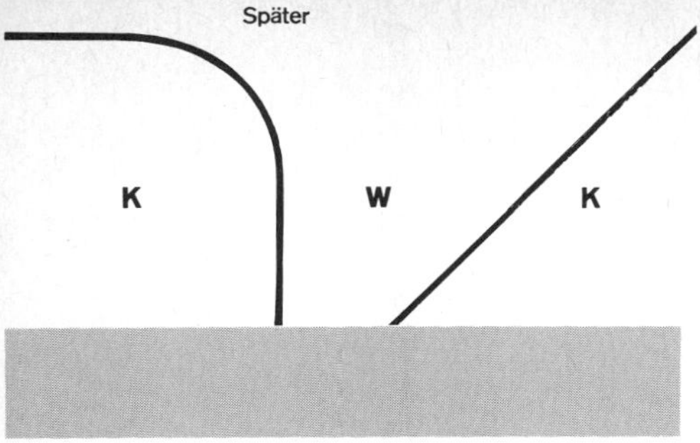

32: Warmsektor eines Tiefs im Querschnitt. Die Warmfront liegt an der rechten Begrenzungslinie, die Kaltfront an der linken. Über ihr weht der Höhenwind langsamer nach rechts als über der Warmfront.

obere Eiswolkenschirm einer hoch aufschießenden Quellwolke. Dieser erreicht, weil die Wolke hier in Eis übergeht, Temperaturen von −40 Grad. Der Wolkenschirm sieht aus wie der Kegelteil eines Ambosses.

Was geht nun an der Kaltfront und in der nachfolgenden Kaltluft vor? Auch hier haben wir anfangs die steile Grenzfläche, Kalt neben Warm (Abb. 33). Auch hier gibt es einen überlagernden Wind. Dieses Mal ist es die Nordströmung als überlagernde Windrichtung, um zu kennzeichnen, daß natürlich, wenn Kaltluft aktiv südwärts vorstößt, eine nördliche Komponente des Windes vorgegeben sein muß, die diese Kaltluftmassen aus ihrem Ursprungsgebiet heranbringt. Wenn nun der Nordwind eine Versetzung der kalten Luft in Richtung auf warme Luft bewirkt, dann wird kalte Luft von sich aus das Bestreben haben, sich unter die warme zu schieben. Dieses Mal unterstützt die Kaltluftbewegung am Boden die allgemeine Nordströmung, d. h., wir erhalten eine erhöhte Geschwindigkeit der Frontfläche unten. In der Höhe läuft die Warmluftbewegung der allgemeinen Strömungsversetzung entgegen und bremst diese daher ab.

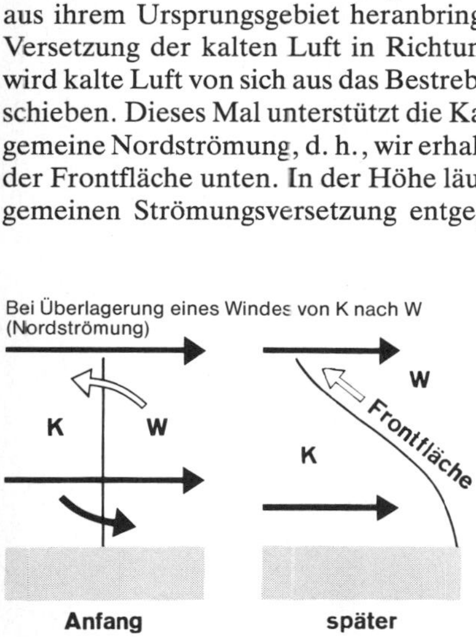

33: Entstehung der Kaltfront durch Überlagerung einer nördlichen Grundströmung.

Durch die Überlagerung an der Kaltfrontfläche kommt eine Frontflächenneigung heraus, bei der unsere Frontfläche unten schneller und oben langsamer wandert. Das Wolkenbild als Cumulusbewölkung, wie Quellwolken in der Fachsprache genannt werden, gibt einen Hinweis auf die Auf- und Abwindvorgänge im Bereich der nachdrängenden Kaltluft (Tafelabb. IX). In der Folge «Auf- und Abwinde» sind diese Wolkenformen kennzeichnend für thermische Hebung zum Unterschied von der erzwungenen Hebung an der Warmfront. Die Hauptquellbewölkung liegt im Kaltluftkörper selbst, also hinter der Kaltfront.

An den in Abb. 34 angeschriebenen Temperaturwerten soll die Bedeutung der thermischen Hebung erläutert werden. In der Warmluft voraus beispielsweise möge die Temperatur 15 Grad gewesen sein, der Erdboden hätte immer 10 Grad gehabt. Aber in der nachfolgenden Kaltluft fällt im Übergang aus Warm zu Kalt die Temperatur ab, und zwar um so viel, daß die Temperatur der Kaltluft jetzt niedriger ist als der 10 Grad warme Erdboden. Damit ist der Erdboden wegen seiner größeren Wärme imstande, unseren Kaltluftraum von unten her anzuheizen. Es bildet sich somit an der Unterseite der Kaltluft ein Warmluftfilm, der durch thermischen Auftrieb senkrecht nach oben schießt.

Was ist die Folge der verschiedenartigen Marschgeschwindigkeit der beiden Fronten? Die Warmfrontfläche, schräg liegend in dem Sinne, daß die Warmluft oben schneller strömt und unten langsamer, hat bei ihrer Fortbewegung die Neigung, nach vorn weiterzukippen. Die Kaltfrontfläche dagegen läuft unten schneller und oben langsamer. Also würde sie die Tendenz haben, nach hinten zu kippen. Sie bleibt aber im ganzen durch die thermische Umlagerung senkrechter in ihrer Stellung als die Warmfrontfläche.

Das Ergebnis ist: Die Kaltfront wandert unten so viel schneller als die Warmfront, daß diese schließlich von der Kaltfront eingeholt werden

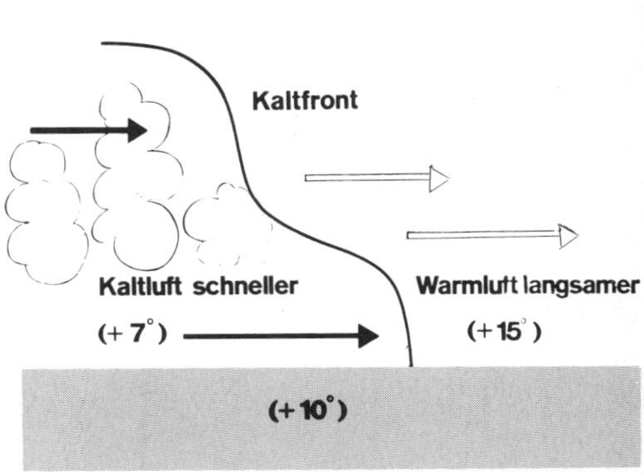

34: Wanderung einer Kaltfront im Aufriß (Wolkenschnitt). Man sieht die Bildung von Quellwolken in der Kaltluft.

muß. Der untere Teil der Frontfläche ist aber gerade der Teil, den wir in unseren normalen Wetterkarten, die für Normalnull, also Meeresspiegelhöhe, Gültigkeit haben, als Spurlinie dieser Fläche, Front genannt, erkennen.

Das Resultat muß sein, daß die Warmluft zwischen den beiden sich nähernden Fronten immer mehr von unten her und aus dem Kern des Tiefs abgeschnürt wird (Abb. 35). So wird in einer späteren Entwicklungsphase der Fronten die Situation so aussehen, wie Abb. 36 zeigt. Schließlich liegt unten gar keine Warmluft mehr, sondern die beiden benachbarten Kaltluftgebiete, die vorher durch den Warmluftkörper auseinandergehalten waren, stoßen direkt aneinander. Wenn die nachfolgende Kaltluft, wie es im Sommer der Fall ist, kälter ist als die vorangegangene (kontinentale Kaltluft ist auch als Kaltluft im Sommer immer noch wärmer als maritime Luft), dann schiebt sie sich unter die vorangegangene und rollt bei der Bewegung der beiden Fronten die vordere Warmfront von unten her auf (Abb. 35). Im Winter aber verläuft die Abschnürung umgekehrt. Dann ist die kontinentale Landluft kälter als die nachfolgende maritime Kaltluft. Dann schiebt sich die maritime Kaltluft erzwungenermaßen bei der Abschnürung auf die vorangegangene kalte Kontinentalluft auf. Abschnürung wird in der Meteorologensprache *Okklusion* genannt.

Ringsherum um das Tief ist jetzt unten überall Kaltluft. Die beiden Gegensätze unterschiedlicher Kaltluft haben sich in den meisten, nicht immer in allen Fällen verwaschen. In Abb. 36 nähern wir uns dem Endziel, daß Warm über Kalt liegt. Es war der Sinn dieses Ablaufs, von einem anfangs statisch labilen in einen schließlich statisch stabilen Zustand überzugehen.

Hierzu wollen wir uns auch noch die Symbole, die in normalen Wetterkarten für solche Wetterfronten verwendet werden, ansehen (Abb. 14).

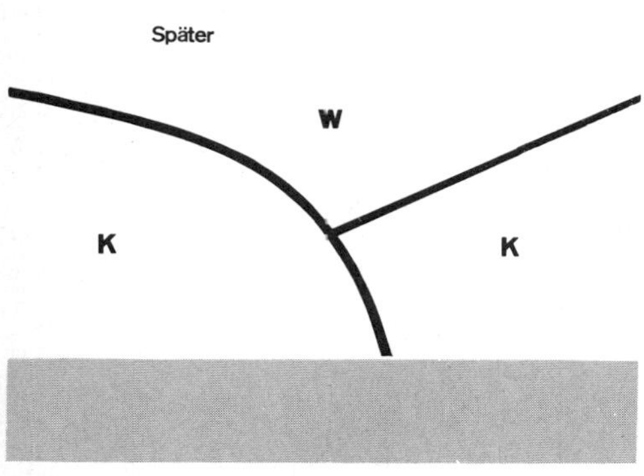

35: Beginnende Okklusion des Warmsektors. Noch sind Kaltluft vor und Kaltluft hinter der Okklusion je nach der Jahreszeit verschieden temperiert.

36: Der Okklusionsvorgang ist beendet. Die Warmluftschale liegt in stabilem Gleichgewicht über der schwereren Kaltluft.

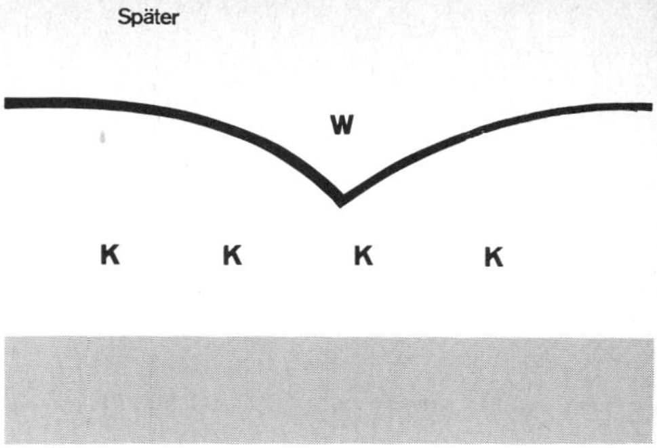

Zunächst einmal das Warmfrontsymbol. Eine dick ausgezogene Linie, an der Buckel sitzen. Die Buckel weisen immer in die Richtung, in die die Front sich bewegt. Das wäre nach Norden, wenn wir Abb. 14 geographisch zuordnen wollen. Die Kaltfront, die hinter der Warmfront des Tiefdruckgebiets, getrennt durch den Warmsektor, herkommt, hat an der dicken Linie als charakterisierende Markierung dornenartige Dreiecksformen. Die Symbole weisen auch hier in die Richtung, in die die Kaltfront sich verlagert.

Zuletzt die Symbole, die einer Okklusion zugeordnet sind: Die Okklusion ist am wirksamsten in der Höhe und zeigt keine bemerkenswerte Spurlinie an der Bodenwetterkarte. Dementsprechend markieren meist unausgefüllte Symbole den Okklusionslinienzug. Das Warmfrontsymbol ist unmittelbar neben dem Kaltfrontsymbol angeordnet; praktisch heißt dies, daß in der Okklusion beide Frontarten, Kalt- und Warmfront, zusammenkommen.

Wie diese Frontsymbole in der Wetterkarte verwendet werden, wollen wir uns auf unserer Musterwetterkarte ansehen (Abb. 12): Das Tiefdruckgebiet nordwestlich der Britischen Inseln hat eine Warmfront, die hier als geschlossene Frontlinie markiert ist. Nach der Buckelanordnung muß die Warmfront in Richtung Ost laufen. Die Kaltfront, die hinterherzieht, marschiert gemäß ihrer Symbolanordnung weiter nach Südosten. Die Kaltfront ist schneller als die Warmfront. Damit wird der Warmsektor zwischen den Fronten abgeschnürt. Die Okklusion beginnt bereits im Kern des Tiefdruckgebiets; das Okklusionssymbol sehen wir als Mischmerkmal von Kalt- und Warmfront. Wenn die Okklusionslinie in der Karte weiter in den Tiefdruckkern hinein fortgesetzt worden wäre, so müßte sie in etwa eine Spiralbahn zum Zentrum hin beschreiben (Abb. 37). Diese Spiralbahn entspräche einer verwaschenen Okklusion, die aber wieder ausgeprägter wird, je weiter wir nach außen an den Warmsektor gelangen, der in unserem Kartenbeispiel noch sehr breit ist.

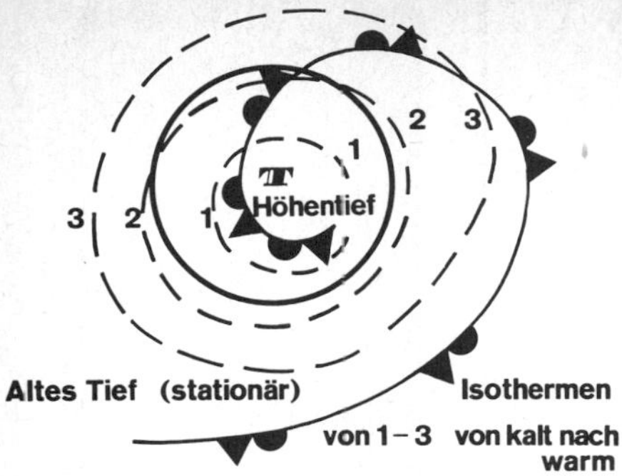

37: Nach dem Okklusionsvorgang sieht der Frontverlauf in der Wetterkarte so aus. Die Front rollt sich spiralig um das Tiefdruckzentrum, wie die Satellitenbilder bestätigen. Die kälteste Luft liegt jetzt in der Mitte des Tiefs, das sich nun nicht mehr verlagert.

Zu einem noch späteren Zeitpunkt, als dieses Tief hier vorgegeben ist, würde der ganze Warmsektor eingeschnürt werden, *okkludiert* sein.

Eine Okklusionsentwicklung mit kleiner werdendem Warmsektor ist gleichzeitig ein Maß für die Lebensentwicklung eines Tiefs. Dieses Modell wird auch in der Natur eingehalten. Die Wettersatelliten geben uns täglich Aufschluß über das Wolkenfeld, das sich um Tiefdruckwirbel herum entwickelt. In Abb. 5 ist der Tiefdruckkern mit dem spiraligen Aufrollen des inneren Okklusionsendes östlich von Grönland gut zu sehen. Nach der Südostseite hin, außerhalb des Tiefdruckkerns, wird die einbrechende Kaltluft an der fleckigen Struktur der Quellwolkenfelder erkennbar. An der Ostflanke des Tiefdruckwirbels liegen die Hauptfronten: die Kaltfront in der Gegend, wo die milchigen Wolkenformen in die fleckigen Formen übergehen, und die Warmfront innerhalb des milchigen Feldes.

Beachten wir noch den offenen Warmsektor, meist auf der Südseite unserer Tiefs, eingeschlossen zwischen Warm- und Kaltfront, der für den Lebensablauf eines Tiefdruckgebiets eine besondere Rolle spielt und in einer späteren Entwicklung durch die Okklusion ganz vom Boden abgehoben wird. Er ist bei jungen Tiefdruckgebieten weit gedehnt, und damit erscheint er als geschwungene Welle der zugehörigen Wetterfronten

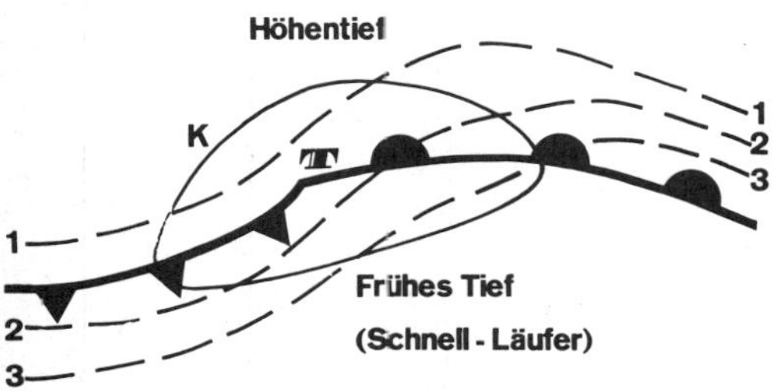

38: Ein junges Tief verlagert sich dagegen sehr schnell, denn die Temperaturverteilung ist noch nicht kreissymmetrisch. Das Tief ist im Norden kalt, im Süden warm. Es läßt bei seinem Zug auf der Nordhalbkugel die Kaltluft links und die Warmluft rechts liegen.

39: Das Tief im besten Reifealter. Man sieht, wie die warme Luft an die Ostflanke des Tiefs und die kalte an die Westflanke des Tiefs gezogen werden, so daß sich der Warmsektor im Süden des Tiefs ausbilden kann.

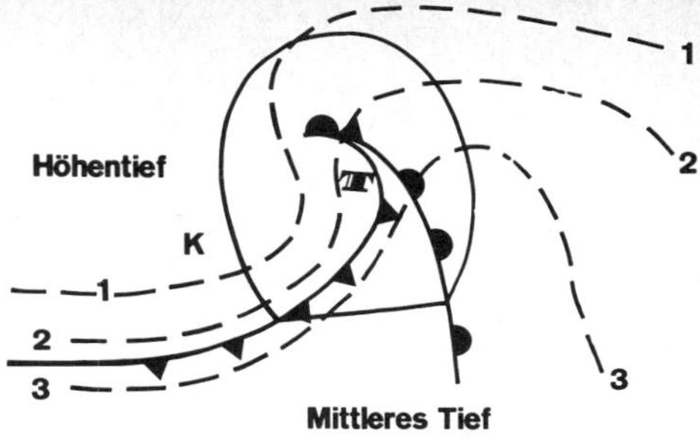

40: Die Abbildung zeigt den Wanderweg eines Tiefs während seiner Lebenszeit, im jungen Alter genau nach Osten, wie das planetare Temperaturgefälle vorgibt. Dann schwenkt es nordwärts zur kalten Seite, dem beschriebenen Kreiselgesetz folgend, und wird, von Kaltluft umrundet, in seiner polwärtigen Lage stationär.

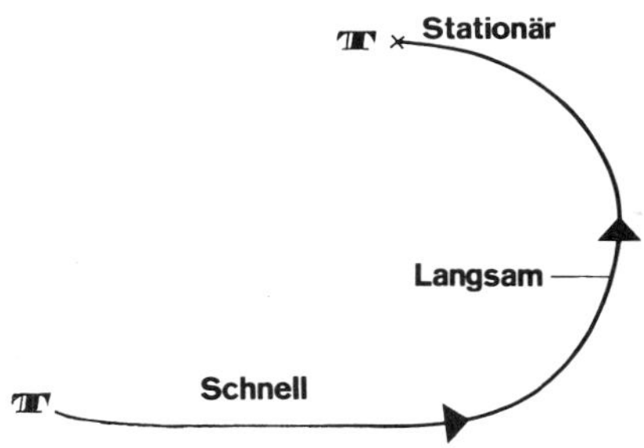

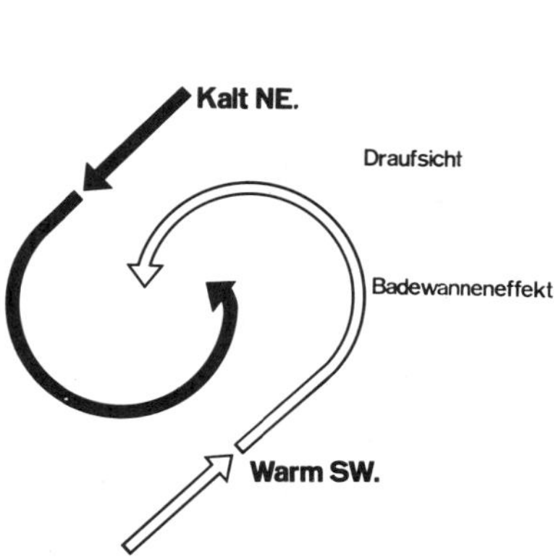

41: Die Abbildung zeigt den gleichzeitigen Luftmassentransport bei der Tiefdruckverwirbelung. Hier sieht man die Mitwirkung der Kreiselgesetze noch deutlicher.

gleichsam wie eine flache Welle oder Dünung über einer Wasseroberfläche (Abb. 38). Auch weiterhin verhält sich der Warmsektor mit seinen ihn begrenzenden Fronten wie eine Welle, die steiler und steiler sich zur Brandung aufrichtet (Abb. 39).

Wenn der Okklusionsvorgang abgelaufen ist, stoppt das Tiefdruckgebiet seine Fahrt, bis es schließlich sogar ortsfest wird. Während dieser Entwicklung durchläuft es mehr und mehr eine linksrum gerichtete Kurslinie, wie Abb. 40 zeigt. Abb. 41 zeigt schematisch den kreiselförmigen Umlauf des stationär gewordenen Tiefs, das den Kreiselgesetzen nach der im Abschnitt Kreiselerhaltung beschriebenen Mechanik folgt.

Ergänzen wir nun noch die Vorgänge und Symptome der Wetterfronten mit Bezug auf Wind- und Luftdruckmerkmale: Während sich eine Wetterverschlechterung einleitet, fällt das Barometer an der Beobachtungsstation, auf die ein solches Tiefdruckgebiet zuläuft. Der Luftdruckfall ist zuerst ziemlich langsam. Wir wissen: ein Tiefdruckgebiet kommt heran. Der Wind kommt dabei meist aus südlicher Richtung, wenn nicht sogar aus Südost (Ostflanke des Tiefs). Später fällt aus einförmig grauer Schichtbewölkung Landregen. Der Luftdruck fällt dabei immer noch. Während des Landregens dreht der Wind ganz langsam von der südöstlichen auf südwestliche Richtung. Vielleicht hört nach dem Landregen auch der Barometerfall vorübergehend auf. Die Luft ist nun merklich, meist um einige Celsiusgrade, wärmer geworden. Die Luft ist im allgemeinen feuchtigkeitsreicher und wärmer im warmen Sektor als gegenüber der Nachbarschaft.

Die nachfolgende Kaltfront wird vorher durch einen erneuten kräftig einsetzenden Luftdruckfall angekündigt, der stärker ist als beim Durchgang der Warmfront. Der Südwestwind im Warmsektor wird stärker. Wenn die Kaltfront mit dicken Quellwolkentürmen naht, aus denen der Niederschlag in Schauern fällt, vielleicht sogar als Gewitter, dann dreht der Wind sprungartig von Süd- auf Nordwest. Er weht in starken Böenstößen, die manchmal Sturmstärke erreichen. Die Temperatur sinkt natürlich, meistens sehr schnell. Im Barometerverhalten tritt eine Wende ein. Der eben noch sehr schnell fallende Luftdruck steigt plötzlich an. Der Knick in einer Barogrammkurve wird daher auch als *Frontpassage* bezeichnet.

Der bisher geschilderte Verlauf von Wetterfronten ist typisch für den bei uns herrschenden Normalfall, bei dem die Tiefdruckkerne nördlich von uns vorbeiziehen. Es kann natürlich hier und da Abweichungen von diesem Schema geben, besonders eben, wenn die Tiefdruckkerne uns südlich passieren, was oft im Winter der Fall ist, oder gar von Süden heraufkommen, wie es dann und wann in den Übergangsjahreszeiten, am meisten bei uns in Deutschland aber bei einem nassen Mai, vorkommen kann. Tiefdruckgebiete aus dem Süden wandern für einen Meteorologen auf der Zugstraße 5b, oder auch Vb geschrieben. Sie haben ihren Warmsektor nicht, wie gewöhnlich, an ihrer Süd-, sondern an ihrer Ostflanke.

Als man die physikalischen Zusammenhänge insbesondere zwischen dem Verhalten der Höhenwinde und den Tiefdruckgebieten der Bodenwetterkarte noch nicht kannte und nur erst auf die Bodenwetterkarte angewiesen war, versuchte man statistisch zu erfassen, über welche «Wildwechsel» die Tiefs wandern. Man nannte diese Wechsel *Zugstraßen* und fand über Nordeuropa vier, die man mit Nummer 1 bis 4 bezeichnete. Eine Straße ins Mittelmeer erhielt die Nummer 5. Im Frühjahr macht aber die Straße 5, wenn die Tiefs über der Adria angekommen sind, gern einen Schlenker nach Norden. So kam man dazu, für solche Fälle die Zugstraße 5 in eine Bahn zum Mittelmeer hin (5a über Frankreich ins Rhônetal und dann in den Golfe du Lion) und eine Zugstraße 5b vom Mittelmeer weg (von der Adria über Dalmatien, Österreich, Tschechoslowakei, Polen bis zur Ostsee) zu unterteilen. Diese letzteren Tiefs, etwas westlich der genannten Bahn, bringen Deutschland im Mai häufig große Regenmengen, besonders im Dreieck Passau–München–Regensburg.

Sonne und Erde

Wetter ist in den meisten Fällen Bewegung, sei es horizontale oder vertikale Luftbewegung, die mit Wolken- und Niederschlagsbildung verbunden sein kann. Zu Bewegung gehört ein Beweger (lateinisch: Motor). Somit können wir das Wetter als Motor auffassen (Wärmekraftmaschine). Ein Motor braucht Energie, um zu laufen. Die Energie wird beispielsweise in einem Automotor in der Brennkammer entwickelt. Ein Heizraum heizt den Motor, damit er läuft.

In der Atmosphäre kommt die Beheizung von der Sonnenstrahlung. Die Sonne ist der Heizkörper, der durch seine Strahlung die Beheizung der Atmosphäre leistet. Es ist eine ganze Menge Wärme, die von der Sonne kommt. Protuberanzen, wie man sie bei Sonnenfinsternissen beobachten kann, geben ein anschauliches Bild von dem, wie es kocht und brodelt auf der Sonne.

Man gewinnt dabei eine Vorstellung von Wärme, Hitze, ja auch Materie der Sonne, die hoch herausgeschleudert wird. Diese Sonnenmaterie wird durch Magnetfelder in der Umgebung der Sonnenoberfläche geführt und gesteuert. Sie unterstützen einen Strom zum Teil ganz aus dem Bereich der Sonnenanziehung heraus, denn die Sonnenmaterie ist hoch ionisiert, d. h., der Protuberanzenstrom ist so gut wie ein elektrischer Fluß von der Sonne. Er trifft auch die Erde. (Siehe auch Abb. 10 im Abschnitt: Aufbau der Atmosphäre.)

Die Sonnenoberfläche hat eine Temperatur von 5500 Grad. Im Innern der Sonne ist die Temperatur sehr viel höher, etwa in der Nähe von 20 Millionen Grad. Es geht dort ähnlich zu wie bei einer Explosion einer Wasserstoffbombe. Unser Wetter wird zunächst und überhaupt am meisten bestimmt von der Licht- und Wärmestrahlung, die als Folge der Wasserstoff-Fusion in der Sonne von ihrer Oberfläche abgegeben wird. Um zu messen, wie lange die Sonne uns täglich bescheint, sofern sie nicht von Wolken abgeschirmt wird, benutzen wir den Sonnenscheinautographen. Eine einfache Schusterkugel brennt auf einen in ihrem Brennpunkt aufgelegten schwarzen Schreibstreifen eine Spur ein, je nach Wolkenbedekkung mit Unterbrechungen. Die Zeiteinteilung auf dem Brennpapier entspricht der einer Sonnenuhr.

Die Bestrahlung der Erdoberfläche durch die Sonne geschieht natürlich auf der runden Erde nicht gleichmäßig. Gebiete, die senkrechter bestrahlt werden, erwärmen sich mehr als andere Gebiete, die flacher bestrahlt werden. Das ergibt zunächst einmal ein horizontales Wärmegefälle, ganz allgemein gesagt: vom Äquator zu den Polen. Ein Wärmege-

42: Bei seitlicher und/ oder Höhenversetzung der Luft kühlt sie ab. Jedoch braucht eine polwärtige Wanderung einen nahezu 1000mal längeren Weg zur gleichen Abkühlung.

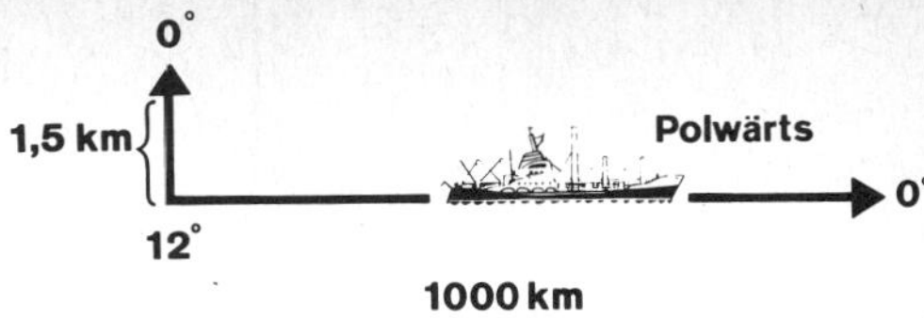

fälle ist ja auch Voraussetzung für einen Motor, eine Wärmekraftmaschine.

In der freien Atmosphäre bewirkt die Sonnenstrahlung aber nicht nur ein horizontales Wärmegefälle entlang der Erdoberfläche. Es gibt darüber hinaus auch ein Wärmegefälle nach oben: Die Temperatur nimmt nach oben hin ab. Dieses senkrechte Wärmegefälle ist für die allgemeine Wetterauswirkung grundlegend (Abb. 42). Eine solche Temperaturabnahme ist durchaus nicht für die ganze Dicke der Atmosphäre bis zu mehreren hundert Kilometern hinauf selbstverständlich. Vielmehr betrifft die Abnahme der Temperatur mit der Höhe zunächst nur die unteren 10 Kilometer der Gesamtatmosphäre. Diese unteren 10 Kilometer enthalten allerdings drei Viertel der Gesamtmasse der Lufthülle. Das ist unsere eigentliche Wetterzone: die unteren 10 Kilometer der Lufthülle umfassen die *Troposphäre*.

Mit dem horizontalen Wärmegefälle hängen die Jahreszeiten zusammen. Die Erdachse steht schräg (mit einer Neigung um 66½ Grad) zur Bahnebene, in der die Erde um die Sonne läuft. Die Erdachse bleibt immer auf die gleiche Richtung des Himmelsgewölbes ausgerichtet. Hieraus ergibt sich, daß den Jahreszeiten nach unterschiedliche Bereiche der Erdoberfläche bestrahlt werden. Zu Weihnachten bescheint unsere Sonne vorzugsweise die Südhalbkugel. Die Gegend um den Nordpol bis zum nördlichen Polarkreis auf 66½ Grad Nordbreite bleibt den ganzen Tag auf der Schattenseite. Das ist die Winterhalbzeit für die Nordhalbkugel und die Sommerhalbzeit für die Südhalbkugel. Ein halbes Jahr später haben sich die Verhältnisse umgekehrt. In Südsommerstellung ist die Erde auf ihrer Ellipsenbahn, die übrigens nicht sehr von einer Kreisbahn abweicht, in Sonnennähe (Perihel), im nördlichen Sommer in Sonnenferne (Aphel). Dadurch ist unser nördliches Winterhalbjahr um 1 Woche kürzer als das Sommerhalbjahr. Auf die Temperatur, die wir auf der Erde beobachten, hat das nicht viel Einfluß. Der unterschiedliche Abstand zur Sonne (bei 149 Millionen Kilometer mittleren Abstands beträgt der Unterschied zwischen Peri- und Aphel ganze 5 Millionen Kilometer) verschwindet in seiner Wärmewirkung hinter den Wirkungen, die von der jeweiligen Sonnenhöhe abhängen und davon, daß die Nordhalbkugel überwiegend eine Land- und die Südhalbkugel überwiegend eine Wasseroberfläche ist.

Zwischen niedrigen geographischen Breiten (innerhalb der Wendekreise) mit ihrer Warmluft und den hohen mit ihrer Kaltluft ist ein Ausgleichsstrom (ein Wind) die Folge, der warme Luft zu den Polen, kalte Luft zum Äquator schafft. Aber einen Ausgleich gibt es nicht nur in der Atmosphäre, sondern auch in den Meeren. Als solche Ausgleichsbewegungen sind z. B. im Nordatlantik der warme Golfstrom vor der europäischen Küste und der kalte Labradorstrom vor der amerikanischen Küste bekannt.

Vor der Ostküste Nordamerikas entsteht auch ein anderes horizontales Wärmegefälle, das unmittelbar mit Meeresströmungen verbunden ist. Im Sommer erwärmt sich das nordamerikanische Festland mehr als die benachbarte kalte See. Es entsteht ein Wärmegefälle vom Kontinent zum Meer sogar entlang ein und derselben geographischen Breite, etwa entlang dem 50. Breitenkreis, ein Wärmegefälle, das zwischen kaltem Untergrund, dem kalten Labradorstrom, und warmem Untergrund, dem sommerlich erwärmten Festland, wirksam wird. Im Winter tritt ein solcher Wärmeunterschied Land–Meer ebenfalls auf, nur in umgekehrter Richtung. Es bleibt im Winter das Wasser des mexikanischen Golfs warm, der Kontinent aber wird kalt. So kann eine Überlagerung über das normale Äquator-Pol-Gefälle durch ein Gefälle See–Land oder umgekehrt besondere Austauschvorgänge als Großzirkulation liefern. Letzten Endes ist auch dafür wie für die Jahreszeiten die unterschiedliche Verteilung der Sonnenzustrahlung zur Erdoberfläche verantwortlich.

Wie sieht nun die von der Sonne der Erde angebotene Strahlung im einzelnen aus? Das weiße Licht der Sonne läßt sich bekanntlich in sieben Regenbogenfarben zerlegen, in Rot, Orange, Gelb, Grün, Blau, Indigo und Violett (Abb. 11). Die Sonne bietet aber noch mehr «Farbtöne» an, die das Auge normalerweise nicht erfaßt: jenseits vom sichtbaren roten Farbton das Infrarot, jenseits von Violett das Ultraviolett. In dem ganzen Spektralbereich der Sonnenstrahlung liegt der Hauptteil der zugestrahlten Energiemenge im Gelb-Grün. Die beiden Randgebiete Ultraviolett und Infrarot sind weniger energiereich. Faßt man das Licht als einen elektromagnetischen Wellenvorgang auf, so gehört zum Rot das langwelligere, zum Blau das kurzwelligere Licht.

Das Gesamtstrahlungsangebot von der Sonne, wie es an der Außenseite der Erdatmosphäre ankommt, ist in Abb. 44 gekennzeichnet. Die energetische Aufteilung dieses Angebots zeigt sich in der Strahlungskurve. Das noch unverarbeitete äußere Angebot heißt die *Solarkonstante*. Die Solarkonstante wird physikalisch zu einem mittleren konstanten Wert von 1,37 kW/m^2 angenommen.

Die von außen einfallende Strahlung unterliegt verschiedenen Einflüssen. Ein Einfluß ist beispielsweise die *Reflexion* (Rückstrahlung). Die Reflexion wird an Wolkenobergrenzen, kahlem Land oder großen Schneeflächen hervorgerufen. Der reflektierte Anteil geht ohne weitere Energieumsetzung wieder in den Weltraum zurück. Das sind im Durchschnitt etwa 33 Prozent des Angebots. Wolkenoberflächen liefern in etwa den Durchschnitt, Eis und Schnee an den Polen vielleicht noch mehr, Wasser weniger als Wüstensand.

Außer der Reflexion gibt es noch andere Umsetzungen der Strahlung, z. B. *Streuung*. Streuung wird hervorgerufen durch die kleinen Moleküle der Luft. Dabei wird vorzugsweise der blaue Anteil des weißen Sonnenlichts gestreut. Wenn wir die Sonnenscheibe bei wolkenlosem Himmel betrachten, dann sehen wir sie eigentlich etwas verfärbt, zum Gelborangeton hinüber. Der blaue Anteil ist aus der Sonnenscheibe herausgestreut, er ist das blaue Himmelslicht, ein durchaus meßbarer Streuungsbetrag, der noch durch größere Schwebestoffe in der Atmosphäre, Staub, Wassertröpfchen u. a., erhöht werden kann. Dieser Anteil reicht bis zu 26 Prozent der angebotenen Strahlung, wovon wieder 9 Prozent nutzlos in den Weltenraum zurücklaufen.

In unserer Aufrechnung ist nicht voll der Anteil enthalten, der über das Violett hinausgeht. Ultraviolett, eine an sich sehr intensive Strahlung, wird bereits in höheren Schichten chemisch umgesetzt. Die atmosphärischen Schichten liegen meist oberhalb 30 Kilometer Höhe. Wenn das gesamte Ultraviolettangebot ungeschwächt zur Erde herunterkäme, würde es der Lebenswelt abträglich sein. Auch die Raumfahrer müssen auf ihrer Reise gegen UV-Strahlung geschützt werden. Das Ultraviolett, das die Sonne am Oberrand der Atmosphäre zur Verfügung stellt, wird weitgehend zur *Dissoziation* (Aufspaltung in Einzelmoleküle oder -atome) der molekularen Gase der Atmosphäre, im wesentlichen Sauerstoff, Stickstoff, Wasserdampf und Kohlendioxid, benutzt (Abb. 9).

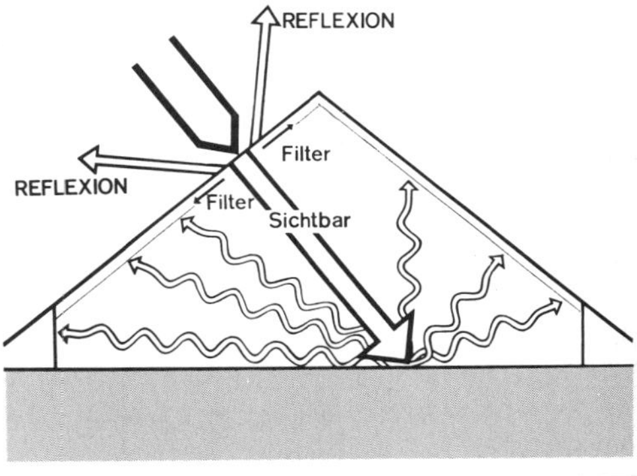

43: Die Glashauswirkung der feuchten Atmosphäre. Helle, sichtbare Sonnenstrahlung tritt ins Glashaus ein, wird dort in IR-Strahlung verwandelt, die ihrerseits aber das Glas kaum noch durchdringen kann. So fängt auch die feuchte Atmosphäre die Sonnenstrahlung ein.

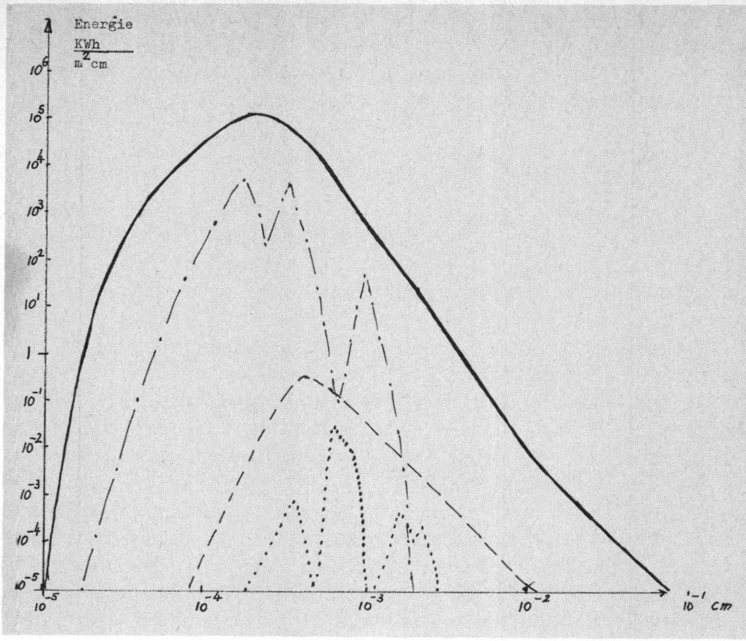

44: Strahlungsleistungskurven für Sonne und Erde.
Ein Körper mit der Temperatur der Sonnenoberfläche strahlt Energie ab, wie die ausgezogene Kurve zeigt. Die waagerechte Linie hat als Maßzahlen die Wellenlängen der Strahlung. Von der von der Sonne abgestrahlten Energie erreicht der punkt-gestrichelte Kurvenverlauf die Erde.

Die Erde strahlt mit 15° C (288° K) zurück entsprechend der gestrichelten Kurve, die den infraroten Strahlungsteil der von der Sonne ankommenden Strahlung z. T. übersteigt. In der wasserdampfreichen Atmosphäre bleibt der durch die punktierte Kurve angegebene Energieanteil zurück – sehr wenig.

Wir sehen also, daß das, was uns auf der Erde unmittelbar an Sonnenschein erreicht, schon sehr weitgehend ausgefiltert ist. Im Schnitt kann man damit rechnen, daß uns nur noch 27 Prozent der unmittelbaren Strahlung erreichen. Es kann an einigen Stellen über der Erde etwas mehr werden. Wo die Luft sehr klar und trocken ist, haben wir, wie beispielsweise in Hawaii auf dem Moa Loa, noch 85 Prozent der Direktstrahlung der Sonne am Observatorium verfügbar. Nehmen wir die auf Umwegen schließlich auch zur Erde gelangende Strahlung noch dazu, so wird die Erdoberfläche im Schnitt mit 50 Prozent des Strahlungsangebots beschickt.

An der unmittelbaren Erwärmung der Luft durch die Sonnenstrahlung hat der Wasserdampfgehalt der unteren Luftschichten einen entscheidenden Anteil, indem dieser den roten, vor allem infraroten Teil des Sonnenspektrums absorbiert und in Wärme verwandelt. Die vertikale Erstrekkung des Wasserdampfpolsters zwischen Äquator und Pol zeigt Abb. 45. Eine recht dünne Wasserdampfschicht bedeckt den Pol, etwa 1000 Meter mächtig. Das Wasserdampfpolster mit 11 Kilometer Mächtigkeit am Äquator reicht dagegen etwa zehnmal so hoch wie am Pol. Die vertikale Ausdehnung der Wetterzone (Troposphäre) ist mit der vertikalen Wasserdampferstreckung gleichlaufend, letztere etwa 5000 Meter flacher als die Wetterzone.

Wieviel hält nun die Erde eigentlich vom Strahlungsangebot, das ihr zugute kommt, fest, und wieviel davon läßt sie in Nächten oder in winterlich langen Tagen wieder in den Weltenraum verfliegen?

Hierzu ein Beispiel aus der Technik: das Glashaus des Gärtners. Glas begünstigt die Speicherung von Wärme aus der Sonnenstrahlung. Es läßt die Sonnenstrahlen in dem Bereich der Regenbogenfarben durch: Das Licht wird am Boden des Glashauses in Wärme umgesetzt. Dieser wird im Mittel auf 15 bis 20 Grad erwärmt. Auch ein Körper dieser Temperatur strahlt aus, genau wie die Sonne mit ihren 5500 Grad Strahlung leistet. Die Strahlung der Sonne liegt aber in Wellenlängen des sichtbaren Lichts, die Strahlung des Erdbodens unter dem Glashaus im unsichtbaren, langwelligeren Infrarot. Wie bei einem nur heißen, aber noch nicht glühenden Eisen ist der ausgestrahlte Wellenbereich hier ins Infrarot verschoben. Glühendes Eisen aber leuchtet auch mit seiner höheren Temperatur im sichtbaren Rot.

Unser Wasserdampf ist ein Filter in einigen Bandbreiten des Infrarot. Jetzt kommt die eigentliche Glashauswirkung zur Geltung; denn die Infrarotstrahlung des Erdbodens im Glashaus, die bei der Temperatur von 20 Grad abgegeben wird, kann nicht voll durch das Glas nach außen tre-

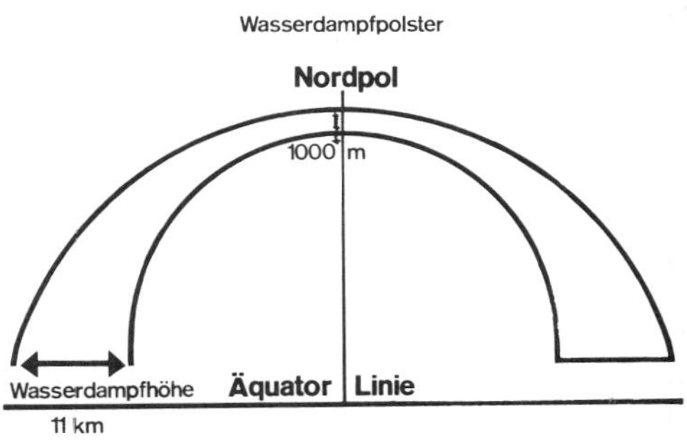

45: Das Wasserdampfpolster ist dünner am Pol und mächtiger am Äquator, weil warme Luft 700mal mehr Feuchtigkeit aufnehmen kann als kalte Luft.

ten. Also wird unsere von der Sonnenstrahlung eingefangene Wärme, die als sichtbares Licht durch die Fenster des Glashauses eintrat, als Infrarot im Glashaus festgehalten (Abb. 43).

Was dem Gärtner das Glas ist, ist dem Meteorologen sein Wasserdampfpolster. Ein dickes Wasserdampfpolster heißt, wir sind wie durch eine dicke Glasschicht geschützt; der atmosphärische Wasserdampf ist durchsichtig gegen sichtbare Strahlung, aber undurchsichtig in verschiedenen Bändern des Infrarot. Es geht dabei in der Natur ein wenig ungerecht zu. In Nähe der Pole der Erde nämlich, wo sowieso wenig Sonnenstrahlung angeboten wird, wird das bißchen Strahlung größtenteils von Eis und Schnee reflektiert und überdies wegen des wenigen Wasserdampfes in der Atmosphäre nicht festgehalten.

Das zehnmal dickere Wasserdampfpolster über dem Äquator, das von der starken Sonneneinstrahlung erzeugt wurde, indem sie auf feuchte Niederungen oder große Ozeanflächen fiel, sorgt dagegen für die Erhaltung der Strahlungswärme der Tropen.

Hier sind wir an den Anfangspunkt unserer Betrachtung zurückgekehrt. Wir wissen, wie es zu einem horizontalen Wärmegefälle auf der Erde, global gesehen, gekommen ist, einem Gefälle zwischen den äquatorialen Gegenden, die sich warm halten durch ihr großes Wasserdampfpolster, und den polaren Gegenden, die auskühlen, weil ihnen die nötige Wasserdampfschutzdecke fehlt, und dies auch wieder, weil das Angebot an Sonnenstrahlung zur Entwicklung einer solchen Schutzdecke nicht ausreicht.

Vergleichen wir zuletzt noch die jahreszeitlichen kontinentalen und maritimen Verhältnisse unseres eigenen Lebensraums der gemäßigten Breiten. Wenn die gemäßigten Breiten Sommer haben, dann verhalten sie sich tropisch: Es baut sich ein dickes Wasserdampfpolster über diesem Klimagürtel auf. Wenn wir jedoch Winter haben, dann werden die Strahlungs- und Wasserdampfbedingungen polähnlicher. Wir haben dann nur ein dünnes Wasserdampfpolster zur Verfügung.

Der August ist bei uns ein Monat, der in seiner Sonnenzustrahlung dem Mai sehr ähnlich ist. Aber den Augusttagen gehen Wochen der Sommerwärme voraus, den Maitagen dagegen Wochen winterlicher Kühle. In den Vorwochen des August ist bereits ein dickes Wasserdampfpolster aufgebaut worden, in den Vorwochen des Mai fehlt es. Die Mainächte sind erfahrungsgemäß die kälteren, die Augustnächte die wärmeren Nächte, weshalb wir unsere Lampion- oder Gartenfeste im August zu halten pflegen und nicht schon im Mai.

Die gleiche Betrachtung gilt grundsätzlich auch für die Wesensmerkmale kontinentalen und maritimen Klimas. Nehmen wir winterliche Verhältnisse als Beispiel. In Nordamerika können große Kälterückfälle im Winter auch an der Ostküste, gegen den Nordatlantik hin, eintreten. Kälterückfälle in gleicher Häufigkeit und Strenge fehlen an Europas Westküste. Auch dieser Unterschied ist eine Frage des Wasserdampfpolsters. Beide Ufer des Atlantik haben, weil sie gemäßigten Breiten angehören, einen ständigen Westwind. Den Leuten an der Ostküste Nordamerikas aber, sagen wir von New York bis Boston oder Neufundland hinauf, bläst der Westwind ständig kontinentale Luft heran, die trocken ist, die aus einem kalten, polaren Winter stammt, die kein Wasserdampfpolster hat. Auf der europäischen Seite aber haben wir mit dem Westwind maritimen Einfluß: Der Westwind bläst uns eine feuchte Seeluft heran. Die feuchte Luft bringt uns auch im Winter einen Wärmeschutz durch hochreichendes Wasserdampfpolster von See her. Der Schutz ist im allgemeinen größer, als normalerweise im Winter in unseren Breiten zu erwarten wäre.

Auf- und Abwinde

Wenn wir den Wechsel des Wetters beobachten, sehen wir zugleich den Wechsel von Auf- und Abwinden. Aufwinde bestimmen das schlechte Wetter, Wolken und Niederschlag – Abwinde das schöne Wetter. Aufwinde kommen zustande, wenn Luft in Erdbodennähe erhitzt wird; sie steigt dann von selbst als Heißluft auf. Die Erhitzung wird im Sommer geleistet durch die Sonne, die besonders einen strahlungsanfälligen Boden, wie Sand und Heide, schnell zum Erhitzen bringt. Eine benachbarte Wiese, ein Fluß oder eine offene Wasserfläche werden weniger erhitzt, so daß auf der Sandheideseite warme Luft aufsteigt und auf der Wasserseite die kältere Luft nach unten sinkt. In jedem Fall kommt es unter solchen Bedingungen zu Quellbewölkung (Tafelabb. IX bis XI).

Die Segelflieger haben schnell gelernt, eine solche Heißluftblase, die in die Quellwolke hineinsteigt, auszunutzen. An ihren Übungsplätzen sieht man sie oft in sehr engen Kurven um die Untergrenze einer solchen Quellwolke kreisen. Sie nennen den Vorgang: Thermik segeln. Thermik ist also ein Aufwindschlauch, ernährt von heißer Luft.

Wie es sich mit dem Übereinander von Kalt- und Warmluft und dem gleichzeitigen Nebeneinander verhält, zeigt Abb. 46. Die Senkrechte trägt eine Höhenskala, die Waagerechte eine Temperaturskala. In der Atmosphäre nimmt normalerweise die Temperatur mit der Höhe ab. Wenn wir von der Voraussetzung ausgehen, daß warme Luft in Nachbarschaft von kalter Luft nach oben drängt, so stellt sich das in unserer Zeichnung durch zwei Temperaturverläufe dar: Die Luft steigt in der Wolke auf, kühlt sich während des Aufsteigens selbst ab, aber bleibt immer noch wärmer als die kühlere Nachbarluft, so daß der Temperaturunterschied zwischen den beiden Luftkörpern zunächst gleich bleibt, in der Wolke wie außerhalb, bis wir auf eine Höhe kommen, wo die normale Temperatur in der Atmosphäre nicht mehr abnimmt. Gleichbleibende Temperatur, *Isothermie* genannt, ist hier ein besonderes Merkmal, bei dem unsere mit der Höhe kühler werdende Wolke sich der Temperatur der Umgebung, in welcher die Isothermie auftritt, nähert. Wir können da geradezu von einer Thermikbremse sprechen. Die aufsteigende Luft der Wolke kommt an dieser Stelle in ihr Auftriebsgleichgewicht. Etwas ähnlich, vielleicht noch schärfer betont, kann die Situation sein, wenn die Temperatur in der die Wolke umgebenden Luft mit der Höhe zunimmt. Das ist ein nicht üblicher Befund, umgekehrt zum Normalfall. Diese Umkehrung heißt man *Inversion*, Temperaturumkehr (Abb. 47). Wir stellen zunächst abnehmende Temperatur mit der Höhe fest, dann eine Inversion. Die Inver-

46: Solange warme Luft wärmer als ihre Umgebung ist, hat sie Auftrieb.

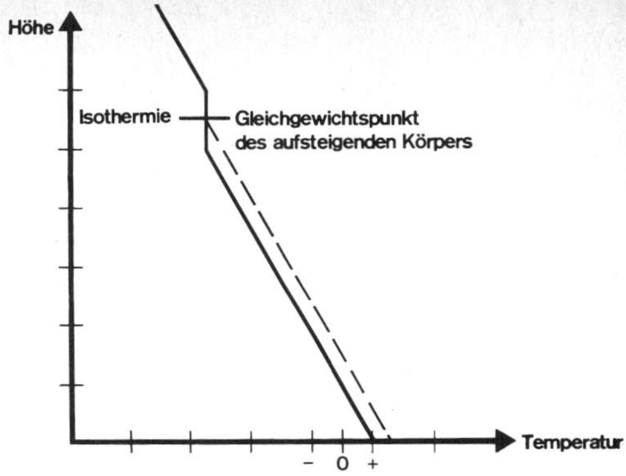

47: Der Auftrieb warmer Luft wird schnell gesperrt, wenn oberhalb der bodennahen Luftschicht wärmere Luft lagert (austauscharme Wetterlage).

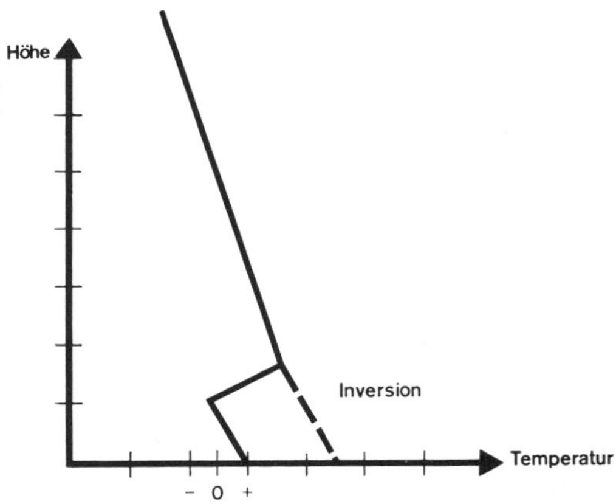

48: Föhn auch in der freien Atmosphäre. Auf der Stauseite wird die feuchte Luft angehoben. Es bilden sich Wolken. Aus den Wolken fällt der Niederschlag. Auf der anderen Seite des Kaltluftblocks sinkt die Luft ab. Da die Luft mit dem Ausregnen trockener wurde, lösen sich die Wolken beim Absinken wieder auf.

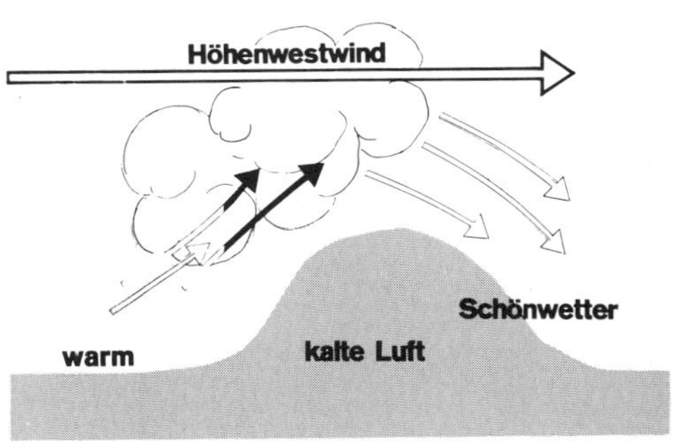

sion ist wieder ein Stopp für unsere Thermikbewegung: Unsere Wolke kommt an der Inversion zur Ruhe.

Neben der thermischen Einflußnahme auf das Aufsteigen der Luft gibt es eine erzwungene Hebung, zum Beispiel, daß ein Gebirgshang die Luft durch Windstau hebt. Die Luft, die über ein Gebirge in Richtung des tiefen Drucks streicht, wird am Hang aufwärts geführt. Es kommt auch in einem solchen Fall zu Wolkenbildung, wenn nicht sogar zu Niederschlägen.

Daher ist die Luft, wenn sie das Gebirge überquert hat, trockener und kommt trockener auf der anderen Seite den Hang herunter, auch wärmer, weil der Niederschlag auf der Stauseite zusätzlich Wärme (die sogenannte latente Wärme, die im Wasserdampf enthalten ist) mit den Stauwolken, die sich in ihr bildeten, freigesetzt hat. Für eine weitere und jetzt erhebliche Erwärmung der Luft sorgt ihr nunmehriges Absteigen am leeseitigen Hang (Abb. 48, wo der gleiche Vorgang beim Übersteigen einer Kaltluftmasse dargestellt ist, ebenso Abb. 30).

Am meisten bekannt ist eine solche Wetterlage als Föhn über den Alpen. Südwind staut sich, besonders gern im Herbst, an der Südflanke der Alpen, auf der italienischen Seite. An den Südhängen fällt ergiebiger Niederschlag, der oft zu Überschwemmungen in der Po-Ebene führt. Auf der Nordseite, in den Alpentälern und im Alpenvorland, haben wir zu gleicher Zeit Föhn, einen warmen, trockenen Fallwind. Er bringt sehr reine Luft mit hervorragender Fernsicht, strapaziert aber wegen des plötzlichen Feuchtigkeitsabfalls die Wasserhaushaltsumstellung empfindlicher Menschen oft höchst unangenehm. Im Winter erweist er sich als Eis- und Schneefresser; die Temperaturen steigen gelegentlich um 20 Grad an. Manchmal reichen die nicht ganz ausgeregneten Wolken über das Gebirge hinweg, als «Föhnmauer», mit gerade abgeschnittenem nördlichem Rand. Oft auch zeigen sie sich als linsenförmige Wolken und verraten damit, daß die Luft in ihnen in eine Abwärtsbewegung übergeht (Tafelabb. XIV am Berg Teide in Teneriffa u. XV).

Die Wolke wird von den Rändern her aufgelöst, d. h. ausgetrocknet oder, so der Fachausdruck, abgeschmolzen. Die Wolkentröpfchen verdunsten in der wachsenden Temperatur der absinkenden Luft. Auch im Flachland ist eine solche Wolkenform ein Merkmal für Wolkenauflösung, etwa, wenn eine Schlechtwetterzone sich in Auflösung befindet.

Manchmal stehen diese Art Wolken in gleichabständigen Bänken über der Leeseite des Gebirges. Das ist dann ein Zeichen für Wellenvorgänge in der Luftströmung leewärts der Berge. Solche Leewellen nutzen Segelflieger gern zu einer Art Wellenreiten aus, nachdem sie sich von Motorflugzeugen auf 2000 bis 3000 Meter Höhe haben schleppen lassen.

Bei Nordwind kommt die Staulage auf die nördliche Seite der Alpen. Die Föhnlage zeigt sich auf der südlichen, der italienischen Seite. Im

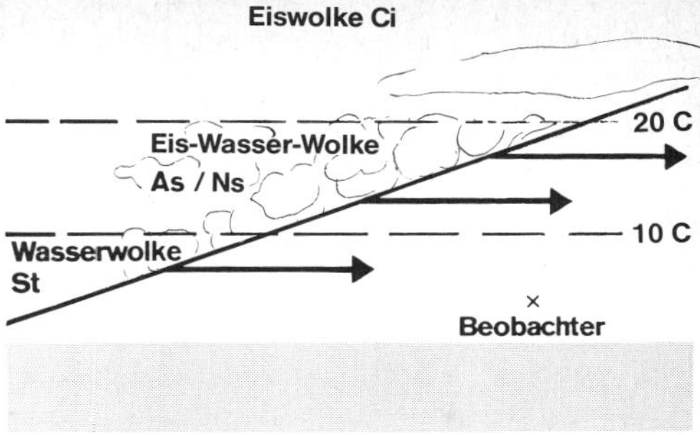

49: Die Stockwerke der Wolken werden nach den Temperaturen bestimmt. Auch bei aufgleitenden Schichtwolken liegen die Eiswolken unterhalb −25° C, die gemischten Eiswasserwolken zwischen −10 und −25° C, die unterkühlten Wasserwolken zwischen 0° und −10° C und darunter die warmen Wasserwolken.

Sommer bringt sie den nördlichen Alpen und ihrem Vorland den bei Urlaubern berüchtigten, lang anhaltenden, sehr kühlen Schnürlregen.

Der Föhn kann aber überhaupt als ein Modell für einen Schlecht- und Gutwettervorgang dienen, wie wir ihn auch über flachem Land oder gar über dem Meer beobachten können. In flacher Landschaft haben wir, insbesondere im Frühjahr und Herbst, wechselweise scharfe Einbrüche kalter oder warmer Luft. In den Abb. 48 und 30 stellt der schattierte Teil Kaltluft, der nichtschattierte, helle Teil Warmluft dar. Die Kaltluft legt sich immer unter die Warmluft, weil sich so eine statisch stabile Schichtung ergibt. In der Silhouettenansicht zeigt sich eine domartige Form, wie ein Gebirge. Wenn die warme Luft über dieses Kaltluftprofil hinwegstreicht, ist die gleiche Ausgangsbedingung wie beim Föhn geschaffen. An einem solchen (uns unsichtbaren) Hindernis kommt es genauso zu Staulagen wie an einem Gebirge. Auf der Stauseite entstehen auch hier Wolken und Niederschlag. Die Warmluft gleitet an der Hangseite der Kaltluft auf, mit denselben Schlechtwettermerkmalen wie Stau im Gebirge. Die Meteorologen nennen eine solche Hangseite eine *Wetterfront*, hier ist es eine *Warmfront*. Auf der anderen Seite des Kaltluftgebirges kommt dann eine Leeseite zustande, die mit allen Merkmalen von Schönwetter verbunden ist. Auch an solchen Wetterfronten müssen, wie im Gebirge, Wolken bis −10 Grad aufsteigen oder sich wenigstens während des Aufsteigens abkühlen, damit es zum Niederschlag kommt.

Das Aufgleiten an einem Kaltluftgebirge drückt sich in schlechtem Wetter aus. Verschiedene Wolkenetagen zeigen zunächst eine tiefe Schichtbewölkung, die dünn in unteren Schichten dahinzieht (Abb. 49). Darüber bildet sich eine geschlossene mittelhohe Bewölkung, die der Hangneigung unseres Kaltluftgebirges folgt. Die Sonne scheint noch wie hinter Milchglas durch diese transparenten Schichtwolken (Tafelabb. III

u. IV). Kurz danach aber ist die Bewölkung schon verdichtet. Die Sonne verschwindet, Landregen kommt heran. Er dauert sechs bis acht Stunden, manchmal mehr als 24 Stunden; denn am Hang des Kaltluftgebirges bilden sich immer neue Wolken. Irgendwo weit im Osten haben es die Menschen gut. Dort kommt dieselbe Luft wieder aus großer Höhe herunter, trocken und wolkenarm.

Der Effekt erstreckt sich bis zu 12 Kilometer Höhe hinauf; kalte Luft hat sich zu einem Berg angesammelt. Der Kaltluftberg wandert, aber wandert nicht so schnell wie die Warmluft aus der Umgebung. In der Höhe zieht die Warmluft doppelt so schnell wie das Kaltluftgebirge unter ihr über die Flachlandschaft dahin. 80 Kilometer/Stunde ist vielfach der Höhenwind, und dann nur 40 Kilometer/Stunde der Bodenwind, der die Kaltluft weiter verfrachtet. Und damit kommt eine Stauseite auf der linken Seite der Abb. 48 und eine Leeseite auf der rechten zustande.

Auf der Stauseite werden Wolken gebildet, wie wir das im Gebirge kennengelernt haben. Eisgewölk ist erforderlich, damit es auf der Stauseite zum Niederschlag kommt. Dann haben wir schlechtes Wetter, das schlechte Wetter an einer Warmfront, das ist die windzugewandte, der Warmluft zugewandte Hanglage, die stauwärtige Hanglage am Kaltluftgebirge. Solches Wetter wird als *Vorderseitenwetter* bezeichnet. Es bedeutet Landregen, verbunden mit strukturloser Schichtbewölkung. Dem entspricht ein *Rückseitenwetter*, ein Wetter, das wir im Kaltluftgebirge selbst vorfinden. Es zeigt thermische Hebung; denn Kaltluft erwärmt sich aus einem wärmeren Untergrund, über den sie fließt. Erst danach wandern wir, wenn wir durch das Kaltluftgebirge hindurch sind, auf seine Leeseite. Die Warmluft bringt dort schönes Wetter, wenn sie den leewärtigen Hang zu Tal stürzt. Hier tritt Aufheiterung ein, weil sich ja unsere Wolken ausgeregnet haben und sich nunmehr die warme Luft wasserarm auf der leewärtigen Seite in das Tal herunterbegibt. Abgleiten – Schönwetter. Die Bezeichnungen Vorder- und Rückseite sind im Hinblick auf den Vorbeizug eines Tiefs gewählt, vor dessen Stirnseite die Warmfront liegt. Mit dem Durchgang der Kaltfront zieht das Tief wieder ab, wobei polare Luft auf seiner abziehenden Flanke, seiner Rückseite, weit in die subtropischen Regionen einbricht.

Der Wechsel in diesem Rhythmus ist im Frühjahr und Herbst besonders ausgeprägt: ein Wechsel von Kaltluftbergen und Warmluftzwischenräumen. Mehrere Kaltluftgebirge ziehen nacheinander eingebettet in der Westwindzone über Mitteleuropa hinweg. Es stellt sich in der Praxis eine gleichmäßige Periode der Wanderung in recht gleichmäßigen Zeitintervallen ein, zum Beispiel in einem Abstand von 48 Stunden. So wiederholt sich ein Wettertyp bei kräftigem Westwind immer nach 48 Stunden, woraus sich auch die allgemeine Volksregel herleitet: «Wie der Freitag sich neigt, so der Sonntag sich zeigt.»

Die erwähnten Wellenwolken, ein periodisches Auf und Ab wie auch bei Wasserwellen, entstehen nicht bloß hinter Gebirgen (in Lee). Sie entstehen vielmehr überall in der freien Atmosphäre, wo warme Luft stabil über kalte Luft strömt, sich aber an der gemeinsamen quasi horizontalen Grenzfläche eine scharfe Windscherung einstellt, sei es, daß die untere kalte Luft schnell strömt, die warme Luft darüber aber langsam, sei es auch umgekehrt, dies das häufigere Windprofil. Auch die Richtungsscherung wirkt nicht selten im Verein mit der Geschwindigkeitsscherung.

Die Luftwogen setzen sich über die gemeinsame Grenzfläche, wo sie entstanden sind, nach oben noch weit bis an die Stratosphäre fort (Abb. 20a und Tafelabb. XIV u. XV). Segelflieger können wellenreitend die aufwärts schwingenden Wellenhänge ausnutzen und so Rekordhöhen, in klarer, wolkenfreier Luft fliegend, erreichen. Im Januar und Februar treten bei den «Mistral» genannten Nordwinden im Rhônetal häufig solche Leewellen in Lee der Seealpen unweit der Rivieraküste auf. Viele Segelflieger sind dann dort versammelt, um sich mit großen Flughöhen die «diamantene Leistungsauszeichnung» zu holen.

An den amerikanischen Rockies können die atmosphärischen Wellen bei starken Westwinden so kurz und hart sein, daß sie wie Orgeltöne in Schallwellen übergehen mit solcher Kraft, daß davon schon Häuser abgedeckt worden sind.

Wolken und Niederschlag

Wir wissen, daß nicht aus jeder Wolke Regen kommt. Somit muß der Vorgang der Wolkenbildung von dem der Niederschlagsbildung verschieden sein.

Wolken entstehen aus dem Wassergehalt der Atmosphäre. Wasser kommt in die Atmosphäre durch Verdunstung, teils über Land (besonders in vegetationsreichen Gebieten), größtenteils über den Meeren. 70 Prozent der Erdoberfläche sind mit Ozeanen bedeckt. Das Wasser verdunstet in die Luft hinein infolge der Sonneneinstrahlung, die in den äquatorialen Gegenden am stärksten ist. Außerdem erwärmt die Sonnenstrahlung die Luft unmittelbar und macht sie mehr aufnahmebereit für Wasser in gasförmigem Zustand. Herrscht dann noch Wind, der die Luft vom Meer auf das Land treibt, wird diese Luft über Land womöglich noch mehr erhitzt. Erhitzung bringt die Luft zum Aufsteigen. Im Steigen kühlt sie sich ab und bildet dabei Wolken (Tafelabb. IX).

Im Zeitrafferfilm kann man deutlich erkennen, wie schnell Wolken durch thermisches Erhitzen nach oben schießen. Im Gebirge z. B. dringt aus den Tälern die warme Luft nach oben, dann bilden sich über den Berggipfeln die Wolken. Dabei ist ein dauerndes Auf und Ab in der Bewegung zu beobachten. Die Ränder der Wolken zerfallen wieder, im Mittelteil dagegen schießt die Wolke erneut nach oben. Das Ganze kann so stürmisch ablaufen, daß es in der Wolke zu einem Gewitter kommt.

Im Aufstieg kühlt sich die Wolke ab. Abkühlung ist aber auch bei horizontaler Luftbewegung möglich. Angenommen, über einer Wasseroberfläche ist die Temperatur der Luft 12 Grad, so hat diese Luft schon Wasser in Gasform, also Wasserdampf, von der Wasseroberfläche aufgenommen. Dann gibt es zwei mögliche Transportrichtungen: den Weg nach oben, der zur Wolkenbildung führt, und den Weg nach der Seite mit dem Wind in kältere Regionen, etwa polwärts (Abb. 42). Um auf dem letzteren Weg von 12 Grad auf 0 Grad abzukühlen, braucht die Luft eine horizontale Distanz von durchschnittlich 1000 Kilometer, während sie beim senkrechten Aufstieg nur 1200 bis 1500 Meter Höhe, also nur etwa 1 Promille der horizontalen Wegdistanz, benötigt. Kühlt sich die Luft auf horizontalem Weg ab, dann ist das Ergebnis in der Regel Nebelbildung (Advektionsnebel).

Mit der Abkühlung hängt zusammen, daß die Luft weniger gasförmiges Wasser aufnehmen kann, als wenn sie warm wäre. Wird Luft erst erwärmt und befeuchtet, dann abgekühlt, gerät sie in wasserdampfgesättigten Zustand. Es bilden sich Tröpfchen, die bei aufsteigender Luft als Wolke, bei

Luft in Erdbodennähe als Nebel erscheinen. Reicht eine Wolke bis zum Erdboden herunter, nennt man sie Nebel (Tafelabb. XVI). Durchfährt man Nebel im Auto, schlagen sich die Tröpfchen auf der Windschutzscheibe nieder. Das gleiche beobachtet man, wenn man im Flugzeug eine Wolke durchfliegt. Also bestehen auch Wolken aus Tröpfchen. Aber wie entsteht dieses Wasser in einer Wolke?

Wenn wir im Gasthaus ein Glas Bier vorgesetzt bekommen, dessen Inhalt kälter ist als die Feuchtesättigungstemperatur der Luft in der Gaststube, sammelt sich auf seiner kalten Außenseite Kondenswasser. Auf anderen, ungekühlten Gegenständen in der gleichen Umgebung sammelt sich jedoch kein Wasser. Der unsichtbare Wasserdampf in der Luft wird an der Außenseite des Bierglases in flüssiges Wasser verwandelt. Wir sagen, das Wasser der Luft kondensiert (verdichtet sich), sobald es die Oberfläche eines Körpers berührt, dessen Temperatur merkbar kälter ist als die Sättigungstemperatur der Luft. Auf diese Weise kommen ja auch Tau und Reif am Boden oder auf Pflanzen zustande. Daher wird die Sättigungstemperatur auch *Taupunkt* genannt. Also hat die Temperatur etwas damit zu tun, ob Luft den von ihr aufgenommenen Wasserdampf behält oder frei werden läßt.

Wir wollen die anschauliche Darstellung noch etwas physikalischer betrachten:

Je wärmer Wasseroberflächen sind, um so mehr können sie zur Verdunstung des Wassers in die Luft beitragen.

Bei der Verdunstung verwandelt sich demnach das Wasser der Meeresoberflächen in gasförmiges Wasser innerhalb der Atmosphäre. Dies ist ein Vorgang, bei welchem Wärme aufgewendet werden muß. Das merken wir im Freibad schon am eigenen Körper. Steigen wir an einem windigen, sonnenlosen Tage aus dem Wasser, so frieren wir erbärmlich, denn unser Körper muß Wärme aufwenden, um den Wasserfilm auf unserer Haut an die vorbeistreichende Luft zu verdunsten.

Der gasförmige Wasseranteil der Luft, der übrigens in den feuchtheißen Dschungeln tropischer Landstriche bis zu 4 Volumenprozentanteile der Luft ausmachen kann (Stickstoff: N_2 76 bis 78 Prozent, Sauerstoff: O_2 20 bis 21 Prozent), ist unsichtbar und trübt die Durchsichtigkeit der Luft nicht im mindesten. Trübe wird die Luft erst dann, wenn sich gasförmiges Wasser wieder zu Tröpfchen zurückverwandelt. Es hängt nur von der Bevölkerungsdichte der Tröpfchen ab, ob man den jeweiligen Trübungszustand als Dunst, Nebel oder Wolke (diese nur überirdisch) bezeichnet. Das verdunstete, damit gasförmige Wasser wird in der Luft in kleine flüssige Tröpfchen zurückverwandelt, wenn die Luft wegen ihrer zu kalten Temperatur das Wasserangebot in Gasform nicht mehr aufnehmen kann. Die Luft scheidet den gasförmigen Wasserüberschuß gleich wieder in Tröpfchen aus.

Wenn unsere heiße Kaffeetasse auf dem Tisch dampft, dann war die Wasserverdunstung aus der heißen Flüssigkeit so groß, daß die viel kühlere Luft darüber alles angebotene Wasser nicht gasförmig behalten konnte. Einen Teil desselben verwandelte sie gleich oberhalb der Flüssigkeitsoberfläche in kleinste schwebende Tröpfchen zurück.

Diesen Effekt kann man auch im beginnenden Winter studieren, wenn plötzliche Kälteeinbrüche die Luft über noch warmen Seeoberflächen, z. B. den Voralpenseen, so kalt machen, daß sie einen Teil des Verdunstungsangebots aus den Seen sofort wieder in Tröpfchen rückverwandelt. Seerauch steigt über den Seen auf. Folgende Tabelle gibt die maximale Wassermenge an, die Luft bestimmter Temperatur gerade noch in Gasform aufnehmen kann – bezogen auf erdbodennahen Luftdruck.

Luft hat bei 1000 hPa eine maximale Wasserdampfaufnahme von:

Temperatur °C	Wasserdampf in g Wasser pro kg Luft	latenter Wärmeinhalt
−15°	1,2 g	0,65 kcal
−10°	1,8 g	0,97 kcal
− 5°	2,6 g	1,40 kcal
0°	3,8 g	2,00 kcal
+ 5°	5,5 g	3,00 kcal
+10°	7,6 g	4,10 kcal
+15°	10,9 g	5,90 kcal
+20°	14,7 g	7,90 kcal
+25°	20,8 g	11,30 kcal
+30°	28,0 g	15,10 kcal

In Extremen: Luft von +47°C kann 760mal soviel Wasser in Gasform aufnehmen wie Luft bei −42°C. Polar- und Winterluft sind demnach feuchtearm, Äquatorial- und Sommerluft am Meer, an Seen und in Flußtälern sind feuchtereich.

Der Vorgang der Verdunstung verbraucht Wärmeenergie. Im umgekehrten Prozeß, der Rückbildung zu Tröpfchen (Kondensation), wird die hineingesteckte Wärme zurückgegeben.

Die Atmosphäre ist der «gute Geschäftsmann» dabei. Das Meer hat Wärme verloren bei der Verdunstung. Die Atmosphäre gewinnt die Wärme, wenn sie die angebotene gasförmige Wassermenge wieder in flüssige Tröpfchen zurückverwandelt und sie als Niederschlag dem Boden zurückgibt. Die gebundene (latente) Wärme des gasförmigen Wassers ist 540 cal pro Gramm Wasser oder 540 kcal, große Kalorien, pro Liter Wasser.

Diese Wärmemenge wird bei Tröpfchenbildung wieder in fühlbare Wärme zurückverwandelt.

Abb. I: Ein farbiger Halo um die Sonne. Die Regenbogenfarben treten auf von Rot im Innern bis Violett außen. Der Halo kommt durch einen dünnen Eiswolkenschleier zustande, wie er mit der Annäherung einer Warmfront aufzieht. Deswegen gilt der Halo als Vorbote schlechten Wetters. Wolkenhöhe der Eiswolke 6500 bis 8500 m.

Abb. II: Eine Nebensonne, hier rechts von der Sonne, ist auch ein Haloausschnitt. Er tritt wie eine Spiegelung der Sonne an solchen Stellen der Cirrusbewölkung auf, wo diese sich verdichtet und die Eisnadeln der Wolke eine geordnete Lage haben. Je weniger Turbulenz in der Wolke ist, um so geordneter ist die Eisnadellage. Weil das besonders für winterliche bzw. polare Verhältnisse zutrifft, sieht man diese Erscheinung häufiger im Norden.

Abb. III: Stratusbewölkung über See. Sie tritt als geschlossene Bewölkung vor Warmfronten auf. Auch hinter der Warmfront bleibt sie mit neblig-trübem Wetter besonders im Frühjahr und Frühsommer erhalten. Manchmal fällt Sprühregen aus der tiefen Bewölkung.

Abb. IV: Ein Altocumulus über See. Wolkenhöhe bei 2500 bis 4000 m. Die Wolke besteht meist aus Eis und Wasser. Die schollenartigen Wolkenzellen bilden sich beim Zerfall einer ehemaligen dichten strukturlosen mittelhohen Stratusdecke.

Abb. V: Auch hier hat der Zerfall einer dichteren mittelhohen Stratusdecke schon begonnen. Sie gleitet über eine sehr trockene untere Luft hinweg. Zwischen ihr und der Luft darunter besteht eine deutliche Windscherung, weswegen sich eine wellenartige Struktur auf ihrer Unterseite herausgebildet hat. Die schräge Sonnenbeleuchtung läßt die Wolkenform trotz ihrer sonstigen Einförmigkeit deutlich herauskommen.

Abb. VI: Wenn Landregen vor einer Warmfront fällt, sieht der Himmel darüber gleichmäßig grau aus, kein Fotografierwetter! Wie aber mag es über den Wolken aussehen? Das Bild zeigt es. Auch eine gleichförmige Wolkenobergrenze, etwa so wie ein umgepflügter Acker, mit einem Eiswolkenschleier darüber, der als Dunst auftritt. Aber der Kondensstreifen eines gerade vorüberziehenden Düsenflugzeugs zeigt die Bereitschaft zum Eisnadelausfall. Trifft die Eisbewölkung oder der Eisdunst auf die Stratusbewölkung darunter, dann kann diese zum Landregen ausregnen.

▲

Abb. VII: Hier sieht man eine aufgebrochene Stratusbewölkung hinter einem Frontsystem. Es hat aufgehört zu regnen. Der Sturm hat sich gelegt. Die Aufnahme ist am späten Vormittag nach dem schweren Sturm vom 12. 2. 1962 nahe Hamburg gemacht.

Abb. VIII: Wenn im Winter der Himmel tagelang gleichmäßig grau ist und die Meteorologen von einer austauscharmen Wetterlage sprechen, liegt über den Großstädten eine flache Hochnebeldecke, über welche die Fabrikschornsteine herausragen. Eine Sperrschicht, Übergang zu wärmerer Luft in höheren Schichten, liegt über der Stadtlandschaft und verhindert den Abzug des Smog nach oben.

Abb. IX: Nebel wandelt sich in Quellwolken, wenn die Sonne das Land beheizt mit ihrer Wärmestrahlung. Aber das Meer bleibt trotz der Sonnenstrahlung kälter. Deswegen sieht man die Quellwolkenformen durch Thermik über Land. Das Bild ist im Abflug von Island aufgenommen.

Abb. X: Annäherung einer Kaltfront mit Quell- und Schauerwolken von See her. Der Dämmerungshimmel bringt die sich charakteristisch auftürmende Bewölkung recht anschaulich zur Geltung.

Abb. XI: Im kontinentalen Klima Nordamerikas sind die Gewitter viel heftiger als in Europa. Über den Great Plains türmt sich am frühen Nachmittag eine Gewitterwolke auf, die die Flughöhe von 8 km schon übersteigt. Der obere Teil der Gewitterwolke beginnt in Eis überzugehen, weswegen sich die Wolke in ihren Gipfelteilen amboßartig verbreitert.

Abb. XII: Nun stecken wir mitten im Gewitter drin. Es ist Nacht. Die Blitze hellen die Wolkenlandschaft um uns herum sekundenschnell auf. Wir fliegen in etwa 1000 m.

Abb. XIII: Zur Überraschung der Sportsegler passiert es auf der Ostsee im Sommer öfter, daß nach einem warmen Vormittag aus NE kalte skandinavische Luft aus Schweden heranbraust. Eine Böenlinie, engl. squall line, markiert die Vordergrenze der ankommenden Kaltluft, die sich mit Sturmböen über die See bewegt, ohne daß dahinter weitere Quellwolken folgen oder es überhaupt zum Schauerregen kommt.

Abb. XIV: Wellenwolken – Freude der Segelflieger – hinter, d. h. leewärts eines Berggipfels. Man sieht das Auftreten der Wellenwolken in gestaffelten Höhenschichten. In Amerika Schleifsteinwolken (Gridstone) genannt. Hier Ende März am Pico de Teide in Teneriffa.

Abb. XV: Leewellenwolken stehen still, denn sie bilden sich auf der dem Bergkamm zugewandten Seite im ansteigenden Teil der Welle immer wieder neu und zerfallen an der bergabgewandten Seite.

Abb. XVI: In klaren Nächten strahlen der Erdboden und die darüberliegende Luft Wärme ab. Luft und Erde werden kalt. Im Bergland fließt die kalte Luft wie Wasser des Nachts in die Täler. Bei hinreichend hohem Gehalt an Luftfeuchtigkeit nebelt die Kaltluft aus. Dadurch wird ihre weitere Bewegung für uns sichtbar. Hier fällt sie morgens aus dem norwegischen Bergland als Nebelluft in den Fjord.

Abb. XVII: Auch Tromben verhalten sich ähnlich wie Tornados. Sie entstehen an scharfen Windsprüngen, z. B. kalter Nordostwind gegen warmen Südwestwind. Es bilden sich für Kaltfront typische Quell- oder Schauerwolken, aus denen zunächst «Windsäcke» nach unten fallen. Die Windsäcke bilden trombenartige Wirbel, deren Rüssel bis zur Seeoberfläche herunterreichen kann.

Nehmen wir eine 4 Stunden dauernde Regenperiode an über einem Gelände von 100 × 100 km, wobei in dieser Zeit 2 mm Niederschlagswasser gefallen sein soll, so ist die Gesamtwassermenge in dieser Zeit in Litern (Kubikdezimetern) wie folgt:

(Eine Million schreiben wir als eine 10 mit 6 Nullen oder 10^6.)

Die o. a. Grundfläche ist dann 10^{12} Quadratdezimeter (dm^2). 2 mm Niederschlagshöhe sind 0,02 Dezimeter oder 2×10^{-2} dm. Es ergeben sich 10^{10} Liter, nämlich $10^6 \times 10^6 \times 10^{-2}$ dm^3. 1 Liter Wasser wiegt 1 kg. Die Wärmeumwandlung des kg Wassers entspricht jetzt auch 540 kcal, die bei Tröpfchen- und Niederschlagsausfall der Atmosphäre zugute kommen. Für 2×10^{10} Liter Wasser, als Niederschlag ausgefallen, kommt der Atmosphäre mithin eine Wärmemenge von $2 \times 10^{10} \times 540$ kcal zugute oder 10^{13} kcal, anders geschrieben: 10 Billionen große Kalorien in 4 Stunden. Das entspricht einer Leistung von 10000 Gigawatt! Die Wasserumwandlung in der Atmosphäre wirkt wie eine Wärmekraftmaschine mit so hohen Energieumsetzungen, daß diese in ihrer Größenordnung selbst mit Riesenkraftwerken kaum zu erreichen ist.

Die frei gewordene Wärmemenge ist gerade so groß, daß ein Luftpaket von 2500 m Mächtigkeit der Höhe nach über einer Grundfläche von 20 × 20 km um 10° C erwärmt werden kann. In der Natur wird sich der Wärmegewinn natürlich weiträumiger verteilen.

Zum Verständnis der Wolkenbildung müssen wir zwei Fragen beantworten können.

1. Wie werden sehr große Luftmengen so gekühlt, daß die Luft wasserdampfgesättigt, vielleicht sogar übersättigt ist?
2. Welche Oberflächen sind in der Luft verfügbar, um an ihnen Wasserdampf kondensieren zu lassen?

Die obige Tabelle zeigt, daß kühlere Luft weniger und wärmere Luft mehr Wasserdampf aufnehmen kann und daß ein Teil des Wassers in flüssiger Form ausgeschieden wird, wenn man wärmere Luft abkühlt. Doch läßt die Feststellung zunächst noch offen, wie die Abkühlung vor sich geht. Hierbei wirkt ein weiteres physikalisches Prinzip, nämlich die Ausdehnung der Luft mit der Höhe. Wenn man Gase ausdehnt oder – wie man dies in der Wärmelehre nennt – expandiert, fällt ihre Temperatur.

Einfache Beispiele aus dem täglichen Leben gibt es dafür genug. Manch einer hat schon Luft aus einem Fahrrad- oder Autoschlauch entweichen lassen. Sollte er dabei zufällig über den entweichenden Luftstrom mit dem Finger hinweggefahren sein, so hat er sicher ein deutlich unangenehmes Kältegefühl am Finger verspürt. Die Kälte war nur zum wenigsten durch den Ventilationsstrom der Luft bewirkt. Vielmehr war die Temperatur der austretenden Luft bis unter den Gefrierpunkt erniedrigt, falls die Außentemperatur nicht über 15° C gelegen hat. Solche Ausdehnungsabkühlung der Luft, wie bei allen Gasen, nennt man adiabatisch. Das soll heißen: die Abkühlung ist nur auf die Ausdehnbarkeit der Luft als ein Gas zurückzuführen, nicht etwa durch Wärmeentzug anderer Art wie etwa Wärmeableitung oder Wärmeabstrahlung. In der freien Atmosphäre passiert die gleiche Abkühlung durch Ausdehnung, wenn Luft aufsteigt, denn nach oben wird die Luft dünner und leichter. Von unten aufsteigende Luft dehnt sich in ihr aus, wie ein Gasballon, den man nach oben steigen läßt.

Geeignete Oberflächen, auf die das Wasser in der Atmosphäre kondensiert werden kann, gibt es als feste Partikel. Sie werden als Schwebestoffe in die Atmosphäre gebracht. Nicht nur über Land, wo Staubteilchen, Blütenpollen, Abgase, Verbrennungsrückstände in die Luft gelangen, auch über den Meeren werden feste Schwebestoffe gebildet. Wenn der Wind das Wasser so stark bewegt, daß es zu überkämmenden Wellen kommt, wird ein Teil des Wassers in der Luft zerstäubt. Die zerstäubten Salzwassertropfen verdunsten, die kleinen Salzkristalle jedoch bleiben als feste Schwebestoffe zurück. Sie erfüllen die gleiche Aufgabe zur Tröpfchenbildung in der freien Luft wie die Rußpartikel über Land.

Ist jedoch Luft vorher chemisch gefiltert worden, so daß sie von Schwebestoffen so rein wie möglich wurde, dann wird sie nicht kondensieren, weil keine Partikel in ihr sind, an denen die Kondensation erfolgen kann. Es formen sich keine Tröpfchen. Erst bei Übersättigung (mehr als 100 Prozent relative Feuchte) wirken Ionen als Kondensationskerne. Im hohen Eiswolkenniveau und über polaren Gebieten, d. h. in sehr staubfreier Luft, wo auch wegen der Kälte schnell Übersättigung erreicht wird, wirkt ein Kondensations- oder Sublimationsvorgang auch an Ionen.

Beide Vorbedingungen zur Wolkenbildung: Abkühlung und Kondensationskerne, sind damit angesprochen worden.

Steigt eine Luftmasse auf, dehnt sie sich aus und kühlt sich ab. Ist sie kühl genug, kondensiert der mitgeführte Wasserdampf. Milliarden winziger Tröpfchen formen sich an Milliarden kleinster Schwebestoffe, die in der Luft enthalten sind.

Soweit haben wir gesehen, wie Wolken entstehen. Wie bildet sich nun aber Niederschlag in der Wolke? Damit Niederschlag entsteht, muß die Wolke in eine Eisphase übergegangen sein. Sie wird angekündigt durch Vereisung, wie sie am Flugzeug beim Durchfliegen einer Wolke beobachtet werden kann, und ist gleichzusetzen mit der Rauhreifbildung an kalten, nebligen Wintertagen, der man auch im Gebirge begegnet, wenn kalte, tiefe Wolken durch einen Wald ziehen.

Tröpfchen, die sich in der Wolke gebildet haben, bleiben auch dann noch als Tröpfchen erhalten, wenn die Temperatur unter 0 Grad gefallen ist. Man sollte erwarten, daß sie sich zu Eis umformen. Aber in der Wolke tun sie das nicht ohne weiteres, da sie im allgemeinen auf die Oberfläche

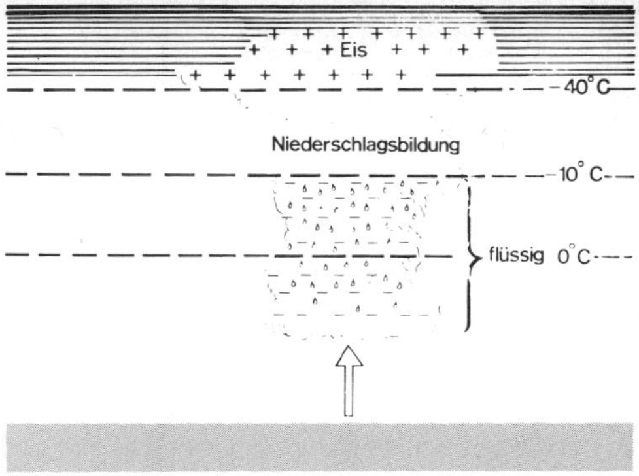

50: Elektrische Landungsverteilung in einer Quellwolke.

eines festen Stoffes ihrer Größenordnung angewiesen sind, nämlich 10 Mikron ($1/100$ Millimeter). Die Rußpartikel waren wohl als Kondensationskerne geeignet, jedoch nicht als Eiskeime. Deshalb finden die Tröpfchen nur schwer feste Oberflächen vor, an denen sie festfrieren können.

Zum Verständnis des Folgenden müssen zwei Begriffe erklärt werden: Unter *Kondensation* versteht man die Umwandlung vom gasförmigen Zustand in flüssige Tröpfchen, während *Sublimation* der Vorgang genannt wird, bei dem gasförmiges Wasser unmittelbar in Eisnadeln übergeht. Letzterer kommt in der Natur erst bei Temperaturen unter −10 Grad vor und bedarf der Eiskeime, die für Eisbildung eine ähnliche Bedeutung haben wie der Kondensationskern für die Tröpfchenbildung.

Wenn Milliarden Tröpfchen in den Wolken schweben, vermutet man, daß die Tröpfchen ohne weiteres zu Regentropfen zusammenfließen können. Sie werden aber durch verschiedene Ursachen daran gehindert. Eine davon ist die, daß zwischen dem gasförmigen Wasser, das noch um die Tropfen herum in der Luft vorhanden ist, und den Tropfen selbst eine Dampfspannung besteht, die für einheitliche Tropfengröße in der Wolke sorgt. Der Dampfdruck isoliert die Tröpfchen.

Ein weiterer Effekt kommt hinzu, der mit dem elektrischen Feld in der Atmosphäre zu tun hat. Erdboden und Meeresoberfläche stellen eine elektrisch negativ aufgeladene Oberfläche dar. Die Blitze der Gewitter setzen dieser Oberfläche fortwährend negative Elektrizität zu. Sie wird höheren Luftschichten entnommen, die dadurch mit einer positiven Restladung zurückgelassen werden.

Die Striche in Abb. 50 stellen das Vorherrschen einer negativen elektrischen Ladung dar. In höheren Schichten, um 13 Kilometer, und, abgesetzt davon, in noch höheren Schichten befindet sich die positive Ladung. Im Raum zwischen den negativen und positiven Feldern halten sich kleine

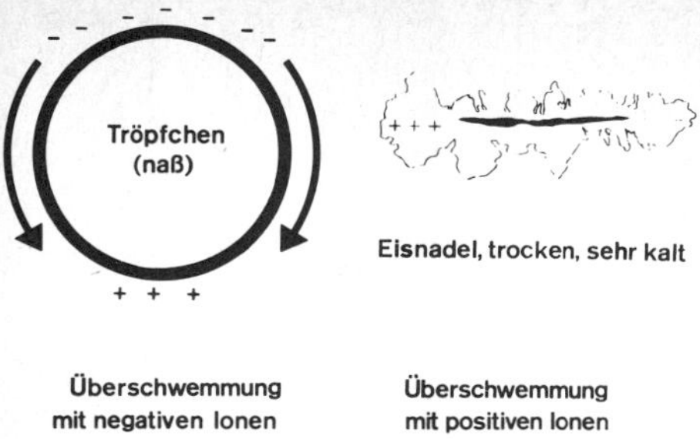

51: Tröpfchen überschwemmen sich mit negativen, Eisnadeln mit positiven Ionen.

elektrische Träger, freie Ionen, auf. Ionen mit gleichnamiger elektrischer Ladung stoßen sich ab, solche mit ungleichnamiger Ladung ziehen sich an. In elektrostatischer Ladung, d. h. in elektrischer Ruheladung, werden anziehende oder abstoßende Kräfte Coulombkräfte genannt. Ladungen ungleicher Vorzeichen ziehen sich mit der gleichen Kraft an, wie gleichnamige sich abstoßen.

Elektrisch geladene Teilchen sind als Ionen zunächst auch ohne Wolkenelemente in der Atmosphäre vorhanden. Kommt in diese Atmosphäre ein Tröpfchen hinein, legt sich ein Teil der freien Ionen auf die Tröpfchenoberfläche. Diese verfügt damit über negative wie über positive Ionen, die positiven Ladungen am unteren, die negativen am oberen Teil des Tröpfchens (Abb. 51). Die positive elektrische Aufladung des Tröpfchens weist zur negativen der Erdoberfläche hin, die negative Ladung des Tröpfchens dagegen zur positiven atmosphärischen Schicht bei 13 Kilometer Höhe. Es bleibt aber nicht bei der Zweierladung. Negative Ionen überschwemmen mehr und mehr Tröpfchenoberflächen, die dann schließlich rundherum negativ geladen sind. Sie werden nun alle gleichnamig elektrisch aufgeladen und damit ein weiteres Mal, d. h. über die obengenannte Dampfspannung hinaus, daran gehindert, sich gegenseitig anzuziehen. Kleine Wolkentröpfchen werden also nicht durch Zusammenfließen zu Regentropfen, sie bleiben vielmehr weiter schwebend. Soll Niederschlag entstehen, ist zusätzlich die Eisphase in der Wolke erforderlich.

Wie gelangt aber Eis in die Wolke, wenn unterkühlte Tröpfchen nicht unmittelbar in ihr gefrieren? Es zeigt sich, daß die Wolke hierzu anstatt der Kondensation die Sublimation bevorzugt, also den direkten Übergang vom gasförmigen Zustand des Wassers zum festen. Dazu ist eine Temperatur von mindestens −10 Grad erforderlich. In einer Wolke entstehen durch Sublimation Eiskristalle erst dann, wenn sie eine Höhe erreicht hat, in der diese Temperatur herrscht.

Eiskristalle nehmen zunächst positive und negative Ionen auf und ord-

52: Negative Tröpfchen werden durch positive Eisnadeln angezogen. Das Wasserdampfgefälle ist auf das Eis zu gerichtet.

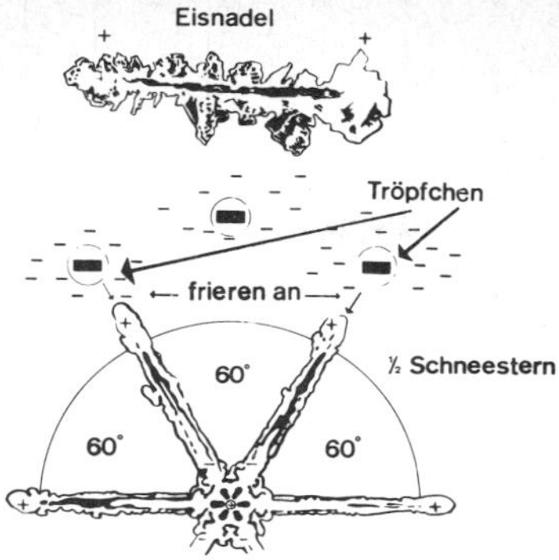

nen sie einander zu. Später überwiegt in großer Höhe das Angebot an positiven Ionen, zu denen eine trockene Eisoberfläche eine besondere Affinität hat. Die durch Sublimation entstandene Eisnadel überschwemmt sich mit positiven Ionen, lädt sich derart positiv auf. Gegenteilige Ladungen ergeben sich dann: eine positive des Eises und eine negative der Tröpfchen. Im Zwischenraum, wo beide Arten sich treffen, können sie nun aneinanderwachsen, ja sie werden sich sogar heftig anziehen (Abb. 52). Außerdem finden die Tröpfchen in den durch Sublimation entstandenen Eisnadeln das Partikel hinreichender Größe vor, an dem sie anfrieren können. Elektrostatische Anziehung und Anfrieren erfolgen innerhalb der Wolke, wo sich Eisnadeln und Tröpfchen begegnen. Im unteren Teil bestand die Wolke nur aus kleinen Tröpfchen. Sie bleibt in Temperaturen unter 0 Grad zunächst im Tröpfchenzustand, aber unter −10 Grad kommt durch einen anderen Aggregatübergang,

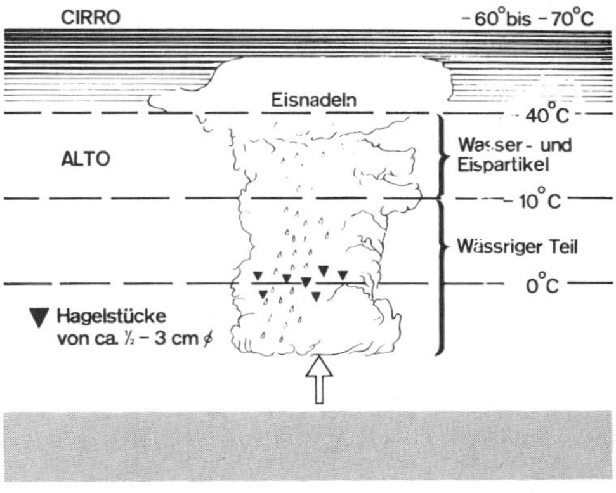

53: Eis bildet sich in der Graupelzone der Wolke. Beim Herunterfallen frieren unterkühlte Tröpfchen weiter an. Wird durch Aufwind die Verweilzeit des Eisstücks genügend lang, dann ist das Eisstück bei 0° C am größten.

nämlich von Gas in Eis, zusätzlich die Sublimation zustande. Somit gibt es im Zwischenraum von −10 Grad bis −40 Grad in einer Wolke gleichzeitig Eispartikel und Tröpfchen (Abb. 53). Die Tröpfchen lagern sich hier den Eisnadeln an. Es kommt zu großen Eiskörpern, die dann Niederschlag bringen können.

Ehe der Niederschlag aus einer Wolke fällt, ist er immer zunächst in Eisform vorhanden. Der Eiskörper taut auf und löst sich in Tröpfchen auf, wenn die Nullgradgrenze hinreichend hoch über dem Erdboden liegt. Ob es aus einer Wolke regnet, schneit oder graupelt, ist nur von der jeweiligen Höhe der Nullgradgrenze abhängig. Da sie im Winter normalerweise niedriger liegt als im Sommer, fällt im Winter Schnee oder Eis, im Sommer Regen. Es gibt hier keinen prinzipiellen, nur einen graduellen Unterschied.

Der Bereich in der Wolke, in dem sich zwischen −10 und −25 Grad Niederschlag bildet, heißt *Graupelzone*. Vergraupelung nennt man das Anfrieren von Tröpfchen an Eisnadeln, die dort durch Sublimation entstanden sind. Im Temperaturraum von −10 bis −40 Grad kommen noch beide Aggregatübergänge des Wassers vor: Kondensation neben Sublimation. Die Sublimation dominiert erst in Höhen, wo die Temperatur unter −40 Grad liegt. Am Gipfelteil genügend hoher Wolken werden nur Eiswolken produziert, die feinfransig und transparent bleiben und zur Niederschlagsbildung nicht mehr beitragen.

Im Raum, wo Tröpfchen und Eisnadeln nebeneinander entstehen, wird hoher Auftrieb der Wolke hohe Luftbewegung nach oben bewirken. Dieser Luftstrom verlängert die Verweilzeit der Eispartikel, die zwischen −10 und −25 Grad entstanden sind. Das Eis kann so lange wachsen, bis es gegen den Aufwärtswind herunterfällt. Es wird zum Graupel oder Hagel.

Im Winter ist kein starker Aufwind, keine Turbulenz in den Wolken: Schon die feinste Schneeflocke sinkt zu Boden. Sie ist darum so schön geformt, weil sie in der Wolke ungestört ihre regelmäßige Kristallform ausbilden konnte.

Künstlicher Regen

Eine der größten Ängste des Menschen ist seit je die Angst vor dem Ausbleiben des befruchtenden Regens gewesen. Regenzauber, Opfer, Gebete um Regen finden sich gleicherweise in primitiven Religionen wie in den Hochreligionen.

Seitdem das Wetter als physikalischer Vorgang begriffen wurde, konnte man auch grundsätzlich daran denken, es durch physikalisch-technische Mittel zu beeinflussen. Das Bedürfnis nach einer solchen Beeinflussung nimmt mit der anwachsenden Erdbevölkerung immer mehr zu. Zur Zeit leben vier Milliarden Menschen auf der Erde, im Jahr 2000 werden es wahrscheinlich sechs Milliarden sein. Nicht nur die Menschen selbst, sondern mehr noch der zu ihrer Ernährung erforderliche Boden und die Industrie werden viel mehr Wasser brauchen.

Zu den uralten Methoden künstlicher Bewässerung, die bereits vorhandenes Süßwasser besser verteilen, ist neuerdings da und dort die Gewinnung von Süßwasser aus Meerwasser getreten. Die bisherigen Verfahren sind allerdings für arme Länder zu kostspielig, wenn große Wassermengen gewonnen werden sollen. Deshalb hat man auch an eine Wasserversorgung gedacht, die von der Natur ganz unmittelbar angeboten wird: an die großen Flüsse am Himmel (die man nur nicht gewohnt ist als solche anzusehen). Das sind die gasförmigen Wassermengen, die ständig in der Atmosphäre umgesetzt werden, Wolken bilden und schließlich als Niederschläge herunterkommen – leider nicht immer dort, wo sie uns Menschen am nützlichsten wären.

In Amerika wird an einem großangelegten Projekt gearbeitet, 35 Staaten der USA, sieben Provinzen Kanadas und drei Provinzen Mexikos durch ein gemeinsames Wassernetz aus Talsperren zu versorgen. Zu diesem nordamerikanischen Wasser- und Kraftwerkplan gehören auch Versuche, auf das Wetter Einfluß zu nehmen mit dem Ziel, Wolken kontrolliert zu Niederschlägen zu veranlassen, um für die Talsperren hinreichende Wasserreserven zu erhalten. «Weather modification» (Wetterabänderung) heißt die Methode der künstlichen Regenanreizung.

Wolkenbildung muß vorhergehen, wenn der Himmel zu Niederschlägen veranlaßt werden soll. Wolken bilden sich aber, wie wir gesehen haben, wenn Luft, die am Boden erhitzt wurde, nach oben steigt. Je mehr die Erhitzung wirkt, desto schneller der Aufstieg. Um die Erhitzung zu verstärken, könnten etwa im Einzugsgebiet der Talsperren an den Gebirgshängen Teerdecken aufgelegt werden (Abb. 54). Sie würden von der Sonne so stark erhitzt, daß die darüber lagernde Luft stärker als gewöhn-

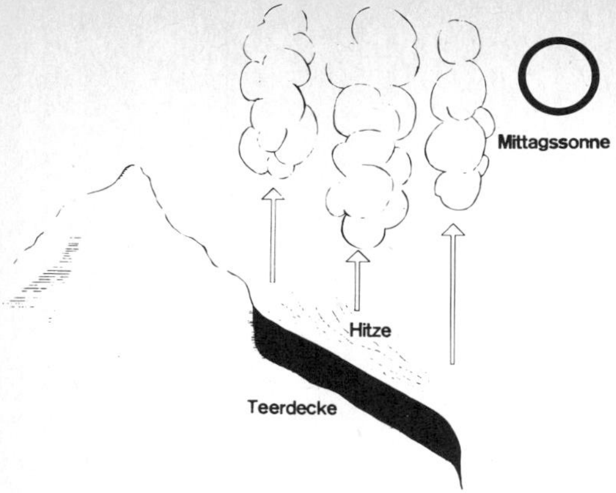

54: Schwärzt oder teert man den Südhang eines Berges, so wird die Luft darüber bei Sonnenstrahlung schnell überhitzt und steigt auf. Segelflieger nützen in ähnlicher Weise Steinbrüche auf Bergsüdhängen.

lich nach oben steigen und damit die Wolkenbildung künstlich gefördert würde. Eine weitere Voraussetzung, von der ebenfalls schon gesprochen wurde: Es müssen zusätzlich Schwebestoffe in die Luft eingebracht werden, damit die Wolkentröpfchen in Eis übergehen, sobald sie innerhalb der Wolke in Regionen unter 0 Grad gelangen. Abb. 55 zeigt die Grenze, an der die Wolke auf natürliche Weise zur Eisbildung übergeht, und den Bereich, in dem man künstlich die Eisbildung erreichen möchte.

In der Atmosphäre verbleiben die Wolkentröpfchen im Temperaturintervall zwischen 0 und −10 Grad, dem Gefrierbereich auf der Erde, noch immer in Wasserform. In der Wolke beginnt erst bei −10 Grad die Eisphase, die ja dafür entscheidend ist, daß die Wolke Niederschlag bildet. Die Wasserphase allein genügt nicht. Eine Wolke muß also immer schon so hoch aufgestiegen sein, daß sie auf −10 Grad abgekühlt ist. Im Sommer wird diese Temperatur natürlich nicht so leicht erreicht wie im Winter, da

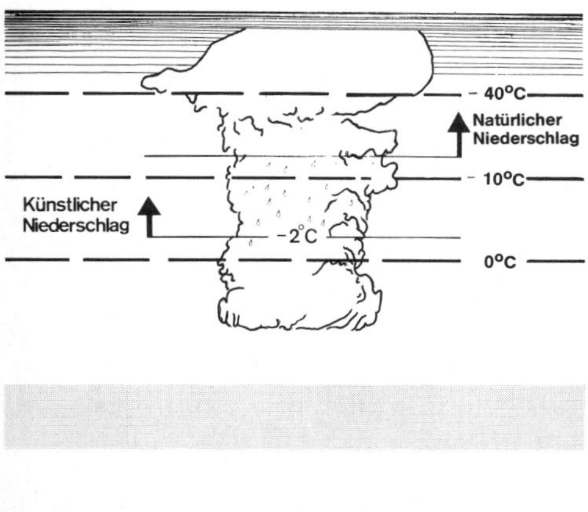

55: Natürliche und künstliche Eisbildung in einer Wolke. Es geht darum, die Vereisung der Wolke in tiefere Schichten hinunterzudrücken.

56: In trockenen Landschaften erreicht der Niederschlag noch hoch gelegene Bergflächen, aber nicht mehr den Erdboden im Flachland.

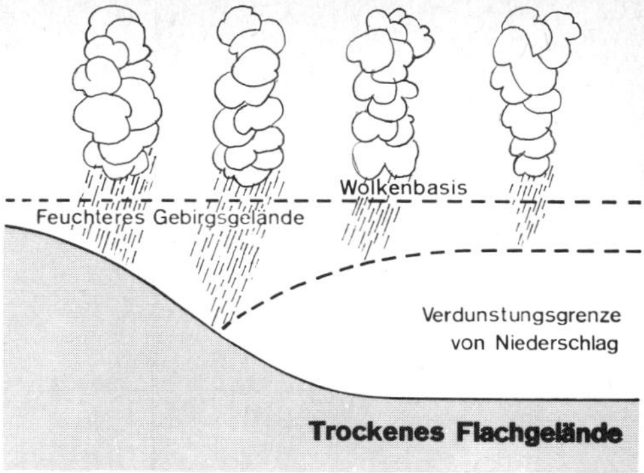

sie im Sommer in der freien Atmosphäre sehr hoch über dem Erdboden liegt. Man legt deshalb besonders darauf Wert, eine Wolke unmittelbar nach Überschreiten der Nullgradgrenze Niederschlag bilden zu lassen. Die Wolkentröpfchen sind zwischen 0 Grad und −10 Grad unterkühlt und damit zu schneller Eisbildung bereit. Über die künstlich unterstützte Umwandlung zu Graupelkörnern bringt man dieses unterkühlte Wolkenstockwerk zum Ausregnen. So gewinnt man einen ganzen Block des Wolkenkörpers, der noch nicht ausgeregnet hat. Fällt der Regen heraus, kommt es darauf an, daß der Niederschlag nicht verdunstet, bevor er den Erdboden erreicht hat. In Abb. 56 bezeichnet die Linie unterhalb der Wolkengrenze die Höhe, unter der der Regen bereits vollständig verdunstet ist. Die Gebirgshänge aber erreicht er noch vor dem Verdunsten.

Schwebestoffe sind eine zusätzliche Voraussetzung zur Wolkenbildung. Sie sind auch in der natürlichen Luft enthalten, ermöglichen der Luft, wenn sie feuchtegesättigt ist, die Tröpfchenbildung. Andere Aerosolarten veranlassen ab −10 Grad über die Sublimation die Eisbildung. Diese Schwebeteilchen sind höchstens 1/100 Mikron (1/100000 mm) groß. Man kann sie erst im Elektronenmikroskop bei 30000facher Vergrößerung sichtbar machen, nachdem sie mit Hilfe einer Luftzentrifuge ausgeschleudert worden sind. Unter den in der freien Natur vorgegebenen Schwebestoffen sind nicht notwendigerweise gerade die am häufigsten, die einer schnellen Umwandlung von Tröpfchen in Eis dienlich wären. Erst durch systematische Laboratoriumsversuche haben sich idealere, in der Natur aber seltenere Partikel, die diese Aufgabe leisten, herausfinden lassen. Hierzu gehört vor allem Silberjodid (chemisches Zeichen AgJ). Aber auch Kohlensäureschnee oder einfach zerstoßenes Eis eignen sich zur Umwandlung unterkühlter Tröpfchen in Eis. Sie werden den Wolken künstlich angeboten, um diese vorzeitig Eis bilden zu lassen.

Silberjodid kann man in kristalliner, also fester Form verstreuen, aber viel wirksamer in Aceton- oder Ammoniaklösungen, die in einem abbrennenden Propangasstrom schnell verdunstet werden, um dann mikroskopisch kleine Kristalle zurückzulassen. Silberjodid verdampft bei 800 bis 1000 Grad und sublimiert schnell wieder bei Außentemperatur. Je kleiner die Silberjodidkristalle gleichmäßig im Wolkenraum verteilt werden, desto mehr unterkühlte Wassertröpfchen werden damit «geimpft» und zu Eis umgewandelt. Eine Gesamtmenge von nur 16 Gramm Silberjodid hat sich bei einzelnen Quellwolken schon als hinreichend erwiesen, damit sie vorzeitig Eis bilden.

Verbrannte man Silberjodid im Lösungsmittel Ammoniak, war die Wirkung auf die Wolke größer als mit Aceton. Die größere Wirksamkeit ist gerade bei Temperaturen zwischen 0 und −10 Grad, wie Abb. 55 zeigt, erwünscht. Nach näherer Untersuchung stellte sich heraus, daß die Ammoniakreste auf der Oberfläche des Silberjodids durch das Abbrennen Verbindungen zu Aminosäuren eingingen, deren Wirksamkeit für die Umwandlung kleiner Tröpfchen zu Eis besonders günstig war. Unter den vielen Sorten (chemisch ausgedrückt: Isomeren) der Aminosäuren, die daraufhin im Laboratorium systematisch auf günstige Wirksamkeit durchmustert wurden, haben einige die Eisbildung bereits ab Temperaturen von −2 bis −4 Grad angeregt. Die Tabelle am Ende des Kapitels zeigt, daß natürliche Aerosole, die aus Mineralien bestehen, erst bei kälteren Temperaturwerten als −10 Grad sublimationswirksam sind.

Schwebestoffe werden vom Flugzeug aus in eine Wolke versprüht und sollten dabei von oben in die Wolke hineinsickern, um die für die Impfung wichtigen Wolkenpartien zu erreichen. Dabei fliegen die Schwebestoffe nicht selten nach oben weg, nämlich dann, wenn der Auftrieb so groß ist, daß praktisch der vertikale Luftstrom nach außen noch aus der Wolke herausweht.

Es wird daher versucht, das Impfmaterial bereits dem in die Höhe steigenden Luftstrom, der die Wolke erzeugt, einzugeben. Die Schwebestoffe werden in diesem Fall in Generatoren, die sich am Boden befinden, der heißen bodennahen Luft zugesetzt, die dann in die Wolke hineingerissen wird. Sie erreichen jedoch nach sehr langem Weg das Temperaturintervall zwischen 0 und −10 Grad in der Wolke.

Als ideale Methode erweist sich, das Impfgut mit Raketen unmittelbar in den Wirkungsbereich der Wolke einzuschießen. Am häufigsten aber wird das Impfgut vom Flugzeug aus beim Durchflug durch die Vereisungspartie abgelassen.

Wolken, von denen man Regen «melken» möchte, müssen zusätzlich beeinflußt werden, wenn die Wolke nicht auf natürliche Weise, d. h. durch eigenen thermischen Auftrieb, den zur Eisbildung notwendigen Temperaturbereich unter 0 Grad erreicht. Um sie im voraus zu beeinflus-

57: Übersteigt eine Quellwolke nicht die 0° C-Grenze, muß man ihren Auftrieb vergrößern. Man schwärzt ihre Gipfelteile von oben mit Ruß, wodurch die Einstrahlung den schwarzen Wolkenteil stärker beheizt. Nun steigt die Wolke bis zur Vereisungszone auf. Dort kann man sie dann mit Silberjodid berieseln, so daß sie jetzt ausregnet.

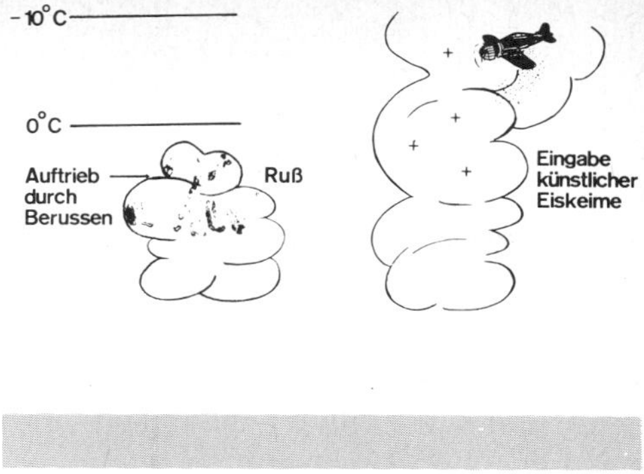

sen, könnte die Wolke von oben mit Ruß berieselt werden, der an der Oberfläche haften bleibt und sie schwärzt (Abb. 57). Da schwarze Flächen bekanntlich stärker durch Sonnenstrahlen erwärmt werden, wird somit am Wolkenkopf erneut Auftrieb erzielt. Die Wolke wird in das vorgesehene Temperaturfeld hinauf- und hineingelockt in die Partien, die sich dann mit Impfstoff bearbeiten lassen. Solche Versuche sind vereinzelt gemacht worden.

Auch versuchte man es mit Kunststoffschwebestoffen, die wie Löwenzahnsamen aussehen. Sie verursachen die Umwandlung zu Eis auf elektrischem Weg. Werden diese Schwebestoffe mit großer elektrostatischer Aufladung beispielsweise vom Flugzeug aus versprüht, so daß gegen ihre Nachbarschaft ein starkes elektrisches Feld entsteht, zeigt sich, daß die Kunststoffkörper als Spitzenentladung einen elektrischen Entladungsfaden ausstoßen, an dem in feuchter und übersättigter Luft Eisbildung als Sublimation einsetzt. Vielleicht verfährt die Natur in einer Wolke mit freien Ionen so, daß sie diese zu Sublimationskernen macht, woran manchmal die langen Polarbanden von Cirruswolken erinnern.

Die meisten der hier erwähnten Methoden, Wolken künstlich zu beeinflussen, befinden sich freilich im Versuchsstadium.

Aus der Statistik ergibt sich, daß die Niederschläge durch künstliche Impfung vorerst um 10 Prozent gesteigert werden können. Noch nicht möglich ist es aber, eine Wolke fortdauernd zu beeinflussen. Wolken sind länger andauernde feuchtlabile Umlagerungsvorgänge, in deren Verlauf innerhalb des eingesogenen Luftstroms ständig Wasser vom gasförmigen Zustand in Tröpfchen umgewandelt wird, vielleicht sogar in Eis, was dann Niederschlag zur Folge hat. Infolgedessen müßte Luft, die immer neu in eine Wolke eingesogen wird, auch immer neu geimpft werden – eine umfängliche und aufwendige Angelegenheit. Das Nachimpfen freilich könnte dann doch die herausgeholte Niederschlagsmenge über 10 Prozent hinaus steigern.

Möglich ist es, jede bestreute Wolke mit Radar abzutasten und sie damit im voraus auf Erfolgsaussichten für künstliche Niederschlagsbildung zu überprüfen. Die Wolke ist dann gezielter zu impfen. Wird das Streugut mit Raketen in die Wolke gebracht, ist die Wirkung unmittelbar auf dem Radarschirm erkennbar. Besteht die Wolke nur aus kleinen Tropfen, sind die Radarechos schwach. Die besten Echos erfolgen bei angetauten Graupel- oder Hagelkörnern. Reiner Eisniederschlag, unangetaut, ergibt ein weniger deutliches Echo. Die Echoqualität zeigt jedenfalls sowohl die Stärke wie die Menge des Niederschlags einer Wolke an. Schauerwolken haben nur kurzfristigen, aber dann intensiven Niederschlag, zeigen also sehr gute Radarechomerkmale (Abb. 6).

Künstliche Wetterbeeinflussung wird auch angestrebt, um Schadenswetter abzuwenden. Im Sommer kommt es gerade im kontinentalen Klima vielerorts zu Hagelschlägen mit oft verheerenden Folgen für die Landwirtschaft. Auch in Bayern bemüht man sich deshalb um Schutz vor Hagelschlag, indem man das Silberjodidverfahren anwendet, das sich schon bei künstlicher Erzeugung des Regens bewährt hat. Man berieselt eine in Bildung begriffene Schauerwolke, solange sie sich noch im Temperaturbereich zwischen 0 und −10 Grad befindet. Aber auch nachdem sie die −10-Grad-Grenze schon der Höhe nach überschritten hat, kann die Wolke noch erfolgreich behandelt werden: Es gibt dann an Stelle weniger großer Hagelkörner viele kleine Eiselemente. Man «überimpft» die Wolke, wie der Fachjargon heißt: Dabei werden so viele kleine Eiskeime, das sind die Schwebestoffe, die die Umwandlung der Tröpfchen in Eis begünstigen, eingeschossen, daß höchstens ein oder zwei Tröpfchen auf einen Eiskeim kommen und dabei die gebildeten Eisteilchen viel zu leicht sind, um gegen den sich daher vermehrenden Auftrieb nach unten zu fallen; von Hagel gar nicht mehr zu reden.

In der Bundesrepublik hat man im Landkreis Rosenheim 1957 mit einer Hagelabwehr durch Abschuß von Hagelraketen begonnen. Sie hat im Landkreis selbst die Hagelschläge um rund 30 Prozent vermindert. Mit einer Verminderung um 82 Prozent hatte der Landkreis Traunstein sogar noch erheblich mehr Nutzen von der Rosenheimer Aktion, die sich bei den vorherrschenden Westwinden besonders in östlicher Richtung auswirkte.

Der Landkreis Rosenheim besaß (1968) 75 Hagelabwehrstationen.

Eine Hagelrakete besteht aus einem Treibsatz und einem Knallsatz (Sprengsatz), der die Rakete so zerlegt, daß die Menge von 16 Gramm Silberjodid gut zerstreut wird und daß keine gefährlichen Teile der Rakete zur Erde zurückfallen.

Schließlich soll wenigstens andeutungsweise erwähnt werden, daß der Mensch schon vor der absichtlichen Wetterbeeinflussung in erheblichem Umfang eine unbeabsichtigte ausübt. Verbrennung und Industrieabgase verändern mindestens in begrenzten Räumen die Zusammensetzung der Luft. Dies wirkt sich vor allem auf Wärmeeinnahme und Wärmeausgabe aus. Es bildet sich ein Großstadtklima oder ein Industrielandschaftsklima, das sich in mancher Hinsicht deutlich von dem Klima der weniger berührten Umgebung abhebt.

Die Thermik über den Industrieräumen ist an Sommertagen an ihren hohen Quellwolken zu erkennen und wird gern von Segelfliegern zum Thermikfliegen genutzt.

Aus der Tabelle läßt sich erkennen, bei welchen Temperaturen mineralische Kristalle, die im Staub als natürlichem Schwebestoff enthalten sind, zu Eiskeimen für die Umwandlung unterkühlten Wassers in Eis werden (nach Mason: Cloud Physics, Pergamon 1965). Außer Magnetit, Eisenoxat und Kaolit, einer Aluminium-Kieselverbindung (Kieselgur), liegt der Durchschnitt doch unterhalb einer Temperaturschwelle von −12 Grad, wie vornehmlich in der Atmosphäre der gemäßigten Breiten beobachtet.

Minerale	Chemische Zusammensetzung	Eiskeimwirkung: Kristalline Form	Schwellentemperatur
Olivine	$(MgFe)_2Si\,O_4$	rhombisch-sechskant	−12° C
Quarz	SiO_2	sechskant	−18°
Gips	$CaSO_42H_2O$	Plättchen	−16°
Graphit	C	Ruß (nicht kristallin)	−16°
Orthoclose	$KAlSi_3O_3$	Sechskant und Plättchen	−17°
Pyrophylit	$Al_2(OH)_2Si_4O_{10}$	Plättchen	−10°
Magnetit	Fe_3O_4	Kubisch	− 8°
Kaolit	$Al_2(OH)_4Si_2O_5$	Dreikant	− 9°
Gibbsit	$Al_2(OH)_6$	amorph (nicht kristall)	−11°
Dolomit	$CaMg(CO_3)_2$	rhombisch	−14°
Attapulgit	$4H_2O(OH)_2Mg_5$ + $Si_8O_{20}4H_2O$	Plättchen	−14°
Vulkanischer- und Meteoritenstaub ab			−18°

Künstliche Eisbilder:
Eis, AgJ (Silberjodid mit und ohne Azeton)
CuS (Kupfersulfit, unlöslich, rhombisch)
HgJ_2 Quecksilberjodid, Ag_2S Silbersulfit, Ag_2O Silberoxyd

Nebel

Nebel ist eine am Boden aufliegende Bewölkung. Wenn Luft sich abkühlt und dabei die Feuchtigkeit (die in Gasform in der Luft enthaltene Wassermenge) als kleine Tröpfchen auskondensiert, entstehen Wolken oder Nebel, je nachdem, ob der Vorgang in der Höhe oder dicht über dem Erdboden abläuft. Von oben sieht Nebel genauso aus wie eine Wolke von oben (Tafelabb. VIII).

Die Meteorologen sprechen von Nebel erst dann, wenn die Anzahl der Tröpfchen so groß ist, daß sie die Sicht über eine Entfernung von 1 Kilometer hinaus unmöglich machen. Dem Auto- und Schiffsverkehr, besonders aber dem Luftverkehr bereiten solche Sichtbedingungen große Schwierigkeiten.

Nebel entsteht unter verschiedenen meteorologischen Voraussetzungen. Folgende sollen besonders hervorgehoben werden:

1. Die Luft kühlt sich in langen Nächten durch Ausstrahlung ab.
2. Die Luft kühlt sich an einem kühlen Untergrund durch Wärmeleitung ab.
3. Der Luft wird durch Verdunstung gasförmiges Wasser zugeführt und nach Feuchtesättigung in Nebeltröpfchen umgewandelt.

Je nach Vorherrschen einer dieser Voraussetzungen gibt es unterschiedliche Nebel, unterschiedlich in Entstehung und Auflösung je nach Landschaft, nach Jahreszeiten, nach Tagesgang.

Strahlungsnebel ist vorzugsweise ein Binnenlandnebel. Abb. 58 zeigt den Zusammenhang zwischen nächtlicher Ausstrahlung und vertikaler Mächtigkeit eines Wasserdampfpolsters, abhängig von der Jahreszeit. Im Sommer ist das Wasserdampfpolster am mächtigsten. Warme Luft, die am Boden durch Einstrahlung der Sonne gebildet wird, steigt nach oben. Mit dem Wasserdampf, der ihr durch Verdunstung aus Meeren, Flüssen, Seen oder Niederungen zugeführt wird, baut sie in den Sommermonaten ein hochreichendes Wasserdampfpolster auf. Später, wenn am Boden nicht mehr hinreichende Wärme erzeugt wird, bricht dieses Polster zusammen.

Die Obergrenze des Wasserdampfpolsters liegt im August in über 7 Kilometer Höhe. Abb. 58 zeigt die Kurve der Oberfläche der wasserdampfreichen unteren Luftschicht an. In den Herbstmonaten schrumpft das Wasserdampfpolster sehr schnell zusammen und rückt immer näher an den Boden heran. Im Oktober etwa liegt es 1 bis 2 Kilometer hoch und sinkt zum November auf nur 500 Meter Mächtigkeit ab. Die Lage der Obergrenze des Wasserdampfpolsters in unserer Abbildung ist eine Mit-

58: Kurve der Obergrenze des Wasserdampfpolsters der Atmosphäre im Jahresverlauf. Die wasserdampfmächtige Luftschicht sackt in der zweiten Jahreshälfte zusammen.

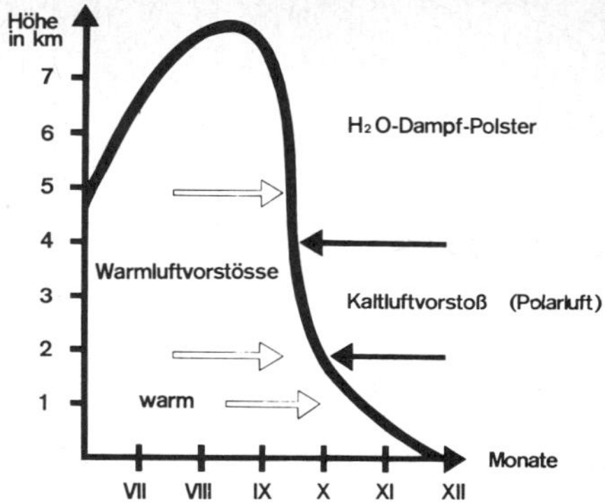

telsituation; gewisse Abweichungen davon können je nach besonderen Wettererscheinungen eines Jahres auftreten. Der sommerliche Effekt erhält sich z. B. länger, wenn uns anhaltende Südwinde im September und Oktober immer noch sommerliche Merkmale zubringen und das Feuchtigkeitspolster hochhalten. Umgekehrt senkt ein zu früher Kaltlufteinbruch aus dem Norden schon im Oktober das Wasserdampfpolster und schafft so mehr winterliche Merkmale.

Für die Ausstrahlung spielt das Wasserdampfpolster eine entscheidende Rolle. Seine Obergrenze ist gleichzeitig Ausstrahlungsfläche. In den kurzen Sommernächten hat eine Abkühlung durch nächtliche Ausstrahlung wenig Wirkung. Aber sobald die Nächte länger werden, wird die abkühlende Wirkung an der Obergrenze des Polsters stärker, besonders im November, unserem Nebelmonat. Im November steckt von den Sommermonaten her noch so viel Wärme und Feuchtigkeit im Erdboden, daß auch nachts die Erde noch Wärme und Feuchtigkeit nachliefert. Der Wasserdampf, der als Strahlungsträger zur Abkühlung benötigt wird, steigt auch im Herbst noch nachts durch die Bodenwärme bis in eine Höhe von wenigstens 100 Meter auf. In dieser Höhe kühlt in den länger werdenden Herbstnächten die wasserdampfreiche Schicht an der Obergrenze durch Ausstrahlung aus. Dadurch tritt dort Kondensation ein, in Form von Hochnebel. Dieser wächst nach unten und erreicht bei genügend langer Nacht den Boden.

In Mittelgebirgen wird die Abstrahlungswirkung dadurch unterstützt, daß die Kuppen der Berge gerade bis an die Strahlungsfläche heranreichen. Die abgekühlte Luft fällt dann während der Nacht in die Täler, und der in ihnen sich stauende Kaltluftsee nebelt aus.

Wie ein Bach durchfließt der Nebel mit der Kaltluft dann das Talgefälle (Tafelabb. XVI). Es hängt von der nächtlichen Kälteproduktion ab, wie

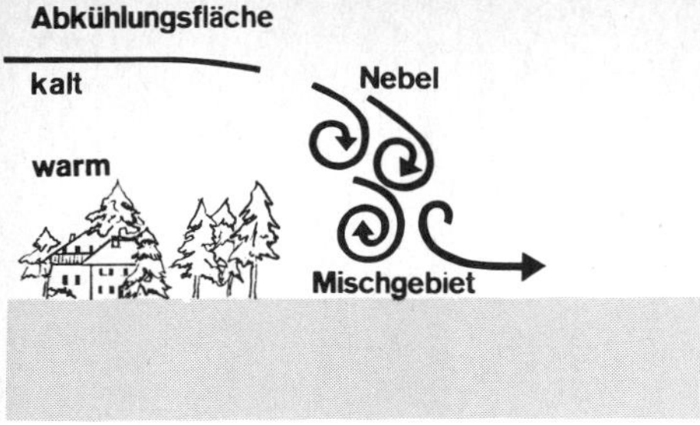

59: Über Siedlung und Wald wird die Luft in den Gipfelteilen der Bäume abgekühlt. Über baumlosem Land kühlt der Erdboden ab. Leichter Wind über den Baumwipfeln läßt die Kaltluft auf den kalten Boden der Umgebung rollen und dabei Nebel formen.

weit die Täler von Nebel erfüllt werden. Windrichtung und Windstärke spielen dabei natürlich auch ihre Rolle.

Anders verhält sich der Nebel in eigentlichen Winternächten. Der Unterschied soll an einem Beispiel erklärt werden, das vielen vertraut sein wird: Ein über Nacht in der Garage abgestelltes Auto bleibt unbetaut, dagegen wird ein im Freien geparktes von Tau befallen. Das ungeschützte Auto ist durch nächtliche Ausstrahlung so abgekühlt worden, daß die Temperatur auf seiner Oberfläche unter die des Taupunkts der Luft (unter ihre Kondensationstemperatur) gefallen ist. Das Auto in der Garage bleibt dagegen über dem Taupunkt, weil es nicht abgekühlt wurde.

So ist im Herbst der Erdboden noch durch eine hinreichend mächtige Wasserdampfdecke geschützt, im Winter dagegen nicht mehr. Er betaut oder bereift in den Winternächten, wodurch Feuchtigkeit aus der bodennahen Luft ausgefiltert wird und sich die Möglichkeiten zu Nebelbildung verringern.

Ein genügend kalter Gegenstand also zieht die Feuchtigkeit der Luft an und entfeuchtet die Luft. Ein genügend warmer Gegenstand aber, der selbst feucht ist, stößt Feuchtigkeit an die Luft ab.

Das zeigt sich bei Landschaften mit unterschiedlicher Bedeckung (Abb. 59). Auf offenem Acker- oder Wiesengelände kühlt sich in Winternächten nach Neujahr der Erdboden aus wie ein im Freien stehendes Auto. Die Feuchtigkeit der Luft fällt auf den kalten Boden aus, der Feuchtigkeitsgehalt der Luft wird verringert. In einer Landschaft mit Baumbestand oder Besiedlung aber bleibt die Feuchtigkeit im Bestand erhalten. Die Kühlung erfolgt hauptsächlich in Höhe der Baumkronen oder Dächer. Die Kaltluft kondensiert hier ihre Luftfeuchtigkeit zu Tröpfchen aus und fällt als Nebelschleier aus der Höhe auf den Boden herab.

Im Grenzbereich füllt der Nebel einen Streifen um das Waldstück oder das Siedlungsgebiet aus. Man kann das in Winternächten mit Reifbildung als Autofahrer auf der Landstraße beobachten. Bei der Fahrt durch eine offene Gegend herrscht klare Sicht. Dann aber treten plötzlich Nebelschleier auf. Sie kündigen Baumbestand oder eine Siedlung an. Im Waldstück oder in der Siedlung selbst liegt kein Nebel, aber wenn wir wieder in offenes Gelände kommen, müssen wir aufs neue durch die Nebelglocke hindurch.

Betrachten wir nun Nebelbildung und -auflösung im Ablauf eines Wintertages. Die Abb. 60 gibt eine Tagesdunstglocke (Tagesnebelglocke) wieder. In der Nacht ist die Luftfeuchtigkeit als Tau oder Reif auf den Erdboden gefallen. Nach Silvester ist dieser bei nächtlicher Abstrahlung der kälteste Teil. In der Lufthülle gibt es jetzt keine Strahlungsfläche mehr, sie liegt auf dem Erdboden.

Bei Sonnenaufgang wird die auf den ausgekühlten Erdboden ausgefallene Feuchtigkeit wieder in die Luft hineinverdunstet. Die winterliche Tageshelligkeit bewirkt das. Zwar reicht diese gedämpfte Sonnenstrahlung nicht aus, fühlbare, am Thermometer ablesbare Wärme zu erzeugen; doch bringt sie zumindest so viel Energie, daß Verdunstung erfolgt. Diese führt zu betonter Sichttrübung, während die Nacht wieder bei Tau- und Reifbildung klar wird. Die Trübung beginnt im Unterschied zu den Herbstnächten erst mit der Morgendämmerung und verstärkt sich in den Vormittagsstunden. Gegen Mittag kann die trübende Schicht etwas über den Boden angehoben werden, wie es auf der Abb. 60 markiert ist.

Wenn die Dunstglocke um Mittag höher aufgestiegen ist, sieht man vom Boden aus eine Art Hochnebeldecke über sich. Am Abend senkt sich die Dunstglocke wieder herunter, die Sicht verschlechtert sich noch für längere Zeit wie am Morgen. Im Mittwinter ist somit die Hauptnebelzeit in den Stunden der Dämmerung, aber etwa vier Stunden nach Sonnenuntergang stellt sich wieder gute Sicht ein.

Für die Luftfahrt ist dieser Nebelablauf sehr wichtig. Nachtanflüge und

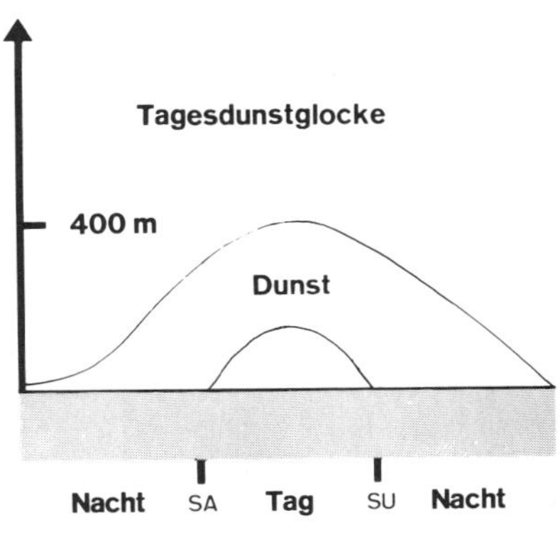

60: Tagesdunstglocke im Winter (SA Sonnenaufgang, SU Sonnenuntergang).

-abflüge können sichtklar sein, auch wenn es tagsüber sehr trüb gewesen sein sollte.

Von einer anderen Nebelart wurde schon in der ersten Folge gesprochen, von Nebel, der durch seitliche Versetzung der Luft zustande kommt. Es wurde da ein Luftkörper über See mit 12 Grad Wärme angenommen. Er konnte aufsteigen und sich durch Hebung und Ausdehnung auf 0 Grad abkühlen, was in einer Höhe von 1,5 Kilometer erreicht war. Er konnte aber auch zur Seite fahren und dann über eine Entfernung von 1000 Kilometer die gleiche Temperatur erreichen, indem er gegen die nach Norden zu kälter werdende Seeoberfläche abkühlte (hierzu Abb. 42). Bei der Hebung kühlt die Luft rascher ab. Sie lagert sich fortwährend vertikal um und tauscht vertikal Wärme aus. Diesen vertikalen Wärmetransport nennt man *Konvektion*. Die Abkühlung, die durch konvektiven Wärmetransport zu Wolkenbildung führt, könnte auch konvektive Nebelbildung genannt werden. Man kann ja die Bezeichnungen «Wolke» und «Nebel» durchaus vertauschen, indem man beide Male Abkühlung als Ursache der Wolken- oder Nebelbildung auffaßt.

Die seitliche Versetzung eines Luftkörpers mit seinem Wärmegehalt bezeichnet man als *Advektion*. Dementsprechend spricht man bei Nebel, der aus der Wärmeabgabe an den Erdboden entstehen kann, von Advektionsnebel. Wo Luft aus feuchtwarmen Gegenden, beispielsweise von einer warmen Meeresoberfläche, auf kalten Untergrund verfrachtet wird, entstehen weite Nebelfelder. Die in der Seefahrt berüchtigten Neufundlandnebel sind die bekanntesten dieser Art. Dort trifft die Luft einer Warmwasseroberfläche (in der Nähe der Bermuda-Inseln) auf kaltes Wasser aus dem Labradorstrom. Ausgedehnte Nebelfelder entstehen auch insbesondere das Mississippital aufwärts, wenn im Winter warme Luft vom Golf von Mexiko in das kältere amerikanische Festland hinein versetzt wird.

Gleiches ereignet sich oft über dem deutschen Küstengebiet. Relativ warme Luft, wie sie im Winter über der Nordsee auftritt, wird mit Nordwestwind über das kalte Festland gebracht. Die Folge ist Nebel im norddeutschen Flachland.

So gibt es neben Strahlungsabkühlung auch Abkühlung gegen einen kühlen Untergrund als Ursache von Nebelbildung. Nebel über See wird allein durch Advektion verursacht. Warmluft kühlt sich über kalter Wasseroberfläche ab.

Welche Jahreszeit aber schafft solche Voraussetzungen für Meeresoberflächen? Zum Beispiel müßte ein angrenzendes warmes Festland Warmluft an ein kaltes Meer liefern. Nicht selten besteht im Mai oder Juni eine solche Bedingung für das Auftreten großer Nebelfelder über der Nordsee. In den Mittagsstunden bewegt sich mit Südwind die warme Mittagsluft aus Oldenburg und Niedersachsen über die Küste seewärts und kühlt sich über der See ab. Der Nebel entsteht dann schon über dem Abschnitt von Cuxhaven bis Helgoland. Am Nachmittag breitet er sich über die ganze Nordsee aus, um dann gegen 16 bis 17 Uhr auch vor den Nordfriesischen Inseln aufzutreten.

Beim Verdunstungsnebel schließlich kann Verdunstung aus zwei verschiedenen Bereichen unterschieden werden.

1. Verdunstung von Wasseroberflächen oder feuchtem Gelände aus in die Luft.

2. Verdunstung von fallendem, hauptsächlich warmem und wäßrigem Niederschlag wie Regen nach längerer Frostperiode. Der Regen ist dabei wärmer als die kalte, frostige Luft, die unmittelbar über dem gefrorenen Boden liegt.

Der Nebel entsteht in beiden Fällen zwar auch durch Feuchtesättigung, die jetzt jedoch nicht durch Abkühlung der Luft erreicht wird, sondern durch Zuschuß aus wärmeren Wasseroberflächen. Der Luft wird fortwährend mehr Wasser in Gasform angeboten, als sie ihrer relativen Kälte wegen tragen kann. Der flache Wiesennebel, den «der Fuchs im Moore braut», gehört hierzu.

In anderen Fällen entsteht die vom eigentlichen Nebel zu unterscheidende Erscheinung des Seerauchs. Man kann sie bei harten Nordwinden zu Winterbeginn auf dem freien Nordatlantik beobachten oder auch im Winter an noch warmen offenen Bächen oder bei ersten strengen Winterfrösten über den Binnenseen der Voralpen.

Dort, wo Nebel sich mit Regen oder Schnee bildet, sind die Niederschläge so anhaltend, daß schließlich auch die unterste Luftschicht feuchtegesättigt ist. Die schlechte Sicht im Schneefall ist also nicht nur auf die Schleierwirkung der dicht fallenden Flocken zurückzuführen, sondern auch darauf, daß zwischen den Flocken immer neue Nebeltröpfchen gebildet werden, sozusagen Nebel, der mit dem fallenden Schnee vermischt ist.

Gewitter

Mächtig sich auftürmende Quellwolken sind ein Zeichen dafür, daß sich ein Gewitter nähert. Mächtig sich auftürmende Quellwolken waren aber auch das Merkmal allgemeiner Schauertätigkeit. Zwischen Schauer und Gewitter ist gar kein so großer Unterschied. Er ist nur graduell, nicht prinzipiell (Tafelabb. XI). Im Gewitter baut sich im Vergleich zum Schauer ein extrem heftiger Aufwind auf. Die Quellbewölkung wächst sehr schnell nach oben, weswegen sie zwei zusätzliche Merkmale hat: 1. das Merkmal der elektrischen Blitzentladung und 2. das Merkmal der starken Niederschlagsbildung, sei der Niederschlag flüssig als großtropfiger Regen oder gar in Hagelform.

Wir merken uns: Starker Auftrieb entwickelt elektrische Ladungen. Die Ladungen tauschen sich durch Blitze aus. Starker Auftrieb zeigt sich durch große Niederschlagspartikel an, mögen diese fest oder flüssig sein.

Im Innern der Quellwolke befindet sich der eigentliche Aufwind, nämlich die heiße Luft, die von unten aufgestrudelt wird. Das Wachstum der Quellwolken ist verschiedentlich gemessen worden: Im Extremfall können Wachstumsgeschwindigkeiten der Gewitterwolke direkt nach oben von etwa 60 Kilometer/Stunde eintreten. Wenn die Wolkenbasis sich also in 1 Kilometer Höhe bildet, so wäre der Wolkenturm damit in fünf Minuten auf 6 Kilometer Höhe gewachsen. Gleichzeitig ist in der Quellwolke die vertikale Windgeschwindigkeit sehr hoch, meist doppelt so hoch wie das Wachstum der Wolke. Das kann man als einen senkrecht nach oben gerichteten Orkan ansehen.

Wie kommt es nun zu der elektrischen Ladung in einer Gewitterwolke, die mit dem Blitz endet? Wir sollten uns an die Vorgänge erinnern, die unter «Wolken und Niederschlag» erklärt wurden.

Die Atmosphäre ist ein elektrisches Feld. Dieses Feld ist mit Ionen, kleinsten Elektrizitätsträgern, z. B. auch Elektronen, bevölkert, die sich frei bewegen können. Die Meeresoberfläche und der Erdboden sind vorzugsweise elektrisch negativ aufgeladen. In höheren atmosphärischen Schichten haben wir zunehmend positive Ionen. So ist in 14 Kilometer Höhe eine überwiegend positive Ionenbevölkerung (Abb. 61). Zwischen Erdboden und 13 Kilometer Höhe besteht ein elektrisches Spannungsgefälle, weil Luft, besonders in unteren Schichten, ein schlechter elektrischer Leiter ist. Das Spannungsgefälle beträgt im unteren Luftraum etwa 140 Volt pro Meter. Wir nennen das die elektrische Feldstärke, deren Ausrichtung vertikal ist. Sie nimmt nach oben ab, weil Luft mit zunehmender Ionendichte immer leitfähiger wird. Wegen des stärkeren Ionen-

61: Verteilung positiver und negativer Ionen in der Atmosphäre bei ruhiger, wolkenfreier Luft.

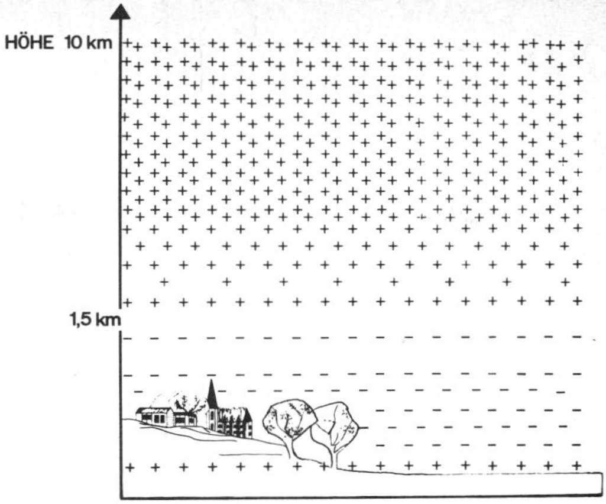

flusses kann oben kein höheres Spannungsfeld als 10 bis 40 V/m aufgebaut werden.

Infolge der Polarität zwischen Boden und höheren Luftschichten befinden sich in ruhender Luft negative Ionen ständig auf der Wanderung nach oben auf das positiv geladene Feld der höheren Luftschichten zu und positive Ionen auf der Wanderung von oben nach unten auf den negativ geladenen Erdboden zu. In ruhender Luft versucht sich die Polarität derart auszugleichen. Sie wird darin durch nicht zu intensive Konvektion, d. h. Auf-und-ab-Bewegung der Luft, unterstützt. Reichert sich aber der untere Luftraum einmal mit Industrieabgasen, Staub oder Rauch an, so kommt es ausnahmsweise zur Ausbildung positiv geladener Ionen über dem Boden selbst (Abb. 62).

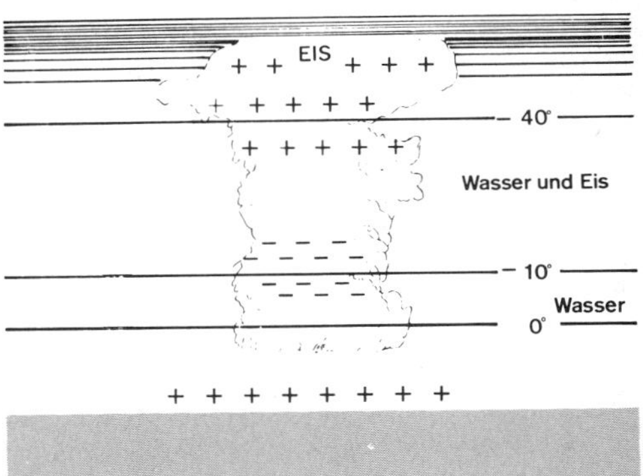

62: Verteilung positiver und negativer Ionen in einer Quellwolke.

Wenn nun in dieser ruhigen Situation, bei der immer ein ständiger Ionenfluß vom Positiven zum Negativen und umgekehrt abläuft, Wolkenelemente gebildet werden, d. h. kleine Wolkentröpfchen oder auch Eispartikel, dann fangen diese die freien Ionen ein. Dort, wo wir Tröpfchen haben, befinden wir uns noch in erdbodennahen Luftschichten, wo eine Übervölkerung negativer Ionen vorherrscht. Wir werden daher eine Neigung zur Überschwemmung mit negativen Ionen auf den Tröpfchen feststellen, wobei Angebote positiver Ionen unterdrückt werden. In der Eisphase, die in den höheren Schichten der Wolke vorherrscht, wo auch die wolkenfreie Atmosphäre mehr positive Ionen bereitstellt, haben wir eine Überschwemmung mit positiven Ladungen auf den kleinen Eiselementen (Abb. 63). Angebote negativer Ladung werden hier unterdrückt. Dort, wo sich die beiden Phasen Eis–Wasser und Positiv–Negativ begegnen – das wäre in der Wolke etwa bei der −12-Grad-Temperaturschwelle –, begünstigt die gegensätzliche Ladung das gegenseitige Berühren und Anfrieren der unterkühlten Wolkentröpfchen an Eisnadeln (Abb. 52). All das ist schon bei der Frage der Niederschlagsbildung erklärt worden. Niederschlagsbildung findet vorzugsweise in dem Wolkenraum statt, wo wir den Übergang von der einen Ladungsart, der negativen, zur positiven haben.

In Quellwolken lassen sich drei Etagen unterscheiden (Abb. 53): der untere Wolkenraum (die Wasserphase), der mittlere Wolkenraum (die Eis-Wasser-Phase), wo sowohl Wasser wie Eis vorkommen. Dieser Zwischenraum wäre die Höhe in der Wolke, in der normalerweise der Niederschlag sich bildet. Der obere Wolkenraum enthält die reine Eisphase. Nun wird aber mit dem Auskämmen der freien Ionen, die sich ja auf Eis-

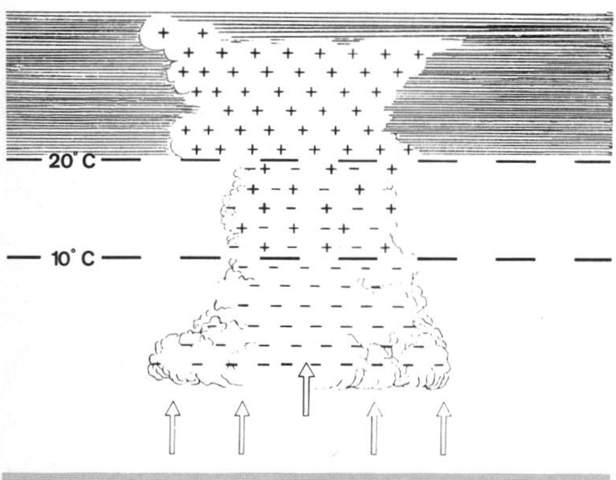

63: In der Graupelzone der Quellwolke begegnen sich positive und negative Ionen um so enger, je stärker der Warmluftauftrieb von unten ist.

oder Wasserpartikelchen der Wolke aufsetzen, die elektrische Leitfähigkeit der Luft in der Wolke verringert, da die Zahl der freien Ionen die elektrische Leitfähigkeit der Atmosphäre bestimmt. Elektrisch gegensätzliche Ladungen können sich hier also ohne einen Ausgleich in krassem Gegensatz auf engerem Raum mit Hilfe der Wolkenelemente aufbauen. Solange noch keine Tröpfchen oder Eisnadeln in die Luft eingebracht sind, wird der Ausgleich zwischen elektrisch positiv und negativ geladenen Räumen durch das freie Bewegen der Ionen besorgt. Wenn nun aber diese Ionen fest mit den Wolkenelementen verklammert werden, dann stehen sie zum Ladungstransport nicht mehr zur Verfügung. Daher ist in dem Zwischenraum der ionenverarmten Luft die Möglichkeit hoher elektrischer Feldstärke gegeben. War die normale Feldstärke der ruhigen Luft in Bodennähe 140 Volt pro Meter, so ist in Wolken großer Tröpfchen- oder Eisnadelbevölkerung die Zahl der freien Ionen so klein geworden, daß die elektrische Feldstärke auf das Hundertfache, wenn nicht Tausendfache wachsen kann, also 10000 oder gar 100000 Volt pro Meter. Wenn wir dann eine Entfernung zweier gegensätzlicher Ladungen etwa im Abstand von 5 bis 6 Kilometer zwischen Wolken oder zwischen Wolke und Erde haben, kommen wir schon in Größenordnungen von 100 Millionen oder gar 1 Milliarde Volt. Hier ist die Feldstärkenausrichtung nicht bloß mehr vertikal, sondern ebensogut auch horizontal.

Die Frage ist jetzt, wovon hängt, anders als beim gewöhnlichen Schauer, dieses starke Anwachsen der Feldstärke ab? Es hängt ab vom extremen Auftrieb in der Wolke. Abb. 63 zeigt den Übergangsraum zwischen Plus für den Eisraum und Minus für den reinen Wasserraum der Wolke. Was leistet daran der starke Auftrieb? Er leistet einen ständigen Nachschub von Wasser in Gasform. Das verfügbare Wasser in Gasform wird in der Wolke schnell in Tröpfchen umgewandelt, je mehr gasförmiges Wasser, desto mehr Tröpfchen. Das heißt also, die Tröpfchendichte oder auch oben die Eisdichte in der Wolke hängen sehr stark davon ab, mit welcher Geschwindigkeit die Luft nach oben schießt. Fährt sie mit hinreichend hoher Geschwindigkeit aufwärts, ist die Bevölkerungsdichte an Tröpfchen oder an Eis sehr viel größer, sehr viel größer damit aber auch die Ladungsbindung, d. h. das Einfangen aller Ionen der ehemals wolkenfreien Luft. Die freie Luft zwischen den Wolkentröpfchen innerhalb der Wolke wird immer weniger elektrisch leitfähig.

In der Abb. 64 werden die beiden Ladungsarten immer näher geschoben, je stärker der Auftrieb in der Wolke anwächst. Lassen wir die Eisphase in den höheren Schichten oberhalb −10 Grad bestehen und an Stelle herunterfallender Eiskörner sich immer neu bilden und damit wieder elektrisch positiv aufladen, dann folgt ihr gleichzeitig mit dem Auftrieb die negative Ladung, d. h. der Tröpfchennachschub von unten, sehr schnell nach. Als Darstellung des elektrischen Feldes wurden in diesem

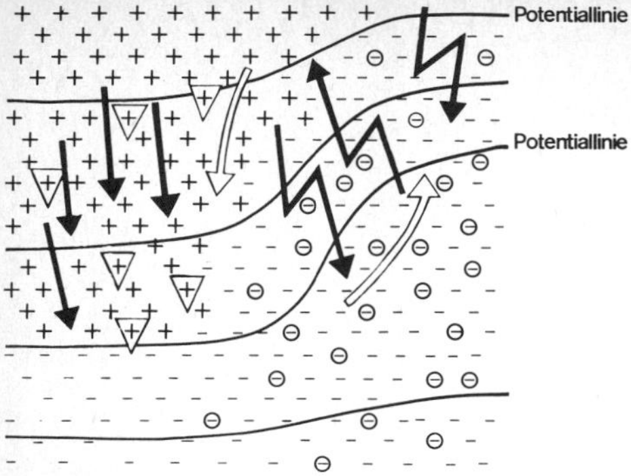

64: In einem Gewitter wächst die elektrische Spannung in der Graupelzone am höchsten an. Hier kommen positiv geladene Eispartikel in die Nähe negativ geladener Wasserpartikel.

räumlichen Querschnitt Linien gleicher elektrischer Spannung, *Potentiallinien*, gewählt, die man in der Physik zur Beschreibung von Kraftfeldern braucht. Dort, wo sich die Linien eng begegnen, ist das entsprechende Ladungsgefälle größer als an der Stelle, wo sie weit auseinanderliegen. Die Feldstärke ist groß im großen Gradienten (Spannungsabfall) und klein, wo die Potentiallinien weit auseinandergerückt sind. Die Abstände der Potentiallinien sind ein Maß der elektrischen Kräfte, die wirken. Wo wir hohen Auftrieb haben, wird von unten immer ein genügender Vorrat von negativer Ladung nach oben geschoben und erhöht das Spannungsfeld dort, wo unsere Potentiallinien eng aneinanderkommen. Dort wird schließlich die elektrische Feldstärke so groß, daß trotz schlechter Leitfähigkeit der Luft der elektrische Ausgleich spontan durch eine Funkenentladung, d. h. durch einen Blitz erfolgt.

Es kommen zuerst Wolkenblitze zustande, bevor Erdblitze beobachtet werden. Der Wolkenblitz gleicht innerhalb der Wolke die positiven und die negativen Felder miteinander aus. Jedoch schafft ein einzelner Blitz oder auch eine Folge solcher Wolkenblitze den vollen Ausgleich nicht, denn an der Wolkenuntergrenze wird durch den Auftrieb immer wieder neu negativ geladene Raumladung angebaut. Es wird immer wieder Reserve von unten herbeigeschafft, die nicht voll durch den Wolkenblitz ausgeglichen werden kann. Was passiert dann weiter? Die Wolke zieht über eine Landschaft dahin, oben ihr positiver Teil, unten der negative (Abb. 62). Der niederschlagsbildende Teil ist dort, wo (+) (−) (+) (−) steht (Abb. 63). Im gleichen Maß, wie nun der untere, negative Teil der Wolke über die Landschaft hinwegzieht, bildet sich am Erdboden selbst eine positive Aufladung (Abb. 62). Die vertikale Luftumlagerung, die in einer Gewitterwolke sehr stürmisch abläuft, wird gern mit der Rotation des Magnetankers in einem elektrischen Generator verglichen. Deswegen wird das Gewitter auch als Elektrizität erzeugende, genauer: ladungstrennende Maschine bezeichnet.

Der zweite Teil eines Gewittermerkmals ist kürzer: der großtropfige Niederschlag oder Hagel. Unsere Wolke wird durch den Auftrieb gebildet. Der Auftrieb bestimmt die Verweilzeit von größeren Hagelschlossen in der Wolke, nach dem sie sich dort gebildet und dabei eine Menge Wärme an die Wolkenluft abgegeben haben. Die Auftriebsstärke bestimmt daher auch die Hagelgröße. Je höher der Auftrieb, um so mehr Tröpfchen werden von unten nachgeschoben, die sich an das oben gebildete Eis anlagern. Zum zweiten aber wird natürlich die Verweilzeit eines Eiskorns um so größer, je stärker der Auftrieb ist. Das ist ähnlich wie bei einem Ball, der auf einer Wasserfontäne tanzen kann. So wächst auch ein schweres Hagelkorn heran, solange der Auftrieb das Hagelstück in solcher Wolkenhöhe hält, wo die Temperatur kälter als Null ist und mit dem Auftrieb in der Wolke hinreichend unterkühlte Tröpfchen zur Anlagerung an das Hagelstück nachgeschoben werden. Man könnte also die Hagelkorngröße unmittelbar zum Maß des Auftriebs machen. Das macht man neuerdings auch in der zivilen Luftfahrt, wo die Flugzeuge ein Radargerät zur Niederschlagsanmessung mitführen. Niederschlagsgröße und Vertikalwind in der Wolke stehen in einem meßbaren funktionalen Zusammenhang.

Das Radar ist in der Bugnase des Flugzeuges angebracht. Es tastet dem Flug vorausliegende Wolken darauf ab, ob sich etwa Hagel in ihnen gebildet haben könnte. Damit ergibt sich ein Maß für die Stärke des Auftriebs und hieraus wieder ein Maß für die Turbulenz, der das Flugzeug ausgesetzt wird. Die Messung kann übrigens auch gleichzeitig eine Entfernungsmessung sein. Konzentrische Kreise auf dem Schirm ergeben unmittelbar die Entfernungszuordnung des angestrahlten Gegenstandes. Die Helligkeit des Echoflecks auf dem Radarschirm hängt sowohl von der Entfernung wie von der Größe und Dichte der Niederschlagspartikel ab. Die reflektierenden Partikel können sowohl Tropfen als auch Eis sein. Bei wenigen Partikeln ein ganz schwacher Fleck, bei vielen ein starker. Mehrere große ergeben einen starken Fleck, nur vereinzelte große einen schwächeren. Angetautes Eis ergibt meist ein günstigeres Radarecho als völlig trockenes Eis. Zu kleine Wolkenelemente, die noch nicht Niederschlag sind, liefern so gut wie keine Flecke. Der Radarimpuls geht durch sie durch, es gibt kein Echo. Dann haben wir auch keine bemerkenswerten Auftriebsgrößen, und das Flugzeug hat keine bemerkenswerte Turbulenz zu erwarten.

Wann treten nun eigentlich Gewitter auf, und wo treten sie auf?

Hierzu sollte der Unterschied zwischen Niederschlag aus Quellwolken und Niederschlag aus Gleitwolken (Schichtwolken) herausgestellt werden.

Im einen Falle wird die Wolke nach thermischer Überhitzung bodennaher Luft durch die Sonneneinstrahlung erzeugt, nämlich die Quellwolke, welche schon äußerlich wie ein Heißluftballon aussieht. Im anderen Falle wird die Wolke durch erzwungene Gleithebung wie an einem Kaltluftgebirge geformt.

Niederschlag, der aus den Wolken fällt, kühlt in jedem Falle die Luft, in welche der Niederschlag hineinfällt. Da die Quellwolke und ihre Schauerform, d. h. auch die Gewitterwolke, aus Warmluft entstand, welche senkrecht von unten aufgestiegen ist, kühlt der fallende Niederschlag eben jene Warmluft unter der Wolke, von der die thermisch aufsteigende Wolke lebt. Nun geht sie quasi an ihrem eigenen Niederschlag zugrunde.

Die Gleitwolke andererseits holte sich ihren Warmluftnachschub von der Seite, aus dem warmen Tal, aus dem sie sich hangaufwärts bildete. Ihr Regen fällt damit nicht in ihren Nachschubweg hinein. Sie kann sich mit dem Ausregnen auch nicht selbst zerstören. Damit kann Regen aus Gleitwolken tagelang anhalten, eben der Landregen.

Wegen der automatischen Selbstalterung oder Selbstzerstörung durch den Regen ist der Regen aus der Quellwolke nur kurzfristig: der Schauerregen. Diese Automatik der Lebensdauer in Abhängigkeit zur eigenen Entwicklungsphase erlaubt, den Lebenszyklus der Schauerwolke mit biologischen Abläufen zu vergleichen.

Man unterscheidet bei dieser Wolke drei Entwicklungsphasen:

- das Jugend-,
- das Reife-,
- das Zerfalls-Stadium.

Die auch bei Schönwetter auftretenden Haufenwolken, wie sie Segelflieger zum Thermik-Segelflug ausnutzen, sind Quellwolken im Jugendstadium. Bei schönen Hochdruckwetterlagen kommen sie auch darüber nicht hinaus.

Bei Kaltlufteinbrüchen, schon Mitte April über Mitteleuropa, entwikkeln sich aus den kleinen Wattebauschwolken kräftige blumenkohlartige Quellungen. Die Wolke kommt in ihr Reifestadium. Sie erreicht das Temperaturintervall der Vergraupelung im Bereich zwischen −12°C und −25°C, das im Abschnitt «Wolken und Niederschlag» beschrieben wurde. Niederschlag fällt aus der Graupelzone dann aus, wenn die Aufwindkamine in der Quellwolke nicht mehr in der Lage sind, die wachsenden Eisstücke Graupel oder – etwas größer – Hagel in der Schwebe zu halten. Durchfallen die Graupelstücke noch das unter ihnen liegende unterkühlte Stockwerk der Wolke im Bereich zwischen 0°C und −12°C, so wachsen die unterkühlten kleinen Wolkentröpfchen dieses Stockwerks schnell an die fallenden Eisstücke an, so daß diese bis zum Erreichen der

Nullgradgrenze noch erheblich größer werden. An der Nullgradgrenze haben Graupel oder Hagel ihre maximale Größe erreicht. Weiter abwärts fangen sie an zu schmelzen. Ist die Nullgradgrenze nicht weit vom Erdboden entfernt, so fällt der Schauerniederschlag auch als Graupel oder Hagel oder auch mal als Schnee am Boden aus. Im Hochsommer bei hoher Lage der Nullgradgrenze oberhalb des Erdbodens haben die fallenden Eisstücke Zeit, bis zum Boden aufzutauen. Der Schauerniederschlag fällt dann als großtropfiger Regen. Damit wird die kühlende Wirkung des fallenden Niederschlags auf die warme Luft in und unterhalb der Wolke besonders intensiv. Ursprünglich hatte die warme Luft der Wolke den nötigen Auftrieb gegeben. Der kalte fallende Niederschlag stoppt nun den Auftrieb, denn die Luft im Niederschlag bleibt nicht mehr warm. Die Abkühlung der unteren Luft macht sie für Auftrieb zu schwer. Auch ein Heißluftballon beginnt zu fallen, wenn sich die Luft im Ballon abkühlt.

Wenn der Aufwind in der Wolke nachläßt, verringert sich auch die Verweilzeit des vergraupelnden Niederschlags in der Wolke. Kleinere Größenklassen des Graupels können vom schwächeren Aufwind nicht mehr getragen werden und fallen hinter den anfänglich großen Stücken her. Die Zunahme des Niederschlags kühlt die bodennahe Luft jetzt gänzlich aus. Die Wolke bricht zusammen. «Wolkenbruch» ist ein wirklich passendes Wort für diesen Entwicklungsvorgang der Schauerwolke.

Aus dem ursprünglichen Aufwind wird nun ein Abwind. Das Zerfalls- oder Alterungsstadium der Wolke ist eingetreten. Damit sind Schauer oder Gewitter aber beileibe nicht zu Ende. Die Analogie mit der biologischen Entwicklung geht noch weiter. Denn nun entwickeln sich die Kinder der Mutterwolke in ihrer Nachbarschaft. Mit dem fallenden Niederschlag bläst Kaltluft aus der Mutterwolke. Die kalte Luft strömt in das Nachbargelände und wirbelt hier ihrerseits die Warmluft vom Boden auf. Mit der Aufwirbelung der Warmluft beginnt der ganze Wolken- und Niederschlagsentwicklungsprozeß in der Nachbarschaft, wie er eben für die Mutterwolke beschrieben wurde. Unsere im nächsten Kapitel angegebene Blitzfrequenz gilt für den ganzen Gewitterherd, der sich bei sommerlicher Überhitzung so über die Landschaft ausbreitet.

Die Gewitter leben so lange, bis sie den ganzen «Wärmekuchen» über der Landschaft «aufgegessen» haben. Wenn die Sonne gegen Abend keine weiteren Wärmeschichten zubereitet, stirbt der Gewittervorgang von selbst ab. Im Spätsommer halten aber Flußniederungen und Seen noch bis in die späte Nacht hinein die Tageswärme fest. Wasser hat nämlich eine fünfmal größere Wärmekapazität als festes Land. So stehen dann auch während der Nacht die Gewitter noch lange über nassen Flächen.

Die Watten der Nordsee sind hierfür besonders prädestiniert. Hier beginnen die Gewitter sogar erst am Abend. Sie kündigen sich zuerst mit

Wetterleuchten – hohe Wolkenblitze in der Ferne über See – an und verstärken sich nach Mitternacht. Für die strohgedeckten Bauernhäuser in der Marsch sind solche Nachtgewitter eine Gefahr. Deswegen sind auch die Gewitter den Bewohnern dieser Landhäuser unheimlich. Die Eschenhaine, welche um die Häuser herum stehen, sind als natürliche Blitzableiter gedacht.

Mit dem Sonnenaufgang klingen solche Nachtgewitter ab. Man nennt sie auch Hochgewitter, weil die elektrischen Raumladungen des Gewitters sehr hoch liegen, immer in der Umgebung der Graupelzone. In den Alpen kommen solche Gewitter gern im Mai von Süden, vom Mittelmeer herauf. Dann sind sie auch Hochgewitter, die nachts ihren Höhepunkt haben.

Die Morgensonne erwärmt die Gewittergipfel und stabilisiert damit die Gewitterluft, dadurch wird der Auftrieb in den Wolken gebremst.

Der beschriebene Befund der Nachtgewitter zeigt: Meeresräume haben einen gegenläufigen tageszeitlichen und jahreszeitlichen Gang der Gewittertätigkeit gegenüber dem Festland.

Gewitter treten über See erst im Spätsommer und Herbst auf, vorzugsweise nachts. Bei schweren Herbststürmen werden die Seegewitter vom Sturm weit ins Binnenland getragen. Das sind dann die ungewöhnlichen Wintergewitter. In Schottland sind Dezember und Januar die beiden Monate mit der häufigsten Gewittertätigkeit. Sommergewitter kennt das maritim bestimmte schottische Klima nicht.

Blitz

In früheren Jahrhunderten, als man noch nichts von Elektrizität wußte, waren Blitze geheimnisvolle Erscheinungen. Sie galten als günstige, aber auch als drohende oder strafende Zeichen von Göttern, wurden als Donnerkeile, Donnerbesen, Speere oder Hämmer angesehen.

Als die Natur der Elektrizität allmählich bekannt wurde, hat zum erstenmal Benjamin Franklin in den USA im Jahr 1730 versucht, Elektrizität in der Atmosphäre nachzuweisen. Er ließ an einem elektrisch leitfähigen Draht einen Drachen steigen. Damit gelang es ihm, aus der Atmosphäre elektrische Ladungen herauszuziehen. Glücklicherweise unternahm er das nicht während eines Gewitters, sonst wäre seine Laufbahn vorzeitig beendet worden.

Was hat es nun mit Blitzentladungen auf sich? In der Technik spricht man z. B. von *Spitzenentladungen*, Spitzenentladungen an der Spitze eines elektrischen Leiters in einer sehr hoch geladenen Atmosphäre. Zwischen negativen Ladungen in der Atmosphäre und einer positiv geladenen Spitze bilden sich Entladungen in leuchtenden Büscheln (Abb. 65). Spitzen geben positive Ladungen in Büscheln frei, negative Ladungen werden kanalisiert entladen, wie in den Blitzen. So eine Erscheinung der positiven Entladung heißt St.-Elms-Feuer. Derartige Spitzenentladungen

65: Positive Ladung entlädt sich vorzugsweise büschelartig in den freien Raum. Das ist beim St.-Elms-Feuer der Fall, aber auch bei den Milliarden Eisnadeln an der Obergrenze einer Gewitterwolke.

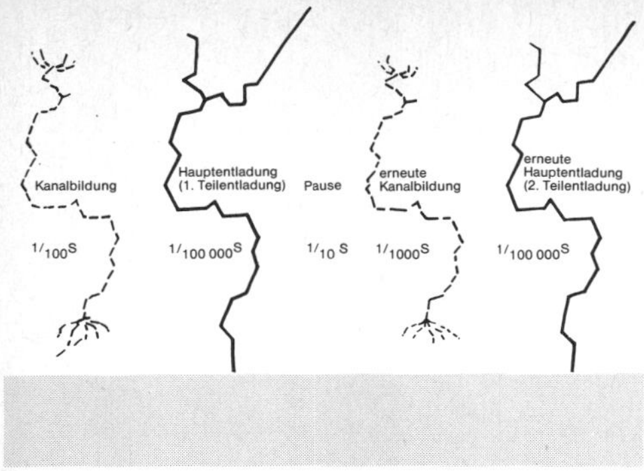

66: Schema eines Blitzablaufs.

treten auch an Baumzweigen und Blättern auf, wenn hohe elektrische Spannungen vorliegen. Sie werden gern bei kurzem Schütteln der Zweige ausgelöst. Ähnlich geschieht es in der freien Atmosphäre mit Eisnadeln. Eisnadeln hat die Gewitterwolke an ihrer Obergrenze, weil sie eben dort in die Eisphase eingetreten ist. Diese Eisnadeln, in unendlicher Zahl vorhanden, geben jede für sich eine leuchtende Spitzenentladung, so daß das ganze Feld an der Obergrenze einer Wolke flächig aufleuchtet. Von einem Flugzeug in 12 bis 14 Kilometer Höhe sehen die Wolkenkuppen eines Gewitterherdes aus wie eine riesige Glasglocke, die von innen her erleuchtet wird.

Neben den Flächenblitzen sind die schön kanalisierten Linienblitze bekannt. Sie treten auch als Wolkenblitze, aber häufiger beobachtet als Erdblitze auf. Bei Linienblitzaufnahmen fällt die Verästelung des Blitzes auf, wenn er zur Erde herunterfährt (Tafelabb. XII).

Eine Blitzentladung läuft in mehreren zeitlichen Phasen ab. Wir unterscheiden drei Phasen (Abb. 66): die *Gleitentladung*, die *Fangentladung* und den *Hauptschlag*. Die Gleitentladung leitet, mit 1/100 Sekunde Dauer, die eigentliche Kanalbildung des Blitzes ein. Der Gleitentladung entgegen, eine leitende Verbindung zum Erdboden herstellend, tritt aus spitzen Punkten auf der Erde eine Spitzenentladung wie im St.-Elms-Feuer auf: die Fangentladung. Erst wenn der elektrische Kreis geschlossen ist, setzt die Hauptentladung von 1/100000 Sekunde Dauer ein. Insgesamt rechnet man für einen Blitzschlag in drei Phasen 1/10 Sekunde. Dann gibt es 1/10 Sekunde Pause, und derselbe Kanal wird noch ein zweites Mal benutzt. Es schlägt noch ein zweiter, manchmal auch ein dritter Blitz nach. Trotzdem reichen diese Blitzschläge nicht aus, die Wolke zu entladen. Meist baut sich in einer Zeitspanne von nur 4 Sekunden in weiteren Wellen eines großen Gewitterherdes eine neue Spannung auf. Es sucht sich ein neuer Blitz seinen Weg zur Erde. Wenn wir eine Gewitterdauer von ungefähr zwei Stunden annehmen, können wir während dieser Zeit 2000 Blitze aus dem breiten Gewitterherd zur Erde zählen.

Eine Blitzkanalbildung ist ein komplizierter Vorgang. In einer kurzen, etwa 50 Meter langen Röhre fangen elektrische Ladungen an zu wandern. Es sind dies Elektronen oder ionisierte Stickstoffmoleküle, die bei einer genügend hohen Spannung, extrem 10000 Volt pro Zentimeter, die Wolke verlassen. Die Marschgeschwindigkeit der Ionen in der Gleitentladung beträgt mindestens 200 Kilometer in der Sekunde. Das ist nämlich eine Marschgeschwindigkeit, bei der das Aufleuchten der atmosphärischen Gase gerade beginnt.

Um das im Gewitter aufgebaute Ladungsfeld abzubauen, stellt der Blitzkanal den Ladungstransport dar. Einen solchen elektrischen Stromfluß begleitet, wie uns die Elektrodynamik lehrt, ein Magnetfeld, dessen Kraftfeld quer zu dem elektrischen Kraftfeld steht. Der Stromfluß des Blitzes neutralisiert zunächst über eine Strecke von etwa 50 m das vorher extrem hohe elektrische Feld in der Umgebung der Raumladung der Gewitterwolke. In dem Augenblick, wo das elektrische Feld auf dieser Strecke neutralisiert wird, also Null geworden ist, hat der Blitz das Maximum seines Stromflusses und das Maximum seines Magnetflusses erreicht. Wie bei einer Wasserwelle, die durch das Normalniveau der Wasseroberfläche schwingt, tritt jetzt ein Wellental an die Stelle des bisherigen Wellenberges. Der Stromfluß entzieht der 50 m entfernten Stelle, zu der er zuerst durchschlug, nun wieder seine mitgeführte Ladung beim Weiterfluß. Der Blitz baut sich dabei ab, während die Ladungstrennung in dem zweiten 50 m-Abschnitt zunimmt. Der Stromfluß erlischt für einen kurzen Zeitmoment. Elektrisches und Magnetfeld erreichen wieder ihr Maximum, der Stromfluß sein Minimum, bis durch die hohe Feldstärke erneut ein Stromfluß, jetzt sozusagen das Zack des Blitzes ausgelöst wird, wenn wir seinen ersten Schritt als das Zick bezeichnen wollen. Dieses Zick-Zack entpuppt sich so als ein Wellenvorgang mit der Wellenlänge der Blitzeinzelstücke in der Größenordnung von 50 m. Wie bei allen derartigen elektrodynamischen Vorgängen wird auch hier ein Funksignal von dem Blitz abgegeben mit der Wellenlänge der einzelnen Streckenabschnitte.

Am Radiokompaß eines Flugzeugs kann man beispielsweise die Richtung orten, aus der die Gewitterblitze senden, und somit das Gewitter umfliegen, wenn das Flugzeug kein spezielles Radar zur Gewitterortung besitzt.

Mit wissenschaftlichen Empfangsgeräten kann man die Sendefrequenz weit entfernter Blitze, die Spherics, über Tausende von Kilometern orten.

Wenn der leitende Schluß zur Erde mit der Fangladung hergestellt ist, setzt der Hauptschlag ein, der vom Boden zur Wolke nacheinander leuchtend aufzuckt. Er transportiert die Hauptmasse der elektrischen Ladung.

Die Teilchen haben hier sehr hohe Geschwindigkeiten, bis zu ⅓ Lichtgeschwindigkeit (Licht rund 300000 Kilometer in der Sekunde). Der Blitzkanal ist jetzt ganz mit Plasma erfüllt. Plasma ist ionisiertes Gas. Positive und negative Ionen, die schnellen Elektronen, existieren nebeneinander. Dabei entsteht eine Wärme bis zu 24000 Grad, also eine Hitze, etwa viermal so groß wie die der Sonnenoberfläche. Die Moleküle der Luft im Blitzkanal sind jetzt die positiven Ionen, nämlich zweifach ionisierter Stickstoff, auch Sauerstoff ist ionisiert, und leuchtende Wasserstoffionen treten auf. Stickoxid wird im Feld um den Blitzkanal ebenso wie Ozon gebildet. Der eigentliche Blitzkanal hat nur einen Durchmesser von 2 bis 4 Zentimeter oder weniger. Die aufzubauenden elektrischen Röhren oder Kanalstücke können ganz selten auch einmal recht weit in Längsrichtung auseinanderliegen, so daß kein zusammenhängender Linienblitz zustande kommt; eine solche zerrissene Blitzbahn nennt man eine Perlschnurbahn.

Manchmal wird eine andere Blitzbahn auch von einer zweiten gekreuzt. An der Kreuzstelle treffen dann zwei magnetische Ringe im rechten Winkel aufeinander und halten für einige Zeit die elektrischen Teilchen im Magnetfeld fest. Eine solche Bedingung oder eine ähnliche Mitwirkung eines induzierenden Magnetfeldes wird beim Auftreten von Kugelblitzen angenommen. Ob allerdings die Erscheinungen, die den Namen Kugelblitz tragen, wirklich alle gleichartige elektrodynamische Vorgänge darstellen, muß noch dahingestellt bleiben. Denn diese Naturerscheinung entzieht sich allein schon durch ihre Seltenheit physikalisch messender Analyse. Kein Physiker hat gezielt seine Untersuchungsgeräte dort aufgebaut, wo ein Kugelblitz einmal auftritt, obwohl, insbesondere in Rußland, Versuche angestellt wurden, Kugelblitze künstlich im Laboratorium zu erzeugen und sie gezielt durch den Raum wandern zu lassen. Nach den bisherigen Erfahrungen kann ein Kugelblitz explodieren oder implodieren (nach innen zusammensacken). Er verhält sich wie ein hochgeladener Kondensator. Wird er durch leitende Verbindung zur Erde entladen, bevor er zu heiß wird, dann implodiert er mit zischendem Geräusch, wird er aber nicht entladen, so erhitzt er sich weiter, bis er als heißer Gasballon laut knallend explodiert. So die physikalisch spekulativen Deutungen der meisten Laienbeobachtungen.

Kehren wir aber zu unserem Normalblitz zurück, zur Bahn des Linienblitzes. Die Blitzbahn leuchtet auf. Wie kommt es dazu? Es wurde bereits angedeutet, daß die Elektronen, die negativen E-Träger (negative Ionen), eine bestimmte Geschwindigkeit brauchen, um auf ihrem Weg durch die Atmosphäre gleichzeitig eine Anregung der atmosphärischen Partikel herbeizuführen, die sie anstoßen. Wenn der eigentliche Hauptschlag kommt, ist die Geschwindigkeit der Elektronen, wie gesagt, etwa ⅓ Lichtgeschwindigkeit. Bei dieser Geschwindigkeit bringen sie die angestoßenen atmosphärischen Gase zum Leuchten. Ein solches Leuchten zeigt auch eine nicht mehr ganz intakte Leuchtstoffröhre mit nur impulsartigen Lichtstößen. Jeder Stromstoß, der als Elektronenschwarm durch sie hindurchläuft, regt das in der Röhre vorhandene Gas (Neon) an, und dieses Gas regt wieder einen Leuchtstoff an, der als Film im Innern der Glasröhre angebracht ist. Ähnlich, nur mit höherer Anregung, kommt auch das Leuchten des Blitzkanals zustande.

Der Blitz entwickelt beim Hauptschlag eine recht hohe Menge von Energie, etwa 250 Kilowattstunden. Das entspricht der Energie, die man verbraucht hat, wenn man eine 100-Watt-Lampe über 100 Tage ununterbrochen hat brennen lassen. Nur daß diese Energie beim Blitz in der ganz kurzen Zeit von wenigen Zehntelsekunden verbraucht wird. Deshalb ist die Leistung des Blitzes sehr hoch: Sie liegt etwa in der Größenordnung von 3 bis 4 Milliarden Kilowatt. Die Stromstärke beträgt etwa 50000 Ampère.

Es wurde schon gesagt, daß die Temperatur im Blitzkanal auf 24000 Grad ansteigen kann. Hiervon hängen Druckwirkung und Donnererscheinung im Blitz ab. Der Luftdruck in dem nur 4 Zentimeter breiten Kanal kann bei solcher Hitze örtlich und sehr kurzzeitig auf 20 Atmosphären steigen. Zeitdauer für ein 10 Meter langes Blitzstück $^1/_{50000000}$ Sekunde, d. i. 2×10^{-8} Sekunde.

Die Schäden, die ein Blitz verursachen kann, wollen wir in fünf Arten einteilen.

Die erste, unmittelbarste Wirkung, die auftritt, ist die elektrische, die zweite ist eine chemische Wirkung, eine dritte kann man als thermische (als Wärmewirkung) ansehen, eine vierte als mechanische und eine fünfte als magnetische. Die elektrische Wirkung des Blitzes begründet sich aus der großen Leistung über allerdings kurze Zeit. Auch wenn der Blitz nicht unmittelbar eines unserer üblichen elektrischen Systeme im täglichen Haushalt trifft (die Radio- oder Fernsehanlage z. B.), so kann er doch in der Nähe des Einschlags Schaden durch induktive Wirkung anrichten. Deswegen sollten wir unsere Geräte tunlichst ausgeschaltet haben, denn eine Antenne auf einem Dach nimmt eine Menge Energie des elektromagnetischen Feldes auf, das den elektrischen Schlag begleitet. Wenn der Blitz in unser Stromnetz einschlägt, fallen die Sicherungen heraus, die dafür sorgen, daß das Netz nicht überlastet wird.

Die chemische Natur des Blitzes wird am deutlichsten, wenn Pflanzen, Tiere oder Menschen betroffen werden. Dann wird nämlich die Gewebsflüssigkeit chemisch zersetzt, z. B. die Nerven- und Blutsubstanz. Um eine chemische Wirkung würde es sich auch handeln, wenn die Feststellung des Landmanns stimmt, daß Blitze den Acker befruchten. In der Tat, die Ionisation der Luft im Blitzkanal bewirkt mittelbar und unmittelbar, daß das Gemisch Stickstoff und Sauerstoff, das sich normalerweise in der

Luft findet, zu einer chemischen Verbindung, nämlich Stickoxid, umgewandelt wird. Dabei bildet sich gleichzeitig auch Ozon. Stickoxid wird mit dem Niederschlag ausgewaschen und gelangt dadurch in den Erdboden. Stickstoff ist bekanntlich ein notwendiger Bestandteil der Bodendüngung.

Bei der thermischen Wirkung, ähnlich wie bei der chemischen, kann sich der getroffene Körper auch strukturell verändern. Wenn der Blitz in Sand einschlägt, dann formt er bei immerhin 20000 Grad Kanaltemperatur eine Blitzröhre, einen Fulgurit (versintertes Quarz, s. a. Abb. 67). Er hat durch die Erhitzung den Quarzsand verflüssigt. Verbrennungen durch Blitze an organischen Stoffen sind am bekanntesten an Bäumen, strohgedeckten Häusern u. ä.

Die mechanische Wirkung eines Blitzes besteht darin, daß er gleichzeitig mit der Beförderung kleiner elektrischer Teilchen Masse befördert. Die Ionen entwickeln im Blitzkanal eine übergroße Hitze. Dadurch entsteht in dem recht schmalen Kanal ein sehr hoher Druck, 20- bis 50facher Atmosphärendruck. In der Umgebung, schon in etwa einem halben Meter Abstand, fällt dieser Druck sehr stark ab, hat aber immer noch die Größe von zweifachem Atmosphärendruck. Man kann sich vorstellen, daß solche mechanische Druckwellen bei ihrer Ausbreitung mit Schallgeschwindigkeit eine entsprechende mechanische Zerstörung an getroffenen Gegenständen anrichten können, seien es Bäume, oder Steinwände, in die große Löcher gerissen werden, zumal wenn in feuchten Wänden durch die Hitze des Blitzschlags spontan Wasserdampf entwickelt wird. Auch die Außenhaut von Flugzeugen kann beim Blitzeinschlag aufplatzen.

Weniger analysiert ist die magnetische Wirkung des Blitzes. Auf metallische Gegenstände, die von einem Blitz quer zu ihrer größeren Ausdehnung getroffen werden, wird eine Art Magnetschock ausgeübt in der Art,

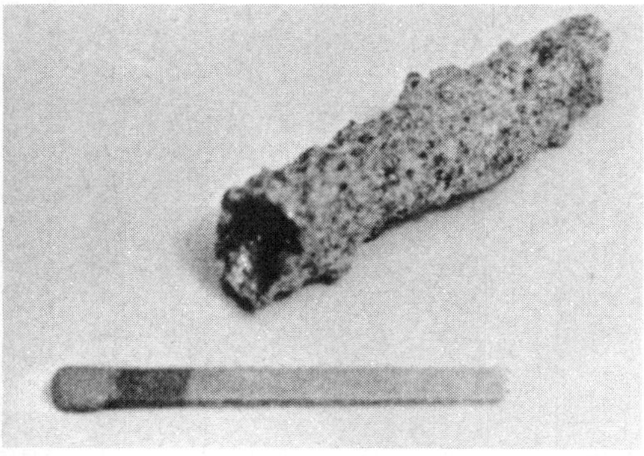

67: Beim Einschlag in den Erdboden ist ein Blitz «in den Sand gesetzt». Um den Blitzkanal herum ist der Quarzsand zu einer Röhre gesintert.

68: Künstlicher Blitzeinschlag in ein Auto zeigt, daß die Insassen nicht getroffen werden. Das Auto ist ein Faradayscher Käfig. Der elektrische Strom läuft nur an der Oberfläche des Autos entlang.

als ob mit einem Hammer draufgeschlagen worden wäre. Nur daß der Hammerschlag gewissermaßen negativ war, indem die magnetische Kraft die äußeren Ränder nach oben verbogen hat. Der «Schock» wird durch das erwähnte röhren- oder ringförmige Magnetfeld um den Blitzkanal herum ausgelöst. Derartige Schäden sind an Flugzeugen festgestellt worden. Kleinere, leicht bewegliche Metallgegenstände können auch kurz vor dem Einschlag durch die Magnetwirkung nach oben springen und dabei erheblich versetzt werden. Ein loser, 5 Pfund schwerer Metallkasten wurde in einem Fall vom Blitz etwa 10 Meter nach der Seite geschleudert. Die von der magnetischen Kraft übertragene Induktionswirkung des Blitzes wirkt sich an elektronischen Steuersystemen eines Flugzeugs schädlich aus.

Wie schützen wir uns vor einem Blitz? Wann sind wir gefährdet? Natürlich sind wir ebenso wie einzelne Bäume in einer kahlen Landschaft gefährdet, wenn wir uns aufrecht in einer kahlen Landschaft befinden. Genauso gefährdet sind wir, wenn wir uns bei Gewitter in der Nähe elektrisch leitender Drähte oder Masten aufhalten oder uns unter einzelne Baumgruppen stellen, oder auch nur in deren Nähe, wo der elektrische Fluß des Blitzeinschlags auf uns überspringen oder vom Baum an der Erdoberfläche zu uns entlanglaufen und über die Schrittspannung von Fuß zu Fuß durch uns hindurchlaufen kann.

Wenn wir dagegen im Auto sitzen oder in der Eisenbahn, dann sind wir vor Blitzschäden sicher. Auto und Eisenbahnwagen sind große metallene Hohlkörper (sogenannte *Faradaysche Käfige*), die praktisch die Elektrizität auf ihrer Oberfläche leiten (Abb. 68). Der Ladungsfluß kommt nicht ins Innere des Hohlkörpers hinein. Auch die Anlage eines Systems von Blitzableitern über einem Haus schützt dieses nach Art eines Faradayschen Käfigs.

Zum Schluß noch der Donner. Er ist durch die Druckwelle im Blitzkanal verursacht. Die Druckwelle pflanzt sich mit Schallgeschwindigkeit aus dem Blitzkanal fort. Da der Blitz nicht nur einen Kanal, sondern eine Reihe von Kanälen aufbaut, wird ein Donnerrollen erzeugt, weil der Schall von unterschiedlich entfernten Schallquellen an unser Ohr gelangt, von möglichen Echos wie Berge oder Wolken einmal abgesehen. Vergleichsweise ist der Donner, den ein Überschallflugzeug erzeugt, ähnlich, jedoch fehlt ihm das rollende Abklingen. Beim Überschallflug hört man nur den doppelten Schlag von Bug- und Heckwelle.

Tornado

Neben einem Sturmtief mit seiner sehr breiten Ausdehnung über tausend oder mehr Kilometer gibt es nun auch Wirbel, die sehr viel engräumiger sind, ohne daß sie an Heftigkeit den großen Sturmtiefs nachstehen. Am bekanntesten sind die tropischen Wirbelstürme, die im Süden von Nordamerika, in Südostasien und über Insulinde auftreten können (Abb. 7 u. 19). Der Name «tropische Wirbelstürme» sagt, daß sie in der Nähe des Äquators beheimatet sind und uns Mitteleuropäer nicht behelligen. Es gibt aber weitere Wirbel, allerdings viel kleinräumigere, die sich gelegentlich auch bei uns in Deutschland einstellen und außerordentlich verheerend sein können. Das Unglück von Pforzheim im Juli 1968 hat gezeigt, welche Schäden derartige kleinräumige Wirbel, meist in Verbindung mit Gewitterfronten, anrichten. Im allgemeinen erscheinen ähnlich

69: Der Rüssel eines Tornados über der amerikanischen Prärie. Viel Staub wird aufgewirbelt.

70: Eine Wasserhose ist auch ein Tornado, wenn auch meistens nicht so heftig. Vor der australischen Nordküste kommen sie sehr häufig vor.

dimensionierte Wirbel bei uns (bei überhitztem Untergrund) als Windhosen, mit einer Ausdehnung von nur einigen 10, höchstens 50 bis 100 Metern (Tafelabb. XVII). Man sollte sie nicht mit den gefährlichen Tornados verwechseln, deren Mechanismus von dem der Windhosen ganz verschieden ist.

Tornados (Abb. 69 u. 70) sind fast allein in Nordamerika beheimatet. Sie haben eine Ausdehnung von 100 oder mehr Metern, dauern 20 Minuten und hinterlassen Trümmelfelder: umgestürzte und abgekappte Bäume, Wracks von Autos, die durch die Luft gewirbelt oder von umfallenden Bäumen zerschmettert wurden, abgedeckte Häuser, ausgedehnte Windbrüche in den Wäldern. Wie sieht nun die meteorologische Erscheinung aus, die soviel Schaden anrichten kann?

Alle Tornadobilder zeigen den kennzeichnenden Wolkenrüssel. In dem Rüssel selbst ist ein keilförmiger Teil unmittelbar unterhalb der Wolke deutlich nach unten markiert. Er berührt kaum den Boden. Um diesen

71: Luftfahrtversuch mit einem Düsentriebwerk, das auch als Tornadomodell dienen kann. Der innere Keil ist der abwärts gerichtete Luftstrom aus dem Triebwerk. Mischluft ist hier dunkel dargestellt. Die Pfeile zeigen den Luftzulauf von der Seite. Unten bildet sich ein trichterförmiger Wandstrahl.

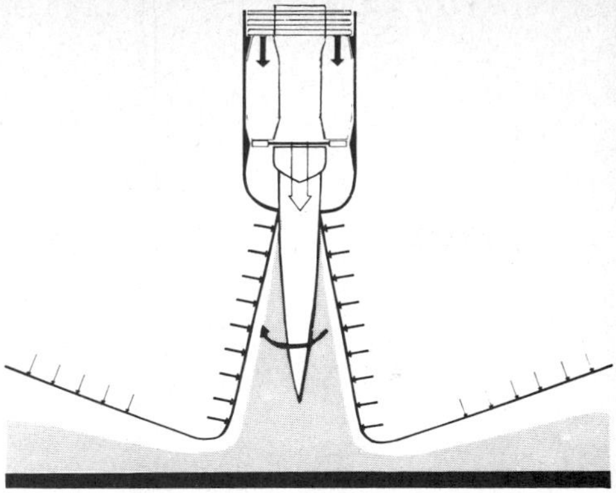

keilförmigen Teil liegt im unteren Drittel ein Mantel, der wie eine schleierartige dünne Wolkenmanschette aussieht. Als drittes läßt sich ein Wirbeltrichter erkennen, in dem Wasser oder Staub und Steine oder Holzstücke hochgerissen werden.

Diese Teile kann man auch bei einem ganz anders gerichteten Laboratoriumsversuch wiedererkennen. An der Technischen Universität in Berlin wurde untersucht, wie die Luftströmung unterhalb eines Triebwerkes für Senkrechtstarter aussieht, wenn das Triebwerk während der Startphase seinen Luftstrom senkrecht nach unten auf den Erdboden fallen läßt, wobei auch die Luftströmung an den Randbedingungen des Erdbodens mit betrachtet wurde (Abb. 71). Auch das Triebwerk stößt, ähnlich wie bei unserem Wolkenrüssel, einen Luftstrom, man könnte sagen einen Strahlstrom, nach unten aus. Dieser Luftstrom zeigt sich keilförmig nach unten zugespitzt, so wie der weiße Keil am Tornadorüssel. Innerhalb dieses Luftkeils herrscht offenbar geringerer statischer Luftdruck als in der Umgebung. Deswegen schießt von der Seite Luft auf den keilförmigen Düsenstrom. Gleichzeitig kreist der angesogene Luftmantel um den Antriebsstrahl. Der Unterdruck, der im Bereich dieses herabsinkenden Keils entsteht, kühlt die von beiden Seiten heranströmende Luft, weil sie sich wegen des Unterdrucks bei Annäherung an den Keil ausdehnen muß. Daher kondensiert die umgebende Luft aus und erzeugt einen schleier- oder wolkenartigen sichtbaren Mantel um den Luftaustrittskeil. Zuletzt schlägt der erste Luftkeil auf den Boden auf, wird zur Seite gerissen und spritzt trichterartig an den Seiten herauf, wird aber auch hier wieder in die entsprechende Wirbelbewegung einbezogen.

Genauso verhält sich ein Tornado. Dabei nimmt er sehr viel Wasser oder Staub mit oder dreht in Forsten oder Siedlungsgebieten Pflanzen und Bäume ab und reißt sie mit sich. Wirbel- und Abwärtsgeschwindigkeit der Luft im Tornadorüssel oder in seiner Nähe erreichen eine Geschwindigkeit von schätzungsweise 200 Meter/Sekunde; das sind zwei Drittel der Schallgeschwindigkeit.

Wann kann es nun zu einem Tornado kommen? Erstens muß eine sehr starke zyklonale horizontale Windscherung im tornadoanfälligen Gebiet vorhanden sein. Unter Windscherung verstehen wir, daß in engerem Raum der Wind markant seine Richtung ändert, etwa aus einer Nordostrichtung kältere Luft in die Nähe feuchtwarmer Luft gebracht wird, die ihrerseits aus Südwesten (Abb. 72) stammt. Die scharfe Grenze zwischen zwei Luftmassen unterschiedlichen Wärmeinhalts ist als Kaltfrontfläche markiert, in einer Wetterkarte als Kaltfrontlinie. Die Kaltfront selbst wandert sehr langsam, weil die Winde vorzugsweise kaltfrontparallel, aber entgegengesetzt verlaufen. Die Querwindkomponente zur Kaltfront bleibt dagegen sehr klein. Dazu kommt, daß die eine Luft nicht nur kälter ist als die andere, sondern daß die kalte Luft gleichzeitig eine außerordentlich trockene Luft ist. Sie läuft über Land über einen von Sonnenstrahlung angeheizten Untergrund, z. B. in den Mittagsstunden eines Frühsommertags, zu welchem Termin sie etwa an die Kaltfront gelangt ist. Somit muß die Tornadotätigkeit meistens in den Nachmittagsstunden erwachen und sich bis in die Abendstunden hinziehen.

Die der Kaltfront gegenüber aufmarschierte warme Luft muß für die Tornadoentwicklung feucht sein. Gerade diese Bedingung sehr warmfeuchter Luft gegen kühlere Luft von Norden, die, von unten her angeheizt, nun besonders trocken ist, diese Bedingung ist schärfer und weitaus häufiger in Nordamerika erfüllt als in Europa. Deswegen sehen wir solche gefährlichen meteorologischen, fast unheimlichen Erscheinungen bei uns ziemlich selten, sagen wir, nur alle Jubeljahre (sechs bis acht Jahre) einmal. Der amerikanische Kontinent dagegen ist nach Norden und Süden

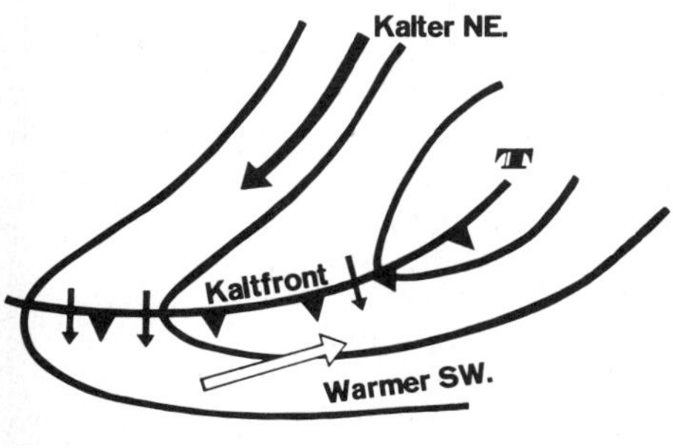

72: Synoptische Wetterlage zur Voraussetzung von Tornadobildung. Neben der Scherung des Windes um 180° ist wichtig, daß die Luft aus NE extrem trocken ist und die Luft aus SW sehr feucht, eine Bedingung, die im Frühjahr in Nordamerika z. B. zwischen Mississippi und Florida häufig erfüllt wird.

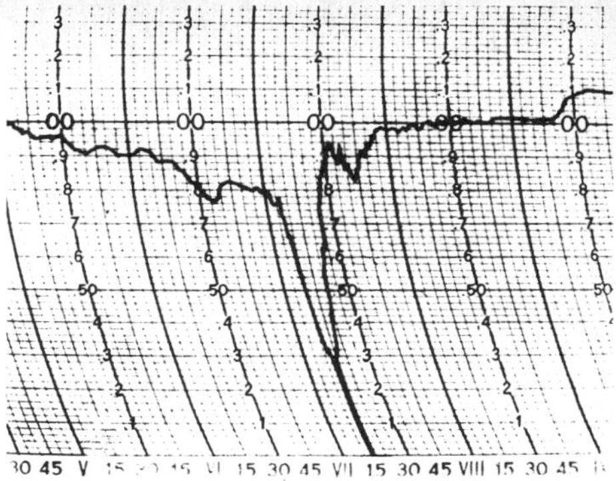

73: Das Barogramm entsteht bei beschleunigt herabfallender Luft. Es zeigt in seinem zeitlichen Verlauf den Trichter des Tornadoschlauchs. Die Druckdifferenz beträgt durchschnittlich 40 hPa.

jedem Vormarsch extrem temperierter Luft offen ausgesetzt. Die großen Gebirge ziehen die geographischen Längenkreise entlang und lassen Ost- und Westluft, also gerade gemäßigte Luft, nicht in den Kontinent herein. Aber nördliche Luft kann ungehindert sehr weit als Kaltluft, die im Frühling und Frühsommer bei Tage angeheizt und ausgetrocknet wird, nach Süden gelangen, bis hin in die Niederungen der Mississippimündung. Hier begegnet ihr eine sehr warmfeuchte Luft aus dem Süden, vom mexikanischen Golf her. Im Grenzraum der beiden gegensätzlichen Luftsorten entstehen Tornados. Am meisten werden folgende Staaten betroffen: vor allem Kansas, dann aber auch Oklahoma, Arkansas, Missouri, Tennessee, Alabama, Georgia und Florida, nach Norden zu mit abnehmender Häufigkeit.

Und nun zur Entstehung eines Tornados im einzelnen: Wenn wir in einer Badewanne das Wasser mit einer Hand zur Mitte schaufeln, mit der anderen Hand in entgegengesetzter Richtung, so als ob wir ein Schaufelrad dazwischen im Linksdrehsinn antreiben, dann erzeugen wir einen Wirbel, der den atmosphärischen Tiefdruckwirbeln entspricht. Wenn wir dann den Ausflußstöpsel der Badewanne heben, wird der Umlaufsinn in der Badewanne kleinräumig auf den eigentlichen Ausflußteil übertragen und im Ausflußteil eine sehr schnelle Verwirbelung zeigen. In diesem Wirbel senkt sich die Oberfläche des Wassers. Die im Barogramm (Abb. 73) eingezeichnete Kurve könnte man beinah als das Oberflächenprofil des Wassers während des Ausflußwirbels ansehen. Der Wasserspiegel steht außerhalb des Wirbels höher, senkt sich zum Innern ab und steigt an den Rändern wieder an. Unser Barogramm ist aber das Luftdruckbild in der Nähe eines Tornados. Der Luftdruck fällt ganz scharf zum Rüssel des Tornados und steigt sehr symmetrisch dann auch wieder zu den Rän-

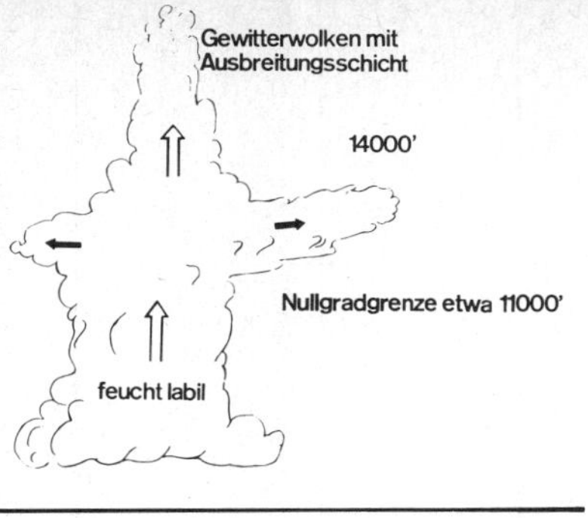

74: Labile Gewitterwolke. Die Verdunstungsabkühlung am äußeren Rand unterstützt die seitliche Ausbreitung der Wolke.

dern hin an, bis die Normalmarke erreicht wird. Dabei bedeuten die Luftdruckwerte, die als Maßskala dieses Diagramms benutzt sind, amerikanische Einheiten des Drucks. In den bei uns gebräuchlichen Luftdruckeinheiten Hektopascal bedeutet der Luftdrucktrichter des Diagramms einen Unterschied von 30 bis 40 hPa zwischen Normal oben und der unteren, man möchte fast sagen, «rüsselartigen» Spitze des Barogramms. Wenn ein solcher, auch im Luftdruck wirksamer Tornadorüssel über die Landschaft entlang seiner Zugstraße tastet und dabei etwa über ein Haus gelangt, dessen Fenster und Türen geschlossen sind, dann kann der Innendruck des Hauses, zunächst noch Normaldruck, sich nicht schnell genug mit dem abnehmenden Druck des herannahenden Rüssels ausgleichen. Bei 40 hPa Luftdruckdifferenz explodiert das Haus, Fenster und Türen springen heraus, wenn nicht ganze Wände umgerissen werden, wie das in Pforzheim geschehen ist.

Im Vergleich zwischen Versuch mit Wasserverwirbelung und Tornadowirklichkeit fehlt uns eigentlich noch, obwohl von der für die Natur vorauszusetzenden Windscherung gesprochen wurde, die zweite notwendige Bedingung, warum es überhaupt zur engräumigen Verwirbelung kommt, nämlich das Öffnen des Ausflußlochs der Badewanne. Welche Erscheinung in der Natur entspricht dem? Hier müssen geographische Darstellungen zur Erklärung beitragen. In der feuchtwarmen Luft, die der trokken-kalten begegnet, bilden sich gern Gewitter. Deren Wolken steigen turmartig auf. Am Rand zur Kaltluft, die diesen Wolkentürmen unmittelbar benachbart ist oder gar unter ihnen liegt, passiert etwas Besonderes, was gerade mit der Trockenheit der benachbarten Kaltluft zusammenhängt und mit dem Umstand, daß eben diese trockene Kaltluft vom Erdboden her merklich erwärmt wird. Es wirkt damit an den Rändern der Wolkentürme sehr starke Verdunstungsabkühlung. Die Wolkenränder

75: Infolge der Verdunstung an der seitlichen Ausbreitungsbank, besonders an deren Untergrenze, bilden sich durchhängende Windbeutel (mammatus) mit schweren, von Fliegern gefürchteten Turbulenzen.

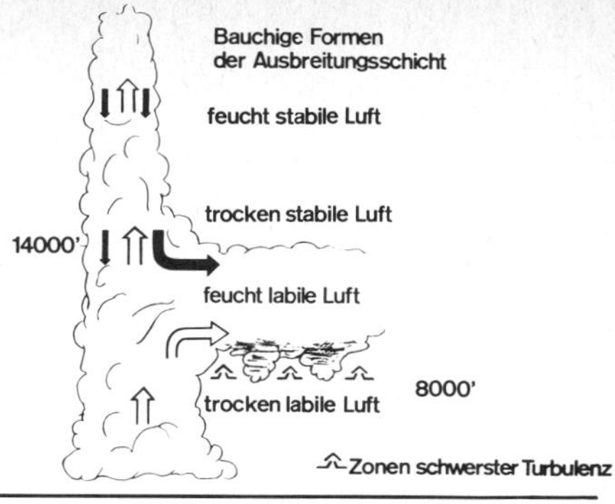

kühlen sich ab, weil die Wolkentröpfchen sehr schnell in die benachbarte trockene Luft hinein verdunsten. Dadurch entstehen in halber Höhe der Wolkentürme Ausbreitungszonen der Wolkentürme in die Nachbarschaft hinein (Abb. 74).

Die angegebene Höhenskala ist die in der internationalen Luftfahrt übliche Einheit in Fuß. Der hochgestellte Strich an der Höhenzahl bedeutet Fuß, also hier 14000 Fuß, dort 11000 Fuß. Einem englischen Fuß entsprechen 0,305 Meter. 14000 Fuß sind dann 4270 Meter und 11000 Fuß 3355 Meter. (Die Abb. 74 bis 76 sind für eine Luftfahrtstudie zur Erklärung von Tornados in Amerika vorbereitet worden.)

Abb. 75 veranschaulicht die Ausbreitungsstelle in halber Höhe eines Wolkenturms. An ihr sehen wir unterhalb der Wolke sogenannte Windbeutel (Mammatus-Wolken), die manchem vielleicht hier und da an Wolkenrändern, besonders bei aufziehendem Gewitter im Frühsommer nach längerer Trockenheit, schon aufgefallen sind (Tafelabb. XVII). An dieser Stelle ist die Luft sehr turbulent. Auf solche «Zonen schwerster Turbulenz» wird in der Luftfahrt besonders mit den nebengezeichneten Markierungen hingewiesen.

Wenn die Windbeutel etwa zum Anfangsstadium eines Tornados entarten sollen, nämlich dadurch, daß auch aus den Mammatus-Wolken wieder Wolkentröpfchen in die Luft darunter hineinverdunsten, müssen sie sich durch einen solchen Prozeß weiter abkühlen. Dann entarten die Windbeutel zu Trichterwolken (Abb. 76). Bildet sich die Ausbreitungsschicht zwischen zwei Wolkentürmen und wächst sie so zu einer gemeinsamen Ausbreitungsfläche nach den Seiten zusammen, so wird diese laufend von beiden Wolkentürmen beschickt, zumal, wenn sich die Ausbreitungsschicht abwärts in den Trichtersack entleert. Das wirkt dann wie der herausgezogene Stöpsel der Badewanne und entartet schließlich in den Tornadorüssel. Da wir ja eine Scherung der Winde haben (da diese aus unterschiedlichen Windrichtungen kommen), erfüllt sich die Ausgangsbedingung für die Bildung eines kleinräumigen Wirbels, die Bildung eines Tornados.

Der Wolkentrichter in der Ausbreitungszone zwischen benachbarten Wolkentürmen ist schon ein sehr gutes Anzeichen für die spätere Ausbildung des Tornadorüssels. Die Trichterwolke hat deswegen in der internationalen meteorologischen Symbolsprache ein besonderes Symbol bekommen, um auf die Gefahr, die bei ihrem Erscheinen im Verzug ist, aufmerksam zu machen. Abb. 76 zeigt den Endzustand: aus der Wolke die nach unten herausschießende Luft, bei enger Nachbarschaft der Wolkentürme ein zweiter oder gar ein dritter Wolkenrüssel.

In den Staaten Nordamerikas, in denen Tornados häufiger sind, gibt es «Luftschutzbunker», die bei Tornadowarnsignalen aufgesucht werden. Solche Vorkehrungen gibt es bei uns nicht. In Deutschland, in Europa überhaupt, verlaufen die Gebirge vorzugsweise breitenkreisparallel, also in West-Ost-Richtung, und schirmen daher im Unterschied von Nordamerika den Zusammenstoß gegensätzlich temperierter Luft ab. Die Mittelmeerluft als feuchtwarme Luft muß im allgemeinen die hohen Alpen überschreiten, bevor sie nach Deutschland gelangt. Aber während der Hebung der Luft auf der Alpensüdseite geschieht, was wir in der Folge «Auf- und Abwinde» bereits gesehen haben. Die Luft bildet am stauwärtigen Gebirgshang Wolken. Die Wolken regnen meistens aus. Damit wird der Luft Feuchtigkeit entzogen, und es fehlt der Mittelmeerluft, die zu uns gelangt, im allgemeinen die eine der obengenannten Voraussetzungen, feuchtigkeitsreich zu sein. Nur sehr selten kann es vorkommen, daß sehr feuchte Luft mit Südwind durch das Rhônetal westlich der Alpen nach Norden versetzt wird und dann genau durch die recht enge Burgundische Pforte hindurch in die Oberrheinische Tiefebene gelangt. Diese

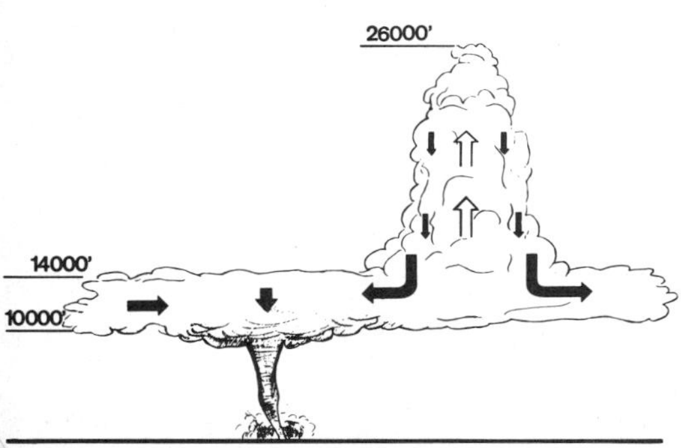

76: Aus den Wolkentrichtern ist ein Tornado entstanden.

Voraussetzung mag gerade bei dem Tornado in Pforzheim erfüllt gewesen sein. Die zweite Voraussetzung wäre dann aber noch, daß relativ trokkene, nordöstliche Luft herankommt, nachdem sie (meist im Spätfrühling oder Frühsommer) von unten angewärmt wurde, damit eine scharfe Gegensätzlichkeit zur Mittelmeerluft nach Luftkörpereigenschaft und Windscherung vorliegt. Vielleicht gibt es derartige Bedingungen in Südwestdeutschland sogar seltener als in Norddeutschland, das trockener kalter, aber unterwärts angewärmter Luft offen zugänglich ist, allerdings erst, wenn die Wassertemperatur der Ost- und Nordsee hinreichend hoch geworden ist, und das ist mehr im späten Sommer der Fall.

Die Windscherungen haben bei uns sehr selten die Ausgangslage zu einer so verheerenden Verwirbelung wie im Fall Pforzheim. Sie mit Sicherheit und auf Auswirkung abzuschätzen, ist nahezu unmöglich. Warnungen auf Verdacht hin, denen nur ganz ausnahmsweise eine wirkliche Gefahr folgt, würden aber sehr bald «in den Wind geschlagen» werden.

Luftverunreinigung oder Witterungsumstellung?

Unsere Atmosphäre ist etwa zwei Drittel so alt wie die Erde selbst. Sie entstand vermutlich ohne äußere Einwirkungen. In einer Uratmosphäre begann das biologische Leben unterstützt durch günstige Temperaturen, günstige Strahlungsbedingungen und den reichlichen Wassergehalt auf der Erdoberfläche.

Die Atmosphäre stellte sich in dieser Entwicklungsphase auf eine stationäre Zusammensetzung der Gase Sauerstoff (O_2) und Stickstoff (N_2) ein. ⅔ Anteil der Atmosphäre ist Stickstoff, ⅓ Sauerstoff. Jedoch schwanken durch andere Beimengungen die Grenzwerte dieser Komponenten örtlich und zeitlich.

So kann in tropischen Temperaturen der maximale Wasserdampfgehalt auf 4 Prozent anwachsen. Ebenso sind CO_2, das Kohlendioxid, und andere Gase, die z. B. auch bei stärkerer Vulkanaktivität ausgestoßen werden, noch beteiligt, jedoch weit unter 1 Prozent.

Neuerdings werden die Schadstoffe durch Industrieabgase in der Luft zu einem Problem der Pflanzenwelt, wobei der Schaden an Wäldern in Nordamerika und Europa besonders drastisch ist. Ein Vergleich mit ähnlichen Erscheinungen anderer Zeiten jedoch läßt die Möglichkeit nicht ausschließen, daß Witterungsschwankungen, die es schon immer gegeben hat und die sich über Jahrzehnte erstrecken können, an der Schadwirkung auf die Wälder ebenso beteiligt sein können.

Hier geht der Einfluß über das physiologische Verhalten der Pflanzen, bei denen die Physik der Atmosphäre eine bedeutsame Rolle spielt. Dazu gehören die Schwankungen der Temperatur und der Verdunstung mit Hilfe des Windes. Kurzzeitige Schwankungen dieser beiden Elemente gerade im Frühjahr, wenn das Wachstum der Pflanzen beginnt, ist diesen abträglich. Dafür sprechen folgende Hinweise:

- Nordamerika hat bereits eine Reihe industrieller Vorkehrungen getroffen, um die Luft von schädlichen Abgasen zu befreien. Aber der Waldschaden hat sich dort trotzdem fortgesetzt.

- An den Meeresküsten haben die kalten Seewinde im Frühjahr schon immer eine Wachstumshemmung der Bäume verursacht. Hier sind eindeutig die kalten Winde im Verein mit Trockenheit beteiligt. Die Temperatur zur Aufnahme von Wasser aus den Wurzeln muß zwischen 5 und

10° C oder darüber liegen. Sonst beginnen die Wurzeln kein Wasser zu ziehen. Wenn nun im Frühjahr die Temperatur immer wieder unter den kritischen Ansaugwert fällt, stockt der Wasserstrom in den Pflanzen. Mit der Kälte geht zugleich ein kräftiger Wind einher, wodurch sich der Wasserbedarf der Blätter entwickelnden Pflanze noch steigert. Wenn der Bedarf aber nicht ausgeglichen werden kann, vertrocknet oder verkümmert die Pflanze, wie man es beispielsweise an Buchenhainen vor Meeresküsten schon immer beobachten konnte.

- Gleiches gilt für die Steppen Südrußlands. Der Versuch, den kalten Frühjahrswind durch Knickanlagen zu bremsen, gelingt dort nur sehr vereinzelt. Auch dort wirkt sich deswegen der Frühjahrswind so schädlich aus, weil er meist mit einem Rückgang der Temperatur unter 5° C verbunden ist.

- Kälterückfälle im Frühjahr haben sich bei uns auch in den letzten Jahren häufiger ereignet.

Die Waldschädigungen vor mehr als 200 Jahren zeigen, daß solche Witterungsschwankungen periodisch vorkommen. Das Waldsterben um 1710 war dafür ein Beispiel.

Natürlich soll nicht ausgeschlossen werden, daß im Waldschaden der neueren Zeit auch Industrieemissionen beteiligt sind, die zu schädlichen Luftverunreinigungen führen. Hier wirken verschiedene Schadstoffe zusammen, wie SO_2 (Schwefeldioxid), ein Fragment, das sich an den in der Luft schwebenden Wassertröpfchen anlagert und dann mit dem Wasser Schwefelsäure bildet. ($SO_2 + H_2O = H_2SO_3$, schweflige Säure, ist Vorstufe von Schwefelsäure.)

Der andere Schadstoff ist Stickoxid, das mit verschiedenen Atommengen des Sauerstoffs gebildet werden kann, weswegen man für die Atommenge x schreibt, also NO_x. Am häufigsten ist wohl das Stickoxidmolekül NO_2. Dazu kommen Kohlenwasserstoffe (Benzinderivate) und Photooxidanten, zu welchen man auch Ozon, den dreiatomigen Sauerstoff, rechnen kann (O_3). Wie unsicher in der Beurteilung der Schadstoffe das wissenschaftliche Tasten noch ist, zeigt die Tatsache, daß vor kurzem noch Sprühdosen verteufelt wurden, weil sie angeblich das natürliche Ozon, das durch die harte Sonnenstrahlung in 24 km Höhe gebildet wird, zerstören sollten.

Auch von Düsentriebwerken der großen Verkehrsflugzeuge sollte das Ozon vernichtet werden.

Jetzt geht die Sorge der Waldpfleger gerade den umgekehrten Weg. Der Schadstoffausstoß der Motoren führt zur Ozonbildung in der Luft als ein chemisches Zwischenstadium in Umsetzung mit dem Sauerstoff der Luft. Nun bekommt der Wald zuviel Ozon. Niederschlagsuntersuchungen in Nordeuropa zeigen eine Zunahme im Schadstoffverhältnis NO_3 zu SO_4. Im Nebel ist die Säurebildung stärker als im Regen.

Biometeorologen vergleichen die Spurenelemente der Luft mit dem Hormongehalt in einem Organismus, in kleinen Mengen anregend, in größeren Mengen aber schädlich, bzw. zur Entartung der Pflanzenwelt führend. Einige einfach gebaute Pflanzensorten vertragen gerade das gut, was für die höher organisierten schädlich ist.

Als natürliche Kuriosität sei zum Schluß bemerkt, daß im Bergland der Anden im Bereich von Feuerland in Südamerika vertrocknete Wälder zu finden sind, deren kahles Gezweig gespenstig in den Himmel ragt. Sie stehen am Rande der südpolaren Zone und sind kalten Winden ausgesetzt gewesen. Die Wälder wuchsen noch in historischer Zeit, starben aber gerade in den Höhenlagen ab, als der Wind stärker wurde und die Temperatur in der Wachstumsphase 10°C nicht mehr überschritt, wenn überhaupt noch erreichte.

Internationale Zusammenarbeit in der Meteorologie

Die Meteorologie ist auf den internationalen Austausch von Wetterbeobachtungs- und -meßdaten angewiesen. Das weltweite Beobachtungsnetz ermöglicht erst die Beschreibung eines physikalischen Anfangszustandes der irdischen Lufthülle, von dem an die Rechenarbeit der Großcomputer für einen späteren Vorhersagetermin des Wetterablaufs einsetzt, gerechnet mit Hilfe mathematischer Modelle.

Die Modelle sind nicht international genormt. Jedes der großen Industrieländer entwickelt sein eigenes Verfahren. Die Qualität der Verfahren ist gleichwertig. Sie unterscheiden sich dadurch, daß sie auf spezifische geographische Gegebenheiten, mit denen die Verteilung von Energiequellen der Atmosphäre zusammenhängt, abgestimmt sind.

Es bringt einen Vorteil, daß die Vorhersageergebnisse zwischen den internationalen Vorhersagezentren ausgetauscht werden. Auf größeren Wetterwarten kann man die Wettervorhersagekarten, nach deutschem Verfahren gerechnet, mit jenen der USA, Schwedens, Englands oder Frankreichs vergleichen. Die Karten überlappen sich in ihren geographischen Ausschnitten so weit, daß Randgebiete des einen Vorhersageraumes zugleich in die Zentren des benachbarten Raumes reichen. Den Nordatlantik als die gemeinsame «Wetterküche» erfassen sie alle. Zweifellos umspannt das Vorhersagegebiet der USA den weitesten geographischen Ausschnitt: von den Hawaiis über Amerika und den Nordatlantik bis Mitteleuropa.

Ergänzt man Beobachtungsdaten und Vorhersagekarten noch durch die internationalen Satellitenbilder, so wird deutlich, wie sehr ein globaler Informationsaustausch Grundlage der modernen «Weltwetterüberwachung» ist.

«World Weather Watch» ist daher auch ein wesentlicher Programmteil der Weltorganisation für Meteorologie (World Meteorological Organization – WMO – eine Unterorganisation der UNO mit heute 145 Mitgliederstaaten), die in Genf in einem eigenen Zentralgebäude neben dem Internationalen Roten Kreuz am Rande des Parks der Nationen ihren Sitz hat. Man sieht: Es handelt sich um eine bedeutende Organisation im Dienste der Menschheit.

Die Anfänge der WMO gehen auf das Jahr 1873 zurück. 1973 feierte die WMO ihr hundertjähriges Jubiläum der internationalen meteorologischen Kooperation.

Schon zur Zeit der Kulturepoche der Aufklärung, in der die Entwicklung der modernen Naturwissenschaft ihren Anfang nahm, wurden auch die ersten meteorologischen Instrumente erdacht: 1600 das Thermometer, 1639 der Regenmesser, 1644 das Barometer. Im 18. und 19. Jahrhundert wurden physikalische Gesetze der Strömungs- und Wärmelehre formuliert, die später Anwendung auch auf atmosphärische Vorgänge fanden. Benjamin Franklin wies z. B. durch sein bekanntes Experiment mit einem geerdeten Drachen die Luftelektrizität nach.

1780 startete die erste lockere Organisation als Societas Meteorologica Palatina (Meteorologische Gesellschaft in Mannheim), für welche es 1980 dort auch ein Gedenk-Symposium gab.

In der meteorologica palatina wurden 38 Wetterbeobachtungsstationen, 14 in Deutschland, 20 in weiteren europäischen Ländern und 4 in Amerika, zu einem ersten internationalen kooperativen Netz zusammengefaßt. Die benutzten meteorologischen Instrumente waren bereits auf eine standardisierte Vergleichbarkeit ausgerichtet. Die erste Wetterkarte von Brandes basierte auf dem Beobachtungsnetz der meteorologica palatina, 1820. Was den Austausch von Gleichzeitigkeitsmessungen (synoptische Beobachtungen) anbelangt, so war dieser auf die Einrichtung eines gut funktionierenden Fernmeldedienstes angewiesen. 1843 wurde der Morsefunk erfunden. In USA und Frankreich wurden 1850 die ersten Versuche angestellt, Wettermeldungen für Wetterkarten über Funkinformation auszutauschen.

Modern kann man aber die Wetterkartenentwicklung erst mit der industriellen Revolution von der letzten Jahrhundertwende an bezeichnen. Vor allem hat sich in den letzten 50 Jahren das Fernmeldewesen geradezu atemberaubend verbessert. Davor bereitete die größte Schwierigkeit die Erstellung und Weitergabe von Wettermeldungen auf See. 70 Prozent der Erdoberfläche sind mit Wasser bedeckt. Von den einsamen und entfernten ozeanischen Gegenden Beobachtungen zu erhalten, verlangte vor allem die Mitwirkung der Handelsschiffahrt. Deswegen wurde im August 1853 in Brüssel eine erste internationale meteorologische Konferenz abgehalten, die sich mit diesem Problem beschäftigte. Hier spielte wieder die internationale Standardisierung von Meß- und Beobachtungsverfahren eine maßgebende Rolle (Eintragung in Schiffstagebücher). Als besonders wichtig wurden Beobachtungen von tropischen Wirbelstürmen anerkannt.

Die Brüsseler Konferenz gab ein Beispiel für die Notwendigkeit ständiger internationaler Absprachen im Interesse des Aufbaus einer weltumspannenden meteorologischen Dienstleistung. 1868 machten französische Wissenschaftler den Vorschlag zu permanenten geophysikalischen Kongressen. Ein solcher Kongreß sollte sich jährlich in jeweils einer Hauptstadt der beteiligten Länder treffen.

Der erste internationale meteorologische Kongreß kam vom 2. bis

16. 9. 1873 in Wien zusammen und bedeutete die Gründung der IMO (International Meteorological Organization) als Vorläufer zur heutigen WMO, worin diese 1983 ihr hundertjähriges Bestehen sah. Damals trafen sich 32 Delegierte aus 20 Ländern. Seltsamerweise war gerade Frankreich als der Anreger zu diesem internationalen Zusammenschluß dabei nicht vertreten. Dieser Wiener meteorologische Kongreß richtete auch schon ein permanentes Exekutivkomitee ein, bestehend aus sieben Mitgliedern, das als Vorläufer des WMO Executive Committee aufgefaßt werden kann.

Die meteorologische Beobachtungs- und Verwaltungstätigkeit wurde damals auf freiwilliger Basis ausgeführt. Die WMO schreibt dazu: Heutzutage ist die nichtmeteorologische Welt größtenteils nicht gewahr, welche immense Freiwilligenarbeit die Mitgliederstaaten im Interesse der Volkswirtschaft zum Gelingen internationaler meteorologischer Dienstleistungen beigetragen haben.

Ein wichtiges Anliegen des Wiener Kongresses war die Einrichtung der internationalen meteorologischen Code- und Symbolsprache, durch die lange beschreibende Inhalte auf eine vernünftig vermittelbare Informationsdichte zusammengerafft wurden, die unverzichtbare Meßdaten weltweit austauschbar macht, auch unabhängig von Sprachbarrieren.

Ausgeführt wurde dieses Anliegen erst 1874 in Utrecht. Es wurde von einem Technischen Komitee ausgeführt, das den in der WMO später eingerichteten Fachkomitees entsprach. 1879 wurde die Arbeit des Komitees auf der zweiten Sitzung des Kongresses der IMO in Rom gutgeheißen. Hier trafen sich schon 40 Delegierte aus 18 Ländern.

Damals wurde bereits ein internationaler Forschungsplan aufgestellt, wie er später ein wesentlicher Aufgabenkreis für die WMO geblieben ist. Es wurde ein gemeinsames Forschungsvorhaben der Mitgliederstaaten als erstes internationales Polarjahr (First International Polar Year) für 1882/83 festgelegt.

Wie in der UNO gelten in der nach dem Zweiten Weltkrieg entstandenen WMO amtlich vier Sprachen: Englisch, Französisch, Russisch und Spanisch. Nur durch die gemeinsamen finanziellen und fachlichen Beiträge der 145 Mitgliederstaaten lassen sich die heutigen umfänglichen Aufgaben durchführen. In der WMO sind sie unter der Bezeichnung GARP zusammengefaßt: Global Atmospheric Research Program. Seine einzelnen Forschungsvorhaben nennen sich Experimente.

So gibt es:

- GATE GARP Atlantic Tropical Experiment, das Anfang der siebziger Jahre durchgeführt wurde
- AMTEX: Airmass Transformation Experiment
- MONEX: Monsoon Experiments
- POLEX: Polar Experiments

Neben diesen auf Klimaregionen bezogenen Experimenten werden auch globale Projekte durchgeführt wie FGGE von 1977 bis 1979 (First Global GARP Experiment).

Neben GARP verfolgt die WMO auch ein «real Time»-Programm, das sich mit der laufenden und ständig verbesserten Welt-Wetterüberwachung befaßt, dem schon zitierten World Weather Watch. Hierzu gehört auch die gelegentliche Anpassung der Wetterschlüssel an neuere technische Gegebenheiten. Schon wegen der günstigeren Belieferung der Großrechner mit laufenden Meßdaten ist erst ab 1.1.1982 der synoptische Wetterschlüssel geändert und vor allem erweitert worden. Wie das bei grundlegenden Verschlüsselungsänderungen häufiger passiert, wird auch dieser neue Schlüssel in den ersten Jahren seiner praktischen Bewährung sicher noch einzelnen weiteren Änderungen unterworfen sein. Sein Vorgänger, der bisherige Kopenhagener Schlüssel, hat immerhin 30 Jahre «gehalten».

Die WMO hat natürlich auch engeren Kontakt zu anderen Unterorganisationen der UNO. Hier ist die FAO (Food and Agriculture Organization) zu nennen. Klimatisch abhängige landwirtschaftliche Erträge sind bekanntlich sehr wetterbeeinflußt. In kontinentalen Klimaten macht das Wetter häufiger extreme Sprünge: Regionale Starkgewitter im Sommer, extrem kalte Winter oder Trockenheitsperioden bestimmen die für die Welternährung so wichtigen Ernteerträge.

Die ICAO (International Civil Aviation Organization), internationale Luftfahrtorganisation, regelt die Standardisierung und Betreuung des internationalen Luftverkehrs. Sie verfügt sogar über eigene meteorologische Fernmeldenetze, worin die Flugplatzwetterbeobachtungen international ausgetauscht werden. Die Beobachtungsfrequenz ist höher als in dem synoptischen Netz der WMO. Grundlage der Beobachtungsverschlüsselung ist noch der vor dem 1.1.1982 verwendete operative Meldeschlüssel, der auch für Flugplatzvorhersagen Verwendung findet. In seiner bisherigen, in den sechziger Jahren entstandenen Form hat er sich als optimal bewährt. Die zentralen WMO-Wetterwarten sind natürlich auch an das ICAO-Fernmeldenetz angeschlossen, wie die Flugwetterwarten an das Meldenetz der WMO. In Europa sind die beiden Meldenetze durch die Bezeichnungen IMTNE für das WMO-Netz und MOTNE für das ICAO-Netz unterschieden (IMTNE ist International Meteorological Telecommunication Network in Europe, MOTNE ist Meteorological Operational Telecommunication Network in Europe).

Die WMO bringt auch eigene fachliche Veröffentlichungen in Form der Technical Paper heraus. Die neuerlichen Bestrebungen der Industrieländer sind an neueren WMO-Veröffentlichungen erkennbar. So z. B. Meteorological Aspects of air pollution TP Nr. 106, Meteorologische Aspekte der Luftverschmutzung.

Mitarbeiter aus mehreren Mitgliedsländern beteiligen sich als Autoren an den Veröffentlichungen, wie überhaupt in einem naturwissenschaftlichen Fach wie der Meteorologie die Team-Arbeit eine wichtige Rolle spielt. Es bedarf der Facharbeit mehrerer Wissenschaftler, z. B. Mathematiker, Physiker, technischer Instrumentenexperten, Geologen, Gewässerkundler, Agrarwissenschaftler, Ozeanographen und ähnlicher Wissenschaftler, neuerlich auch häufig der Astrophysiker.

Alle Veröffentlichungen erscheinen in den vier amtlichen UNO-Sprachen.

Ein landwirtschaftlich wichtiges Buch ist TP 118: Protection of Plants against adverse weather (Schutz der Pflanzen gegen widrige Wetterverhältnisse). Hierzu gehört zum Beispiel auch der Frostschutz gegen junge Pflanzenkulturen oder Hagelschaden.

Zur Organisation innerhalb der WMO ist zu sagen:

Sie ist nach demokratischen Strukturen wie die UNO und all ihre Unterorganisationen aufgebaut. Sie hat ein Parlament und eine Regierung. Dem Parlament entspricht der Kongreß, die Hauptversammlung, die alle vier Jahre zusammenkommt.

Der Regierung entspricht das Executive Committee, das aus 24 Delegierten der 145 Mitgliederstaaten besteht. Da die WMO sozusagen ein Föderativ-Staatengebilde ist, ist sie zugleich in sechs Regionen der Welt aufgeteilt. Von den 24 Mitgliedern des Executive Committees befinden sich die sechs Präsidenten der WMO-Regionen mit in diesem «Bundesrat» der WMO.

Die Regional Associations sind:

I Afrika, II Asien, III Südamerika, IV Nord- und Zentralamerika, V Südwestpazifik, VI Europa.

Die Parlamente der föderativen Regionen treten ebenfalls jedes vierte Jahr zusammen.

Neben dieser mehr politisch-geographischen Ausrichtung gibt es auch die fachlichen Arbeitsgruppen, sozusagen die Fachministerien, die hier technical commissions heißen.

Es gibt eine Kommission

- für Grundsysteme, etwa Verschlüsselung und Symbole
- für atmosphärische Wissenschaften, Forschung und Rechenmodelle
- für Flugmeteorologie
- für Landwirtschaftsmeteorologie
- für maritime Meteorologie (z. B. auch Arbeitsgebiete des Seewetteramtes in Hamburg)
- für Gewässerkunde
- für spezielle Anwendung der Meteorologie und Klimatologie

Auch diese Fachgremien treffen sich einmal in vier Jahren. In ihrem Verwaltungshaus in Genf hat die WMO natürlich ständige Fachbüros, die mit UNO-Beamten besetzt sind. Es sind dies Experten aus den verschiedenen Mitgliederländern, die Koordinations- und Planungsaufgaben bei der Fülle der internationalen Vorhaben durchführen müssen.

Dem Executive Management sind noch folgende Abteilungen angeschlossen:

WWW-(World Weather Watch-)Abteilung
R. u. D. Research and Development – Forschungsabteilung
GARP-Aktivitäten
Abteilung für Umwelteinflüsse
Gewässerkundliche Abteilung
Regionalbüros von Afrika und Südamerika
Ausbildungsabteilung
Verwaltung und Planung

Weitere wichtige Forschungsvorhaben werden gewidmet:

- den Einflüssen menschlicher Zivilisation auf Reinerhaltung von Luft und Gewässern,
- der Erschließung neuer Wasservorräte der Erde,
- den klimatischen Bedingungen für die Erweiterung der Nahrungsproduktion bei noch immer exponentiell wachsender Bevölkerungszahl.

Die notwendige Zusammenarbeit mit Meteorologie und Klimatologie wurde von der Welternährungskonferenz bei ihrer Konferenz vom 5. bis 16. 11. 1974 anerkannt. Die WMO erstattete dort durch ihre Kommission für Landwirtschaftsmeteorologie Bericht. Maßnahmen, die auf der Ernährungskonferenz beschlossen wurden, betreffen auch meteorologische Aktivitäten, die von der WMO in globale Aufgaben umgesetzt werden.

In den hochentwickelten Industriestaaten gelingt es heute schon, Erntevorhersagen auf Grund des Wetterablaufs während der Wachstumsphase der landwirtschaftlichen Nutzpflanzen zu machen, also zwei bis drei Monate vor Erntezeit. Diese Methode sollte auch auf Länder der Dritten Welt zur Kontrolle und Kooperation ihrer Ernteerträge übertragen werden. Die meteorologischen Satellitenbeobachtungen haben gezeigt, daß es möglich ist, den Wachstumsvorgang der Pflanzen nach Pflanzenbegrünung und Wetterentwicklung global zu überwachen. Unbeschadet davon aber müssen landwirtschaftlich-meteorologische Instrumente in solcher Zahl verfügbar sein, daß auch in den Ländern der Dritten Welt ein genügend dichtes Meß- und Beobachtungsnetz zur Verfügung steht.

Bedeutende Forscher in der Meteorologie

Die moderne Meteorologie wurde durch den Norweger Vilhelm Bjerknes (1862 bis 1951) begründet. Sein Vater Christian hatte Mathematik in Paris und Göttingen bei Lejeune-Dirichlet studiert. Er brachte auch eine Sammlung der 234 Briefe des deutschen Mathematikers Euler an eine deutsche Prinzessin heraus.

So ist es nicht überraschend, daß der Norweger Vilhelm Bjerknes für eine Zeit (1913 bis 1917) einen deutschen Lehrstuhl für Geophysik an der Universität Leipzig innehatte. Schon 1890 hatte er bei Heinrich Hertz in Bonn assistiert. In Norwegen hat er als Student unter Aufsicht des berühmten Naturforschers Fridtjof Nansen gearbeitet, der später den Friedensnobelpreis wegen der Einführung eines internationalen Passes für politische Flüchtlinge und Ausgebürgerte (Nansen-Paß) erhielt und der seinerzeit eine spektakuläre Polarexpedition mit der Drift seines Schiffes «Fram» durch das Nordpolarbecken von der Beringstraße bis Kaiser-Franz-Joseph-Land unternommen hatte. Fridtjof Nansen holte Bjerknes 1917 von Leipzig nach Bergen in Norwegen zurück.

Bjerknes schrieb ein Lehrbuch über physikalische Hydrodynamik, in dem er auch Anwendungen auf die Physik der Atmosphäre und der Ozeane erwähnte. Durch die Entdeckung der Wetterfronten wurde Bjerknes berühmt und zum Begründer der norwegischen meteorologischen Schule, die auch als «Bergener Schule» bezeichnet wird. Seine Antrittsvorlesung in der Aula der Universität Leipzig am 8.1.1913 behandelte «Die Meteorologie als exakte Wissenschaft». Am 12.5.1924 hielt er vor der Royal Meteorological Society in London einen Vortrag über die «Polar Front Theory».

Bjerknes schrieb etwa 200 wissenschaftliche Arbeiten in Deutsch, Englisch, Norwegisch und Französisch. Seine naturwissenschaftliche Vielseitigkeit war einmalig. So ist er auch heute noch Zentralfigur der modernen Meteorologie. Seine Nachkommen widmen sich weiter der meteorologischen Forschung, nun schon in der vierten Generation, jetzt aber in Kalifornien lebend.

Die Skandinavier haben sich nicht von ungefähr mit der meteorologischen Forschung beschäftigt. Sind sie doch wie kaum andere Völker den Unbilden des Wetters ständig ausgesetzt. Sie leben eben in der Polarfront, der subpolaren Wettergrenze mit ihren Stürmen, Nebel und ständigem Wechsel von Schnee und Regen.

So verdient auch der Meteorologe Tor Bergeron wegen seiner Erkenntnisse in der Wolkenphysik genannt zu werden. Die in diesem Buch beschriebene Niederschlagsentstehung geht auf ihn und den deutschen Meteorologen Findeisen zurück, der Anfang des Zweiten Weltkrieges Untersuchungen über Vereisungen an Flugzeugen machte und dabei auch Opfer dieses Phänomens bei einem Flugzeugabsturz am Elbsandsteingebirge wurde.

Tor Bergeron lebte von 1891 bis 1977 und arbeitete in Stockholm. Bergeron war mehr Meteorologe als Physiker und Mathematiker. Schon als Schüler führte er ein meteorologisches Tagebuch.

1916 kam er zum Studium der Geophysik nach Leipzig. Damit war er zugleich mit der deutschen Wissenschaft vertraut, studierte bei seinem norwegischen Landsmann Bjerknes. Er schrieb auch seine Doktorarbeit in deutscher Sprache: «Über die dreidimensional verknüpfende Wetteranalyse.» Er brachte damit die aerologische Forschung ins Spiel. Aerologie ist die Beschreibung des Höhenwetters, der physikalischen Vorgänge in der freien, von der bodennahen Grenzschicht unbeeinflußten Atmosphäre. Bergerons Verdienste lagen in der Luftmassenanalyse und deren Darstellung mit all ihren Symbolen in den Wetterkarten und den bereits erwähnten Erkenntnissen der Wolken- und Niederschlagsphysik.

Von den deutschen «Fundamentalisten», die in der Gründerzeit die Meteorologie durch ihre profilierte Persönlichkeit formten, muß vor allen Alfred Wegener (1880 bis 1930) genannt werden, dessen internationale Bedeutung nicht durch die Meteorologie, sondern durch seine geniale geophysikalische Erkenntnis der Kontinentalverschiebung entstanden ist. Beruflich war er als Meteorologe tätig, in Astronomie hatte er promoviert. Wegener ist am 1. 11. 1880 in Berlin geboren. Er wurde 1919 Abteilungsleiter der meteorologischen Abteilung der Deutschen Seewarte und Professor an der damals erst zu einer Universität erweiterten ehemaligen Kolonialschule in Hamburg. 1924 siedelte er zu seinem Schwiegervater an die Universität Graz über. Professor Köppen hatte dort einen Lehrstuhl für Klimatologie. Alfred Wegener nahm an Grönland-Expeditionen 1906 bis 1908 und 1912/13 unter Leitung des dänischen Forschers Lauge Koch teil. 1929/30 leitete er selbst eine Grönland-Expedition, während der er Anfang November 1930 auf einem Marsch von der Station Eismitte zur Westküste Grönlands in einem Schneesturm ums Leben kam.

Sein Schwiegervater, Wladimir Köppen, war baltischer Abstammung und hatte auch schon an der alten Deutschen Seewarte in Hamburg über Klimatologie und Paläoklimatologie – d. s. klimatische Entwicklungen in geologischer Vergangenheit – gearbeitet. Später wurde er Professor in Graz. Köppen und Wegener schrieben 1924 ein Buch über «Klimate der geologischen Vorzeit». Köppens umfassendes Werk über die Klimate der Erde, in welchem die Klimazonen der Erde katalogisiert werden, ist noch heute ein Standardwerk. Alfred Wegeners meteorologisch-wissenschaftliches Werk über die Thermodynamik der Atmosphäre zeichnet sich durch seine schöpferischen Ideen besonders aus, immer begeistern den Leser die vielfältigen frappanten Einfälle Wegeners.

Die Versuche, aus mathematischen Analysen Wettervorhersagen und Vorhersagekarten zu errechnen, konnten die Wissenschaftler erst unternehmen, als elektronische Rechenmaschinen eingeführt wurden. Der englische Mathematiker Richardson hatte in den zwanziger Jahren zwar schon Ansätze formuliert. Er zeigte auch, daß man in internationaler Zusammenarbeit mit großem Aufwand ein hinreichend dichtes und gleichmäßig verteiltes Boden- und Höhenbeobachtungsnetz einrichten muß, um aus dem physikalischen Anfangszustand der Atmosphäre eine Entwicklung des Wetters für die Folgetage berechnen zu können. Anfangszustand heißt in diesem Sinne der synoptisch beobachtete Ist-Zustand. Der zeitliche Aufwand für ein Mathematikerteam, «von Hand» ohne Computerhilfe die Vorhersageberechnungen – deterministisch, d. i. in physikalisch kausaler Folgerichtigkeit – durchzuführen, erwies sich als ein Vielfaches des Zeitabschnittes, für welchen die Vorhersage gelten sollte. Die moderne Entwicklung zur Wettervorhersage mit exakten mathematisch-physikalischen Hilfsmitteln konnte also erst mit der Einführung der großen Computeranlagen beginnen. Wie schon Wernher v. Braun für die Raumfahrt konstatierte: «Wir hatten eine naive Vorstellung, wie wir aus der Raketenentwicklung zur Raumfahrt kommen wollten», so konnten auch die Meteorologen ohne die schnellen Rechenoperationen keine Wetteranalysen und -vorhersagen mathematisch betreiben. Wettervorhersage blieb so lange ein gut Teil «Kunst».

Die Wettervorhersage verbesserte sich in dem Maße, in dem die Großrechner hinsichtlich Rechenzeit und Rechenaufwand leistungsfähiger wurden.

Im Zweiten Weltkrieg entwickelten erste mathematische Vorhersageverfahren der Schwede Carl-Gustaf Rossby (1898 bis 1957) und der deutsch-amerikanische Mathematiker John v. Neumann. Wieder hat hier besonders der Skandinavier dazu beigetragen, physikalische Gesetzmäßigkeiten in atmosphärischen Vorgängen zu erkennen, wie sie in den vorangegangenen Abschnitten dieses Buches über Kreiselgesetze und lange Wellenzüge angesprochen sind.

Auch Rossby war eine außerordentlich individuelle Persönlichkeit. Er interessierte sich für Musik, Geologie und Botanik. Orchideen sammelte er, denn diese attraktive Pflanzenart kam auf der Insel Gotland vor, der Heimat seiner Mutter. Rossby studierte zunächst Astronomie und kam nach dem Studium zu Bjerknes durch Vermittlung seines ozeanographischen Mitarbeiters Sverdrup. Ideenreichtum und Überzeugungskraft ließen Rossby bald aus der Wissenschaftlergruppe der Bergener

Schule herausragen. Von 1920 bis 1922 war er in Deutschland am Preußischen Aerologischen Observatorium in Lindenberg bei Potsdam tätig. 1922 bis 1925 war er am Schwedischen meteorologischen und hydrographischen Institut in seiner Geburtsstadt Stockholm. Danach bekam er einen Auftrag an das Daniel Guggenheim Aeronautische Laboratorium in San Francisco. Hier erhielt er experimentelle Anregungen. Da er sich schon in Stockholm außer mit Meteorologie auch mit Ozeanographie befaßt hatte, übertrug er allgemein die Physik fließender Medien auf solche Gesetze, die sowohl für kompressive Medien wie Luft als auch für inkompressive Medien (z. B. Wasser) gelten. So entwickelte er ab 1928 in Chicago zusammen mit dem Amerikaner David Fultz den Annulus, einen parabolisch geformten Wasserkasten auf einer Drehscheibe, womit der Einfluß der Drehbewegung – wie die für Bewegungen auf der Erde geltende Kraft der Erddrehung – für nebeneinanderliegende Medien unterschiedlicher Dichte (warm–kalt) gezeigt werden konnte. Seine aus dem Experiment gewonnene theoretische Ableitung führte er an dem berühmten Massachusetts Institute of Technology (abgekürzt: MIT) in Cambridge bei Boston durch.

Hierzu gehört das Gesetz von der Erhaltung der Kreiseligkeit (vorticity), die Luftmassenanalyse in der Darstellung thermischer Potentialflächen – Ausschaltung der Zusammendrückbarkeit der Luft, damit Ähnlichkeiten im Verhalten zum Ozean erkannt werden können, und die Gesetzmäßigkeiten der Fortpflanzung sehr langer atmosphärischer Wellen, nach ihm Rossby-Wellen genannt.

Die numerische Vorhersage, wie man die Wetterprognose nach mathematischen Modellen auch bezeichnet, begann in Amerika Ende des Zweiten Weltkrieges. 1946 wurden die ersten Modelle gerechnet. Der in San Francisco geborene (1917) Theoretiker: Meteorologe und Ozeanograph Jule Charney verdient als Mitbegründer der mathematischen Verfahren besondere Erwähnung. In neuerer Zeit wies er übrigens nach, daß der Wüstengürtel der Sahara im Sommerhalbjahr auf der Nordhalbkugel die einzige Strahlungsenergiesenke darstellt, was zu dieser Jahreszeit nicht einmal für die Nordpolkalotte gilt. Die Satellitenbeobachtung hat gezeigt, daß die Rückstrahlung des Sonnenlichtes durch die Wüstenflächen in den Weltenraum viel größer ist, als man sich früher vorgestellt hat. Schon bei Betrachtung der Farbaufnahmen der Erde vom Mondfahrzeug Apollo aus erkennt man die braun leuchtende Wüstenfläche des sonst blauen und über die meisten Felder wolken- und dunstverhüllten Planeten Erde sehr herausragend.

Charney promovierte übrigens bei Jacob Bjerknes, dem Sohn von Vilhelm Bjerknes. Beim MIT ist er Nachfolger Rossbys gewesen und Leiter der Abteilung für theoretische Meteorologie. Die American Geophysical Union schreibt über Charney:

«Er destillierte die wesentlichen atmosphärischen Charakteristika aus dem Komplex all der einzelnen Wechselwirkungen heraus, jene relativ wenigen Bestandteile, die die Konstruktion solcher vereinfachter mathematischer Modelle erlauben, die eine enge Anlehnung an die natürlichen Phänomene behalten.»

Charney, der alle großen «Fundamentalisten» der Meteorologie noch selbst kennengelernt hat, schreibt über sich: «Es war mein gutes Schicksal, daß ich noch die Geophysik bei ungewöhnlichen Persönlichkeiten lernte. Der erste Meteorologe war Jacob Bjerknes und der erste Ozeanograph H. Sverdrup. Nachdem ich meinen akademischen Abschluß hatte, erlebte ich die historische Fachentwicklung noch an lebenden Beispielen, als ich in Oslo bei Sverdrup studierte, dem Mitentdecker der Wetterfronten zusammen mit Vilhelm Bjerknes, den ich dort auch noch traf. Mit einem Manne zu sprechen, der noch Hermann v. Helmholtz (Potsdam 1821 bis 1894), den heiligen Patron der meteorologischen Hydrodynamik, gekannt hat, war für mich die Personifizierung geschichtlicher Kontinuität.»

Charney lernte Rossby schon in Skandinavien kennen, durch den die Wettervorhersage «von einer Kunst zu einer Wissenschaft» fortgeschritten ist. Während des Zweiten Weltkriegs traf Charney in Los Angeles auch Theodor von Karman, den berühmten Aerodynamik-Theoretiker aus Ungarn, der ihm die weitere Forschungsarbeit in der Meteorologie empfahl.

Charney starb 1981.

1979 arbeitete er noch führend am Globalen Wetter-Experiment (Global Weather Experiment), durch das weltweit meteorologische Meßdaten zusammengefaßt werden, die die mathematische Umsetzung der atmosphärischen Vorgänge rund um den Erdball gestatten.

Mit der numerischen Vorhersage haben sich die Mathematiker von der reinen Wetterfronttheorie, wie sie in diesem Buch nach dem Bjerknes-Modell beschrieben wurde, abgewendet, so auch Charney, weil in der Frontvorstellung ein sprunghafter Übergang von einem zum anderen Luftkörper vorausgesetzt ist. Unstetigkeitsstellen lassen sich aber nicht in der mathematischen Infinitesimalrechnung behandeln. Ähnlich wie in der Natur werden geographisch begrenzte Übergangsgebiete statt der Frontlinien numerisch behandelt.

Das ist auch der Grund, warum Meteorologen z. B. im Fernsehen heute häufig von Tiefdruckausläufern sprechen, wenn sie Wetterfronten meinen.

Die genannten Persönlichkeiten, welche für die erste wissenschaftliche Entwicklung der Meteorologie so entscheidend waren, sind natürlich nicht die einzigen, die es wert sind, in dem Zusammenhang der Wissenschaftsentwicklung genannt zu werden, obwohl sie wegen ihrer auch interdisziplinären Arbeit weit herausragten. Zugegeben: Die Arbeit des einzelnen Forschers steht heute nicht mehr so exponiert im Vordergrund wie noch vor ein oder zwei Generationen.

Gerade in der Arbeit mit Großrechnern wird das «Teamwork» einer ganzen Wissenschaftlergruppe erforderlich. So verwundert es nicht, wenn der naturwissenschaftliche Fortschritt immer mehr entpersonalisiert wird. Für bedeutende wissenschaftliche Arbeiten in den Fachzeitschriften zeichnen heute Autorengruppen, meist aus drei bis fünf Autoren bestehend, verantwortlich.

Wer Bücher schenkt …

Klimavergleich mit Atmosphären anderer Planeten

Das Alter des Sonnensystems wird mit 5 Milliarden Jahren (5×10^9) angenommen, damit auch das Alter der Erde. Ein Drittel dieser Zeit brauchte die Erde zu ihrem Aufbau: Fest–flüssig–Gas. Dies sind: die feste Erde, die Ozeane und die Lufthülle, wie wir sie heute vorfinden, jedoch natürlich nicht in ihrer heutigen Oberflächengestalt. Für eine Anfangsphase des Erdzeitalters bestand die Lufthülle nicht, wie heute, aus einer Stickstoff-Sauerstoff-Atmosphäre, sondern aus einer Methan-Kohlendioxid- und Ammonium-Atmosphäre, wie wir die Lufthüllen in anderen solaren Himmelskörpern (Planeten und Monden) beobachten.

Als sich vor rund 5×10^9 Jahren das Sonnensystem aus einem kosmischen Nebel formte, blieb die Masse des Nebels mit einfachen einatomigen Gasen wie Wasserstoff und Helium im Kerngebiet zentriert. Diese Elemente fusionierten unter ständigem Energiegewinn zu Elementen höherer Ordnung innerhalb der Sonne. Aus anderen Sternsystemen waren außerdem solche «Verunreinigungen» schon beigegeben. Das ganze solare System geriet in Rotation, und ähnlich wie auf der Erde ordneten sich die schwereren Stoffe näher zum Zentrum hin, die leichteren Stoffe am Außenrand des rotierenden Systems.

In der Hauptmasse enthält die Sonne noch immer einen großen Teil der leichtesten Stoffe Helium und Wasserstoff. In ihrem Inneren wächst jedoch die Menge der schweren Elemente als Fusionsprodukt der leichten Elemente an.

Sehen wir zunächst von dem atomaren Brennmaterial der Sonne und der damit erzeugten Nuklearenergie ab, so finden wir in Sonnennähe einen kleineren, aber sehr dichten Planeten, den Merkur, aus viel metallischem Material bestehend, aber ohne eine eigene Atmosphäre wegen seiner Kleinheit und wegen seiner durch die Sonnennähe bedingten hohen Oberflächentemperatur.

Der nächste Planet, die Venus, hat schon viele mittlere Elemente des periodischen Systems der physikalischen Chemie. Die dort häufigsten Elemente sind: Eisen, Kalium, Kalzium, Kiesel, Schwefel, Kohlenstoff, Sauerstoff. Die Venus besitzt eine wasserarme CO_2-Atmosphäre. In den ersten 10^9 Jahren ihrer Entstehung verlor sie alle leichteren Elemente wegen der auch in ihrem Abstand noch wirksamen Sonnenstrahlung. Wasser zerfiel durch die Strahlung in H_2 und O.O blieb zurück. H_2 entwich in den Weltenraum, bis der noch verbliebene Wasserrest sich teils an das feste Gestein band, teils an den SO_2-Gehalt der Luft. Die Wolken der Venusatmosphäre bestehen aus Tropfen schwefliger Säure nach der chemischen Reaktion:

SO_2 aus vulkanischem Gestein $+ H_2O = H_2SO_3$, schweflige Säure.

SO_2 ist wasseranziehend, hygroskopisch. Es saugt demnach restliches Wasser aus der Venusatmosphäre an sich. Im Venusgestein findet die chemische Reaktion statt:

Hydrokarbon CH_2 + Eisenoxalat $3Fe_3O_4 \rightarrow CO_2 + H_2O + 9FeO$. Das Wasser schließt sich an SO_2 an. CO_2 wird als Hauptbestandteil in die Venusatmosphäre entlassen. Zum anderen geht das Wasser auch noch folgende chemische Reaktion ein:

$CO_2 + H_2O = H_2CO_3$, echte Kohlensäure.

Die Venusatmosphäre setzt sich zusammen aus:

CO_2	95 Volumprozent
N_2	1 bis 2 Prozent
SO_2	1 Prozent
H_2O	1 Prozent

Bei gleicher Größe wie die Erde ist die Venusatmosphäre 90mal so schwer. Dort ist der Bodenluftdruck so groß wie bei uns in 900 m Wassertiefe. Die zugehörige Lufttemperatur ist mehr als 400° C.

Die Venusatmosphäre ist in einem chemischen Gleichgewicht mit ihrer Oberfläche. Bei der Erdatmosphäre gibt es kein solches chemisches Gleichgewicht. Vielmehr steht unsere Lufthülle in einem Exhalationsgleichgewicht mit der Biosphäre, der Ozeanoberfläche und – vernachlässigbar klein – den Vulkanen.

Die Venus, obwohl in Größe und Zusammensetzung erdähnlich, ging einen anderen klimatischen Weg wegen ihrer größeren Nähe zur Sonne und ihrer im Vergleich zur Erde geringeren Menge an Stickstoff, Kohlenstoff und Wasser. Diese chemischen Komponenten führten auf der Erde, im Verein mit dem gerade richtigen Strahlenabstand von der Sonne, dazu, daß sich in der ursprünglichen Ammonium-Methan-Atmosphäre der Erde Leben zu entwickeln begann.

Der Mars war zu klein, um mit seiner schwachen Schwerkraft eine nennbare Atmosphäre an sich zu binden. Bei tief eindringender harter Sonnenstrahlung wurde auch auf dem Mars das Wasser dissoziiert. H_2 diffundierte hinweg. Der Sauerstoffüberschuß führte zu extrem hoher Oxydation der Oberflächenbestandteile des Mars, was seine rote Farbe erklärt.

Von den großen äußeren Planeten wollen wir in Zusammenhang mit Klima der Atmosphären gar nicht sprechen, denn gemäß der von innen nach außen gehenden Elementenausschichtung bestehen die Gashüllen der großen Planeten hauptsächlich aus Wasserstoff und Helium. Jupiter und Saturn sind mit ihren Radien von mehr als 50000 km riesige Rotationsmaschinen. Sie drehen sich in 10 Stunden einmal um sich selbst.

Die Schlußfolgerung bleibt: Solare Systeme haben einen schmalen Abstandsgürtel von der Sonne, in welchem sich Stickstoff, Kohlenstoff und Wasser anhäufen können und sich eine Strahlungstemperatur einstellt, die gerade optimal für eine Lebensentwicklung ist.

Durch die Entwicklung zum Leben verschwand die anfängliche Ammonium-Methan-Atmosphäre auf der Erde. Durch die pflanzliche Entwicklungsrichtung des Lebens wurde mit der Photosynthese allmählich die Umwandlung in eine Sauerstoff-Stickstoff-Atmosphäre vollzogen. Diese Umwandlung dauerte abermals 1½ Milliarden Jahre. Die ursprüngliche Atmosphäre war natürlich schwerer und wärmer als die neue Atmosphäre. Darum konnten sich die entstehenden Pflanzen bis auf die Pole ausdehnen.

Das schließlich explosionsartige Anwachsen der Pflanzenwelt führte auch zu einer solchen Anreicherung der Atmosphäre mit Sauerstoff, daß diese neue Atmosphäre recht strahlungsdurchlässig wurde mit dem Erfolg großer Wärmeverluste an den Weltenraum. Außerdem war sie leichter als die Uratmosphäre, wie wir am Beispiel der Venus gesehen haben. Schon deswegen war sie damit kälter. So begann mit der vollendeten Umwandlung der Atmosphäre zugleich die erste Eiszeit für die Erde.

An dieser Entwicklung zeigt sich, daß jedes einseitige Wachstum zur Störung eines vorhandenen Gleichgewichtes führt. Es stellt sich in der Natur eine Art regeltechnischer Mechanismus ein, der seinerseits für das Einpendeln auf einen neuen Gleichgewichtszustand sorgt. Die ungebremste Pflanzenvermehrung führte zu einer solchen Sauerstoffvermehrung, daß die beschriebene Eiszeit herbeigeführt wurde, die ihrerseits die Pflanzenbedeckung auf der Erde wieder einschränkte.

Im späteren Erdmittelalter war die Vulkantätigkeit auf der Erde größer als heute, was zu einer Vermehrung des Ozeanwassers führte. Bei der Vulkantätigkeit wird Wasser produziert, das einen Schutz gegen zu starke Strahlungsverluste des Planeten an den Weltenraum darstellt (Treibhauseffekt des atmosphärischen Wasserdampfs). Die unterseeische Vulkantätigkeit ist übrigens 200 mal größer als diejenige an den Rändern der Kontinente.

Die Vulkanaktivität hat sicher den geordneten Prozeß des Aufbaus einer Stickstoff-Sauerstoff-Atmosphäre häufiger beeinträchtigt, so daß sich diese Entwicklung über ca. 10^9 Jahre hinzog.

Die Sauerstoffexhalation durch die Biosphäre liegt zur Zeit in einem Gleichgewicht mit dem Verbrauch des Sauerstoffs durch Atmung und Verbrennung.

Die klimatischen Bedingungen sind aber noch sensibel gegen verschiedene weitere Komponenten. Beispielsweise bringt Vulkanasche durch Abschirmung der Einstrahlung eine Abkühlung mit sich, während zugleich der von den Vulkanen ausgestoßene Wasserdampf in der Atmosphäre, wie beschrieben, einen guten Absorber für langwellige Sonnenstrahlung und für die Gegenstrahlung der warmen Erdoberfläche darstellt, zwei vulkanische, aber in klimatisch gegenteilige Wirkung ziehende Komponenten.

Periodische Erwärmung und Kühlung der Atmosphäre wird auch aus einer entsprechend periodischen Aktivität der Sonnenoberfläche hergeleitet werden können. Zur Zeit ist die exakte Meßbarkeit der Strahlungsintensität der Sonne erst noch für so kurze Zeit angelaufen, daß man deren über Jahrhunderte sich hinziehende Schwankung noch nicht deutlich bestimmen kann.

Auch die Lage der Erdachse zur Sonne und die Lage der Erdumlaufbahn verändert sich in geologischen Zeiträumen, so daß man einen Einfluß dieser periodischen Änderungen auf das Klima unterstellen muß.

Wir beobachten beispielsweise, daß wieder unser sonnennäherer Nachbarplanet Venus sich erst in 250 Tagen einmal um sich selbst dreht. Die Einstrahlungsdauer auf der Tagseite des Planeten ist fast so lang wie ⅔ des irdischen Jahres. Die Luftzirkulation bewirkt dort bei schwachen bodennahen Winden ein geographisch ausgeglichenes Temperaturfeld. Auf-und-ab-Bewegungen der Luft sind jedoch stark. Deswegen ist die Venus wolkenverhangen. Es fällt kein direktes Sonnenlicht zum Venusboden. Unter anderen Bestrahlungsbedingungen stellen sich andere Zirkulationsmechanismen ein, die von dem uns vertrauten Klimamuster abweichen.

Sicher hat auch unsere Erde im Laufe ihrer geologischen Entwicklung Zeiten mit größerer und Zeiten mit kleinerer Wolkenbedeckung gehabt als heute. Kleinere Wolkenbedeckung läßt größere Strahlungswirkung zu und damit größere Temperaturextreme zwischen Tag und Nacht, zwischen Sommer und Winter.

Größere Wolkenbedeckung schafft einen besseren horizontalen Temperaturausgleich. Erwärmungs- und Abkühlungsraten durch Strahlung werden weniger extrem.

Da die Erdoberfläche zu 70 Prozent von Ozeanen bedeckt ist, wird sich mit ansteigender Erwärmung, welche Ursachen diese auch immer haben möge, eine stärkere Wasserverdunstung von den Ozeanen einstellen. Damit wächst zunächst die Wolkenbedeckung bei gleichzeitiger Milderung der Temperaturgegensätze, wie auf der Venus. Ein Teil jener Energie, die der Erwärmung hätte zugute kommen können, wird in dem Verdunstungsvorgang bevorratet. Gleichzeitig kommt die bevorratete Energie kalten und wasserarmen Regionen zugute, die beim Ausregnen fühlbare

Wärme gewinnen. Es ist wahrscheinlich, daß in den bisher trockenen und kalten Gebieten nach der Beregnung der Pflanzenwuchs wieder zunimmt. Dieser Vorgang bedeutet ein weiteres Mal Energiebevorratung. Wenn wir nämlich unsere Kohle- und Öllager der Erde verbrennen, gewinnen wir die Energie zurück, die bei der Pflanzenentwicklung bevorratet wurde, umgewandelte Sonnenenergie. Wenn somit die Vorausschau einiger Wissenschaftler sich bewahrheiten sollte, daß die Verbrennungsrückstände der fossilen Verbrennungen, als welche man die von Kohle, Öl und Erdgas bezeichnet, eine Zunahme von CO_2, SO_2 und H_2O in unserer Atmosphäre, zu einer von Menschen gemachten (anthropogenen) Erwärmung führen würde, so sollten wir die von jenen angegebenen Temperaturwerte noch ein bißchen dämpfen. Die Natur hat nämlich eine Reihe von Freiheitsgraden, in denen sie auf anthropogene Einwirkungen antworten kann. Die wahrscheinliche Antwort heißt Verdunstung, Wolkenbildung (womit zugleich die Temperatur der höheren Atmosphäre erhöht wird) und Feuchtetransport in die großen Kontinente, Schmelzen der Eis- und Schnee-Polarränder, Verbreitung der Pflanzenwelt auch in bisherige Trocken- und Kältegebiete hinein. Auch für die Natur gibt es viel zu tun, wenn ihr ein größerer Wärmevorrat zur Verfügung gestellt wird. Von 1958 bis 1980 ist der CO_2-Gehalt der Luft um 7 Prozent angestiegen. Am Ende der Zeit der möglichen fossilen Brennstoffverbräuche (um das Jahr 2050 herum) könnte die Atmosphäre damit 3 bis 5° C gewonnen haben. Noch aber ist es bis zu einer von Menschen gemachten Klimaverwerfung nicht gekommen.

Von der astronomischen Periodizität her stände uns nämlich eher der Übergang in eine Eiszeit bevor. Wenn wir die Klimaschwankung selbst über Jahrhunderttausende betrachten, so kann sich das Wetter unseres Jahrhunderts sehen lassen. Es gehört zu den großen Wärmespitzen dieses Klimaverlaufs, noch aber nicht von Menschen beeinflußt, sondern immer noch innerhalb der Zufallsschwankungen, die die Klimakurve über alle Zeiträume, seit sich die Lufthülle in eine Stickstoff-Sauerstoff-Atmosphäre eingependelt hat, anzeigt.

Die langzeitliche Unruhe der Klimakurve gleicht nämlich mehr einer Zufallsschwankung als einer streng periodischen oder systematischen Veränderung.

Dies ist immer ein Zeichen dafür, daß viele «Köche» in dem Klimabrei herumrühren. Alle einzelnen Wirkungskomponenten – die «Köche» – tun das erkennbar deterministisch, aus kausalen Zusammenhängen. Aber das gemeinsame Resultat trägt die Züge statistischer Zufallsschwankungen, wie immer, wenn sich viele Faktoren überlagern.

Zählen wir alle möglichen klimabeeinflussenden Faktoren noch einmal auf:

Strahlung	Schwankung der Intensität der Sonnenstrahlung
	Abstandsschwankung der Erde von der Sonne
	Veränderung der Lage der Erdachse zur Umlaufbahn um die Sonne
	kosmischer Staub legt sich zwischen Sonne und Erde
Verdunstung	Himmelsbedeckung mit Wolken
	Feuchtigkeitstransport
	Schmelz- und Gefrierprozesse
	arme Biosphäre – reiche Biosphäre
Chemie	Veränderung der atmosphärischen Beimengungen
	Vulkanismus – Trübung – Wasserdampfsteigerung
	chemischer Industrieausstoß
	Ionisierung durch kosmische Korpuskelstrahlung

Verstärkung oder Abschwächung der Zirkulation bei schwankendem Energieangebot. Auch die Schwankung der Erdrotation wäre ein wechselndes Energieangebot.

Neben den stetigen Schwankungen des Klimas gibt es auch kurzzeitige «Ausschießer». Es ist durchaus üblich, daß im großen Intervall einer warmen Periode auch einige strenge Winter eingelagert sind oder im langzeitlichen Intervall einer kalten Periode mehrere heiße Sommer und kalte Winter vorkommen. In der wärmsten Dekade unseres Jahrhunderts hatten wir 1933, 1942, 1946/47 strenge Winter.

In unserer geschichtlichen Epoche des letzten Jahrtausends war das 11. Jahrhundert recht milde, die Zeit der Minnesänger. Ab dem 15. Jahrhundert wurde es dann aber kühler, was mit einigen Unterbrechungen bis ins 19. Jahrhundert anhielt. Diese Periode wird die «kleine Eiszeit» genannt. Kein Wunder, daß unsere Väter und Vorväter noch von den kalten Wintern schwärmen, die sie in ihrer Jugend erlebt haben wollen. Die großen holländischen Meister haben uns die kalten Winter in ihren erzählerischen Bildern über die Volksfeste auf vereisten Flüssen und Seen überliefert.

Kalte Perioden gab es auch 1000 Jahre vor Christi, während die Zeitenwende wieder in einer warmen Epoche lag. Die letzte große europäische Eiszeit war vor 18000 bis 10000 Jahren. Damals hatte das Nordseebecken noch kein Wasser, weil die Eiszeit dem Meere soviel Wasser entzogen hatte. Der Meeresspiegel lag 30 m tiefer als heute. Noch vor 8000 Jahren hatten Themse und Rhein eine gemeinsame Mündung südlich der Doggerbank. Der jetzige Nordseeboden war damals mit Eichenwäldern besetzt. Erst um die Römerzeit ereigneten sich die tiefen Wassereinbrüche, die die friesischen Inseln zurückließen. Mit der polaren Wasserschmelze stieg das Wasser der Nordsee immer höher.

Was Gleichgewichtszustände anbelangt, sollte noch ein wichtiger Gesichtspunkt im Hinblick auf Mensch und Klima angesprochen werden. Vordergründig ist gegenwärtig erst einmal das Wachstum der Menschheit aus dem Gleichgewicht geraten. So sind wir mit der Entscheidung konfrontiert, ob die Menschheit sich selbst dezimieren wird oder ob es wieder die Natur ist, die ihren regeltechnischen Mechanismus walten läßt. Unbeschadet etwaiger Klimaschwankungen wird es für die wachsende Menschheit eine Frage des Nahrungs- und Wasserangebotes sein, wie sie mit ihrer Vermehrung fertig wird.

Rußland führte unter technologisch unentwickelten landwirtschaftlichen Bedingungen noch vor dem Ersten Weltkrieg Getreide aus, welches im Überschuß auf den fruchtbaren Lößböden Südrußlands gewonnen wurde. Rußland selbst brauchte weniger als 100 Millionen Menschen zu ernähren. Heute hat die Sowjetunion gut 250 Millionen Menschen zu versorgen und hat den dazu notwendigen schnellen Fortschritt der landwirtschaftlichen Produktion, vor allem die moderne Düngungsstrategie – übrigens mit Erdölprodukten – noch nicht vollzogen. Deswegen wird es auch unbeschadet der jeweiligen sommerlichen Wetterverhältnisse nicht die erforderlichen Ernteerträge zur Ernährung seiner Bevölkerung einbringen.

Sollten der Atmosphäre keine zusätzlichen Energien zur Verdunstung von Ozeanwasser und zur Leistung des Wassertransportes zur Verfügung gestellt werden, so besteht die Gefahr, daß auch noch die einzigen großen Kornkammern der Menschheit, die beiden amerikanischen Kontinente, mit der Zeit schon wegen des Rückganges des Grundwasserspiegels austrocknen. Wird demnach im natürlichen Verlauf unserer Klimaschwankung die Atmosphäre in dem nächsten Jahrhundert erst mal wieder kälter und eine derartige Abkühlung durch anthropogene Erwärmung nicht gedämpft, so wäre eine mit der Abkühlung einhergehende Kontinentalisierung der großen Kornkammern zu befürchten.

Die Stetigkeit der Ernteerträge würde besser gewahrt, wenn eine allmähliche Erwärmung mehr Wasserdampf in die Atmosphäre brächte, welche die Wasserzirkulation bis in die kontinentalen Landstriche eindringen läßt.

In den Klimabetrachtungen ist der spekulative Anteil noch recht hoch. Ob z. B. die Fauna der Erde vor 120 Millionen Jahren aus klimatischen Gründen einen so schweren Einschnitt erlitt, daß sie mit dem Aussterben der Saurier fast völlig vernichtet worden wäre und einen neuen Anfang machen mußte, weiß heute noch keiner. Es war die Zeit, als sich der atlantische Graben auftat, der sich im Laufe der folgenden Jahrmillionen zum Atlantischen Ozean erweiterte. Kalkhaltige Schalentiere des Meeres verloren damals ihre Schalen, Kieselpanzer aber überdauerten. Ob die Chemie der Meere zu jener Zeit umkippte?

Charakteristische Wetterlagen Deutschlands

In dieser Zusammenfassung kann der Leser das Wirken all der Wetterelemente wiedererkennen, die in den vorangegangenen Abschnitten in ihren ursächlichen Zusammenhängen angesprochen wurden.

Das Wetter wird trotz aller zufälligen Einflußgrößen systematisch durch den Gegensatz Land–Wasser bestimmt. Das unterschiedliche Strahlungsverhalten bei Besonnung und Nichtbesonnung (Tag–Nacht, Sommer–Winter) ist so dominant, daß sich im Reigen der Jahreszeiten ähnliche Zirkulationstypen an gleichen Kalenderabschnitten herausbilden.

Zwar treten sie nicht immer in gleicher Intensität und über eine gleiche Dauer auf. Dafür sorgt die Überlagerung einer global gesteuerten Zirkulation, die sich aus dem einfachen Gegensatz zwischen heißem Äquator und kalten Polen herleitet. Diese Überlagerung schafft gern zwei Luftaustauschbahnen: nämlich solche, die parallel zu den geographischen Breitenkreisen liegen, die zonalen Luftbewegungen und solche, die parallel zu den geographischen Längenkreisen liegen, die meridionalen Austauschbahnen.

Die letzteren begünstigen Wetterabschnitte mit extremen Temperaturfolgen, die ersteren solche mit weniger extremen Temperaturen dafür aber höherer mittlerer Luftfeuchtigkeit über Mitteleuropa. Einige der typischen Wetterlagen werden nachfolgend beschrieben, da sie so markant sind, daß sich auch der meteorologische Nichtfachmann an sie erinnert, wenn er ihrem Einfluß ausgesetzt ist.

Es sollen auch die Wetterauswirkungen an den für die Touristik interessanten europäischen Randfeldern gestreift werden. Statistische Zahlenbelege werden deswegen nicht angegeben, weil die beschriebenen charakteristischen Wetterlagen keine eigenen Kollektive in der Klimastatistik haben, so daß sie hier nicht hervortreten.

Wettertypen im Winter und in den Übergangsjahreszeiten

Zwischen dem 20. Januar und dem 2. Februar stehen sich zwei Zirkulationstypen gegenüber, deren Vorherrschaft während dieser Zeitspanne für die Folgewochen entschieden wird.

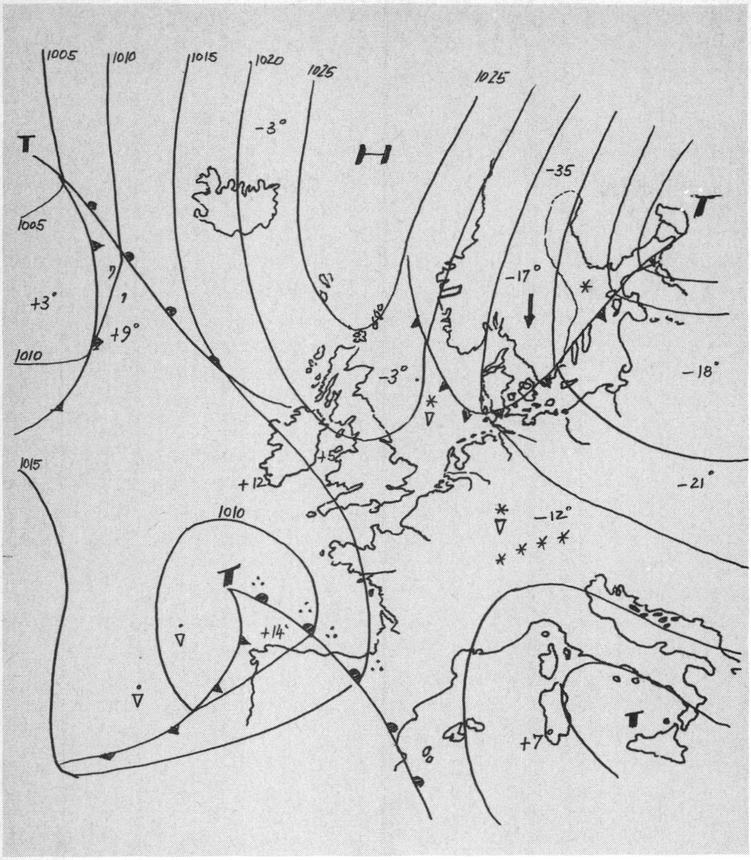

77: Muster einer Wetterlage um den 20. Januar, wenn ein kalter Nachwinter einsetzt. Er wird eingeleitet mit einem Kaltlufteinbruch von Skandinavien her. Die atlantischen Tiefs weichen über die Biskaya ins Mittelmeer aus.

Beide werden nach der Grundströmung unterschieden, nämlich ob meridional oder ob zonal:

Bei meridionaler Zirkulation bricht um den 20. 1. arktische Luft von Nordfinnland nach Süden aus. Sie leitet einen strengen und anhaltenden Spätwinter ein. Der Ausbruch der Kaltluft erfolgt an der Ostflanke eines Hochdruckgebietes, das fast ortsfest über der Norwegischen See liegt (Abb. 77).

Die ortsfesten Hochs über Nordeuropa bauen sich meist dadurch ab, daß sie bei meridionalen Temperaturgegensätzen langsam nach Westen verlagert werden, denn sie holen sich an ihrer Ostflanke Kaltluft aus polaren Gebieten, an ihrer Westflanke aber Warmluft aus subtropischen Gebieten. Die Warmluft dient ihrem Erhalt, die Kaltluft baut die Hochs ab.

Damit wird auch der Raum über Schweden frei für die Ausweitung des arktischen Kaltluftzustroms, der zuerst über Finnland einsetzte. Die Luft erreicht Deutschland als kalter Nordostwind, welcher meistens eine vorangegangene Tauwetterperiode abbricht. Außerdem drückt der Nordost kaltes Ostseewasser nach Westen. Die Ostsee ist bis Gotland zugefroren und führt Treibeis bis Bornholm. Eine zugefrorene Ostsee verhält sich winterlich kontinental. Sie mildert die arktische Festlandskälte kaum.

So kühlt auch die westliche Ostsee bei anhaltendem Nordost bis zur Eisbildung aus. Das Winterwetter schiebt sich nach Süden an die Alpen vor. Dieser Winterbeginn bringt zunächst mehr Schnee im Küstengebiet als in Süddeutschland.

Die Temperaturen liegen natürlich in Süddeutschland tiefer als in Norddeutschland. Erstens ist das Gelände Süddeutschlands schon in der Ebene ca. 500 m hoch. Da es auch weiter von der Küste entfernt ist, fehlt ein mildernder Seeeinfluß gänzlich. Die Temperaturen am Morgen nach einer sternklaren Winternacht fallen in Bayern unter −20° C, in Norddeutschland unter −10° C. Im weiteren Verlauf des Februars beginnt als Folge der von Mitteleuropa südwärts wandernden Kaltluft eine lebhafte Tiefdrucktätigkeit über dem Mittelmeer von den Balearen bis in die Ägäis und zur Südküste Anatoliens.

Allmählich greifen die Tiefs dieser langgestreckten Luftdruckrinne nordwärts aus, erreichen Österreich und Nordbayern mit einer dichten Bewölkung und Milderung der Kälte. Der nachfolgende Niederschlag geht bald von Schnee in Regen über. Die Nullgradgrenze schiebt sich zu höheren Lagen bis auf 1800 m herauf. Es kommt mit dem Tauwetter am Ende des Monats Februar dabei nicht selten zu Überschwemmungen der aus den Alpen und dem Schwarzwald entwässernden Flüsse. Die Tauwettergrenze überschreitet zwar noch die Mainlinie, aber auf der Höhe Vogelsberg–Rhön bleibt sie liegen und pflanzt sich nicht weiter nordwärts fort. Der Wolkenquerschnitt von Nord nach Süd veranschaulicht die späte Winterwetterlage mit ihrem krassen Süd-Nord-Temperaturgefälle deutlich (Abb. 78). Im norddeutschen Küstengebiet liegen die Temperaturen noch bei −7° C, während zwischen Main und Donau schon +10° C erreicht werden. Über Niedersachsen und Ostholstein setzt trockener kalter Schneefall ein, der bei fast stürmischen Ostwinden verweht wird. In extremen Fällen erreichen die Verwehungen 4 bis 6 m hohe Schneedünen, vor allem im Knickgelände Ostholsteins. Zwar kommen solche Extreme nur zwei- bis dreimal in einem Menschenalter vor. Sie können aber zu einer

«Schneekatastrophe» werden, wenn jede Landtransportmöglichkeit in den betroffenen Gebieten erlahmt (Abb. 79, Wetterquerschnitt).

Die Ostwindwetterlage überdauert auch noch den März in Norddeutschland. Nahe der dänischen Grenze ist es nicht ungewöhnlich, daß Mitte April noch mal der Schneepflug raus muß. Dasselbe gilt natürlich auch für Straßen und Wege im Gebirge, wenn die Kaltluft aus dem Norden noch mal den Weg nach Süden findet. Die polare Zone hat, woran man sich selten erinnert, ihren Sonnenaufgang nach einer halbjährigen Winternacht zum ersten Male am 21. März. Bis zu diesem Termin ist dort demnach noch extreme Kälte produziert worden. So schwappt die Kälte drei Wochen nach dem sehr flachen und zögernden Sonnenaufgang noch über den Rand des Polarkreises und läuft weit nach Süden aus.

Neben der hier beschriebenen vorwiegend meridionalen Zirkulation des langen Nachwinters gibt es einen milderen Wetterablauf bei vorwiegend zonaler Zirkulation im Winter. In den Jahren erhöhter Westdrift treten nicht selten Sturmtiefs auf. Schon der römische Geschichtsschreiber Tacitus erwähnt die Stürme, die um die Vollmondzeit zur Zeit der Äquinoktien (Tagundnachtgleiche, Herbst- und Frühlingspunkt) über Germanien zu herrschen pflegen. Der Vollmond hat zwar nichts mit dem Wetter zu tun, aber in der Zeit der Äquinoktien, für die wir passender Übergangsjahreszeiten oder Frühling und Herbst sagen, scheint er, etwas damit zu tun zu haben, weil sich die Temperaturgegensätze zwischen kaltem Norden und warmem Süden in diesen Jahresabschnitten in Europa besonders kraß aufbauen. Verbunden damit ist auch die Entwicklung eines westlichen Höhensturms. Er stellt sich als Folge des Temperaturgegensatzes immer ein und ist deswegen auch dann zu finden, wenn bei einem kalten Nachwinter der Norden Deutschlands noch in einer Schneekatastrophe steckt. Es ist dann besonders eindrucksvoll, wie der stürmische Ostwind der unteren Luftschichten in einen Westorkan bei rund 6 bis 8 km Höhe übergeht, alles nur wegen der gegensätzlichen Temperaturen.

Der westliche Höhensturm (Abb. 80, 81, 82, drei Karten einer Weststurmlage), der in einer westlichen Bodenströmung auch in milden Wintern auftritt, beginnt häufig um den 2. Februar, woraus sich auch die Lostagsregel herleitet: Wenn's um Lichtmeß stürmt und schneit, ist der Sommer nicht mehr weit. Der erwähnte Schnee ist aber in diesem Falle der Vorbote beginnenden Tauwetters, weil Wetterfronten mit milderer Luft vom Atlantik her in Anmarsch sind.

Der Temperaturgegensatz zwischen Nord und Süd wird in diesem Falle nicht durch den Einbruch noch winterlicher Kaltluft von Norden her bestimmt, sondern durch den frühen Vormarsch warmer Luft aus Süden, wodurch ja auch der Temperaturgegensatz gegen einen wenn auch nicht so kalten Norden herbeigeführt werden kann, hier liegt dann eben der Temperaturplafond 10° C höher als in der erst beschriebenen Wetterlage.

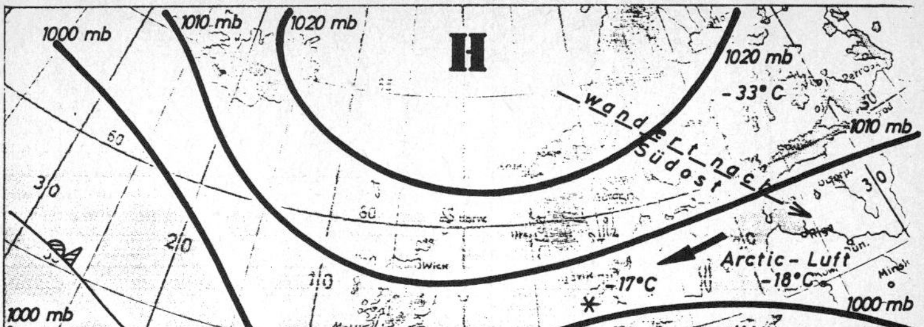

Beobachtungen 15.2. Früh:

					Schneehöhe unverweht		
Emden	:ENE	20 Kts	*	- 5° C	44 cm		
Bremen	:ENE	21 "	*	- 7° C	56 "		
Bremerhaven	:ENE	19 "	*	- 5° C	27 "		
Hamburg	:ENE	24 "	*	- 6° C	56 "		
Lübeck	:ENE	18 "	*	- 5° C	39 "		
Sylt	:ENE	35 "	Schneetreiben	-7°C	17 "	Cuxhaven :	55 cm
Hannover	:E	19 "	Schneetreiben	-9°C	48 "	Soltau :	52 "

~ vereisender Regen
* Schnee
▽ Schauer
//// Landregen

Zum 15.2.79 hat der Ostwind auch Südniedersachsen erfasst und das Tief nach S. gedrückt. (1 Kts (Knoten) ist 1.85 km/std) E = Ost, N = Nord

Wetterkarte 14./15. Februar 1979

Süddeutschland hat fast +15° C, Norddeutschland zwar nur +3° C, wo es bei der strengen Winterlage um −7° C lag.

Die milden Winterlagen sind also recht sturmträchtig. Im Februar fand 1956 ein schwerer Orkan vor der holländischen Küste statt, 1962 die Flutkatastrophe in Hamburg, 1967 im deutsch-dänischen Grenzgebiet mit Hurrikanstärke von 100 kts, d. i. 185 km/h (Abb. 83).

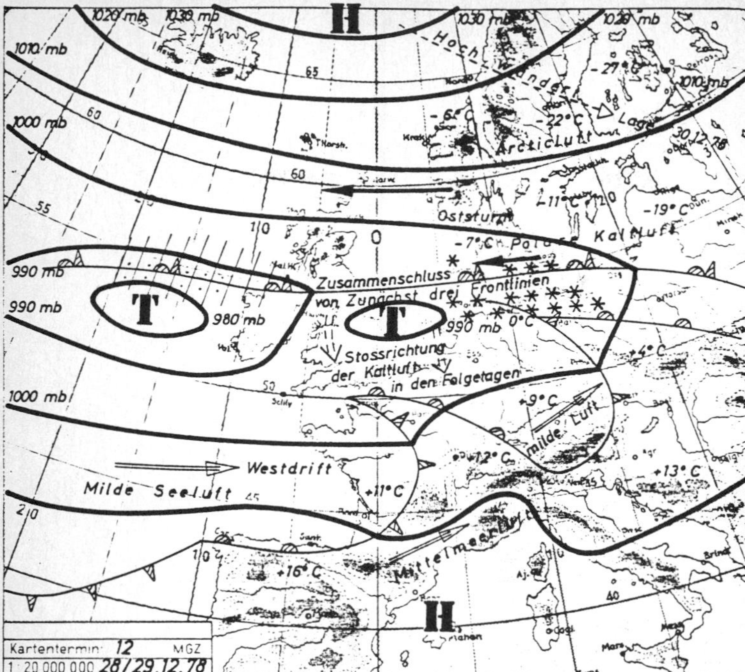

Eine langgestreckte Breitenkreisparallele Frontlinie trennt das Ostwindfeld mit Kaltluft vom Westwindfeld mit milder Meeresluft. Die Wetterkarte vom 29.12.78 sah fast gleich aus wie die vom 28.12.78

78: Die beiden Wetterkarten zeigen die ähnlichen Wetterlagen für «Schneekatastrophen» in Norddeutschland. Beide Ereignisse traten im Winter 1978/79 auf.

Nach den Stürmen bleibt die Luft atlantisch milde, neigt aber zu warmen Extremen. Ostern zeigen sich viele Obst- und Frühlingsblüten. Die Gefahr ist groß, daß später Nachtfrost die voreilige Vegetation schädigt. Nachtfröste stellen sich um den 1. Mai und wieder zu den Eisheiligen (11., 12., 13. Mai) ein.

Die zonalen Wetterlagen mit ihren Stürmen in den Übergangsjahres-

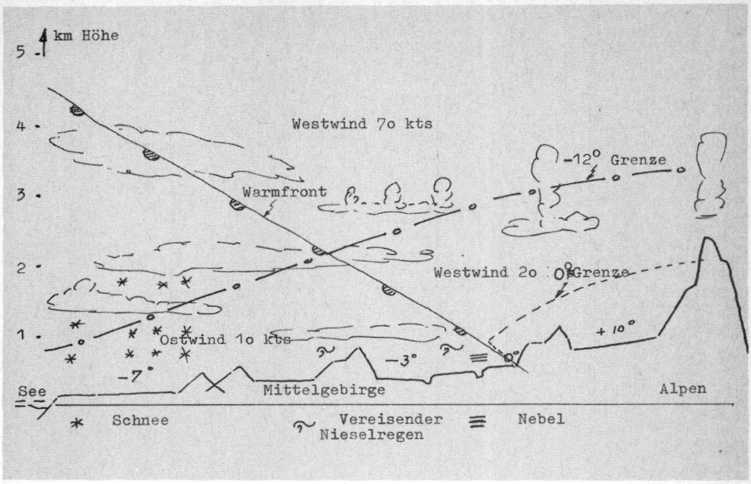

79: Eine Querschnittsdarstellung über Deutschland für die Wetterlage am 14.2.1979. Wind, Wetter und Temperaturen zeigen scharfe Gegensätze zwischen Nord und Süd.

zeiten treten auf, wenn die Luftmassen der kommenden Hauptjahreszeit zu früh nach Mitteleuropa vordringen.

Im Herbst demnach zu frühe Kaltlufteinbrüche aus polaren Breiten, im Frühjahr subtropisch warme Luft vom Mittelmeer oder gar der Sahara (Scirocco-Wind über Italien). Bemerkenswert ist, daß in den zwanziger und dreißiger Jahren dieses Jahrhunderts die Orkane im Oktober häufiger waren und nach dem Zweiten Weltkrieg die Februarorkane. Früher kamen demnach zu frühe Kaltlufteinbrüche im Herbst häufiger vor als zu frühe Warmluftvorstöße im Februar.

Das Vorrücken des Frühlings von Süddeutschland nach Norddeutschland kann man auch an der Vegetationsentwicklung studieren. Das Studium dieser Entwicklung in Zusammenhang mit den Klimabeobachtungen wird Phänomenologie genannt. Schon Ende Februar beginnt die Frühlingsblüte in Südwestdeutschland. Die Bergstraße gehört bekanntlich zu dem Streifen der frühesten Frühlingseinzugsmerkmale.

Sie entwickelt sich von dort schneller den Rhein abwärts als nach Osten. Am spätesten kommt die Frühlingsblüte an das deutsche Küstengebiet. Selbst zwischen Hamburg und der deutsch-dänischen Grenze sind noch etwa 10 Tage Zeitverzögerung, was an der nur mühsam steigenden Wassertemperatur der benachbarten Meere liegt. Dafür hat der Norden

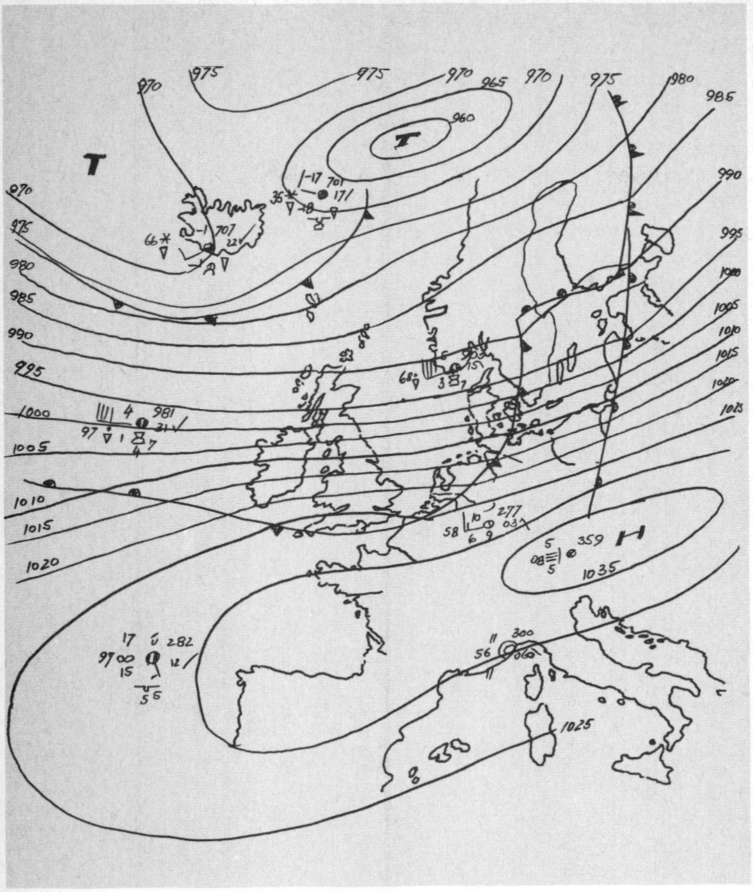

80: Drei Wetterkarten zeigen eine lebhafte Westwindwetterlage vom 3. 12. 1979. Die erste ist die Bodenwetterkarte. Dazu gehört als nächste Karte die mittlere Temperaturverteilung in der unteren Hälfte der Wetterzone und als dritte Karte die Topographie der 300 hPa-Gleichdruckfläche. Alle Karten haben ein großes Luftdruckgefälle, was mit dem Temperaturgefälle von rd. 15° C über 600 NM (nautische Meilen) zusammenhängt.

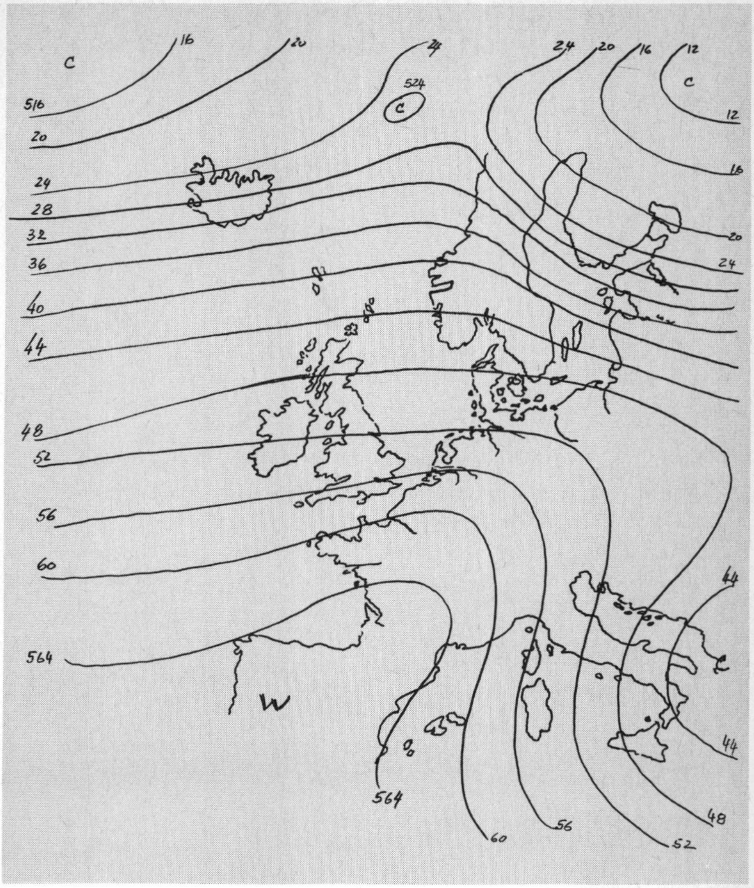

81: Muster einer relativen Topographie, d. h. der Höhenunterschied zweier Gleichdurckflächen, der allein von der Temperatur abhängig ist. Deswegen kann man die relative Topographie auch als mittlere atmosphärische Temperaturkarte lesen, wobei niedrige Höhendifferenzen zu Kaltluft und große Höhendifferenzen zu Warmluft gehören. 516 bedeutet z. B. eine Höhendifferenz von 5160 m. 516 entspricht 258° K oder –15° C. Die Karte stammt vom 3. 12. 1979.

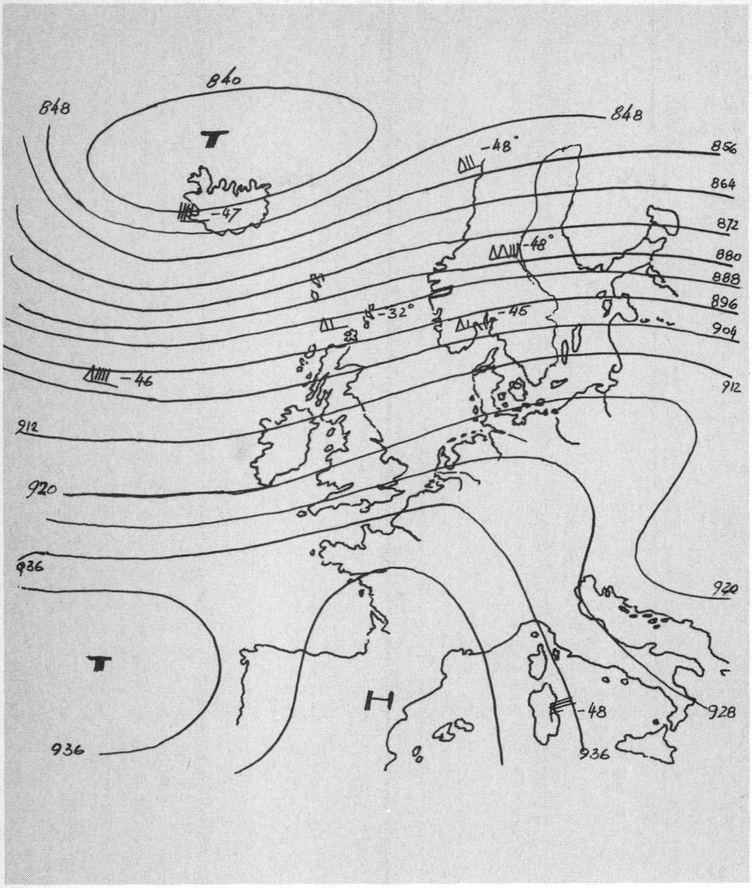

82: Höhenwetterkarte vom 3. 12. 1979. Es ist die Topographie der Gleichdruckfläche 300 hPa. Die Höhe 840 entspricht 8400 m. Die Wimpel an den Windfahnen entsprechen 50 kts. Upsala in Schweden hat damit 130 kts Windgeschwindigkeit in 8800 m. Die Temperatur ist dort −48° C.

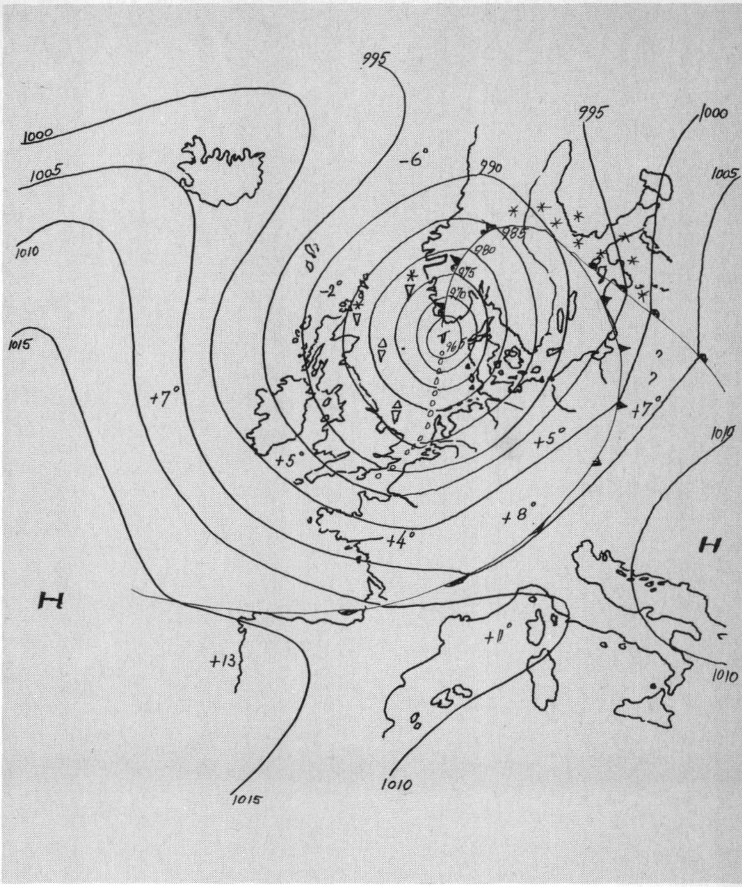

83: Diese Karte ist ein Bild über ein begrenztes Sturmfeld mit dem Zentrum im Skagerrak. Hierbei sind in Norddeutschland die extremsten Sturmgeschwindigkeiten bis zu 180 km/h aufgetreten. Ganze Wälder wurden dabei abgeholzt und Leute im Wald von fallenden Bäumen erschlagen.

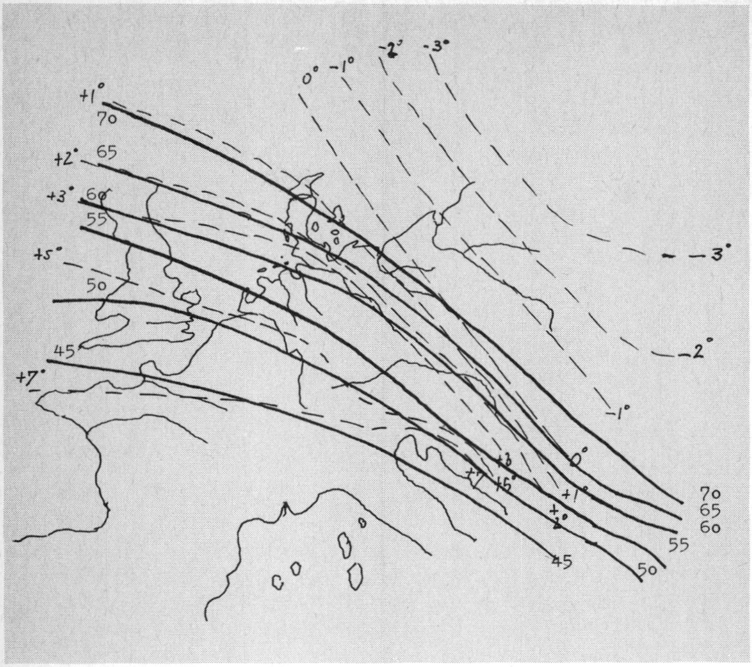

84: Der Einzug des Frühlings in Europa (Krokusblüte). Die ausgezogenen Linien sind die Jahrestage gleichen Frühlingseinzugs. Die gestrichelten Linien sind die Isothermen der Mitteltemperaturen von Februar und März. Im Winter verlaufen die Isothermen meridional. Man erkennt dies noch an den negativen Isothermen.

natürlich seltener Frostschäden in der Blüte als der Süden. Auch ist die Blütezeit wegen der langsamen Erwärmung im Norden länger als im Süden. Dies hat auch etwas mit der Kontinentalität im Gegensatz zur Maritimität zu tun (Abb. 84, 85 u. 86).

Im kontinentalen Klima überwiegen die Hauptjahreszeiten, Sommer und Winter. Dagegen sind die Übergangsjahreszeiten (Herbst und Frühjahr) verkümmert. Wo die Frühlingsblüte schnell vergeht, da schließt sich dem Winter auch rasch der Sommer an. Der Frühling verkürzt sich gegenüber dem Kalender. Dieser Charakterzug ist kontinental.

Im maritimen Klima der Küsten ist der Frühling länger als dem Kalender nach. Diese Zeit ist hier auch die trockenste. Nur die Temperatur will bei guter Besonnung nicht steigen, so daß die Küstenbewohner noch hei-

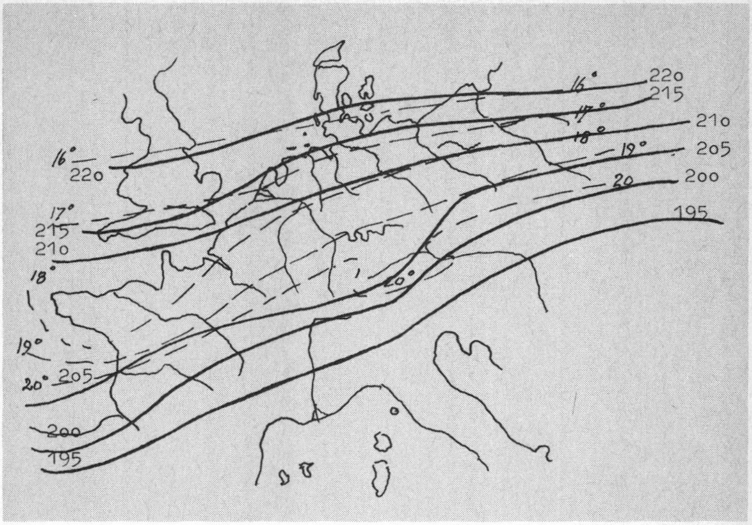

85: Der Einzug des Hochsommers in Europa. Isolinien wie in der vorigen Abbildung. Jetzt liegen beide Linienarten zonal, oder richtiger noch: Sie folgen dem nördlichen und südlichen Küstenverlauf. Mittlere Isothermen von Juni und Juli.

zen müssen, wenn sie bereits Tagesblätter des Sommers vom Kalender reißen.

Ihr kurzer Sommer geht schnell in den Herbst über, denn kaum sind die ersten warmen Tage eingetreten, da beginnt das regnerische Wetter. Die Feuchtigkeit verhindert, daß im Herbst eine frühe Laubfärbung einsetzt. Zwar kam die Belaubung an der Küste später als im Binnenland, jedoch beläßt die milde feuchte Witterung des Herbstes diese Belaubung an der Küste auch länger.

Die atmosphärischen Zusammenhänge, so erkennt man, sind verflochten, so daß beim Ansprechen der einen typischen Wetterlage diese auch gleich im Zusammenhang anderer Zeiten und Landschaften gesehen werden müssen. Aus der Statistik sei bemerkt: Im Laufe des Jahres ist südlich der Mainlinie die Häufigkeit für den Einfluß von Mittelmeerluft größer

87: Karte lokaler Witterungsverhältnisse in Europa incl. der Mittelmeerländer. (Römische Zahlen: Monate des höchsten Niederschlags).

∇ = Schauer; = Gewitter; ≡ = Nebel ▶

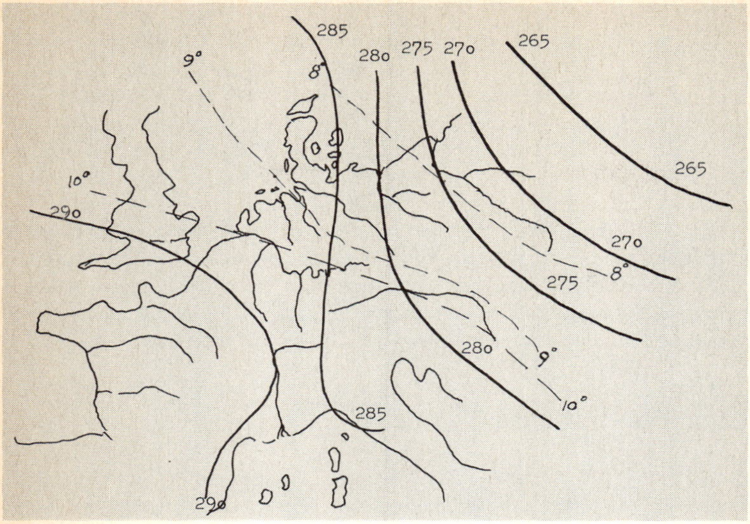

86: Der Einzug des Herbstes in Europa. Jetzt liegen die Linien gleichen Jahrestages des Herbsteinzugs schon winterlich meridional. Isothermen sind Mitteltemperaturen von September und Oktober.

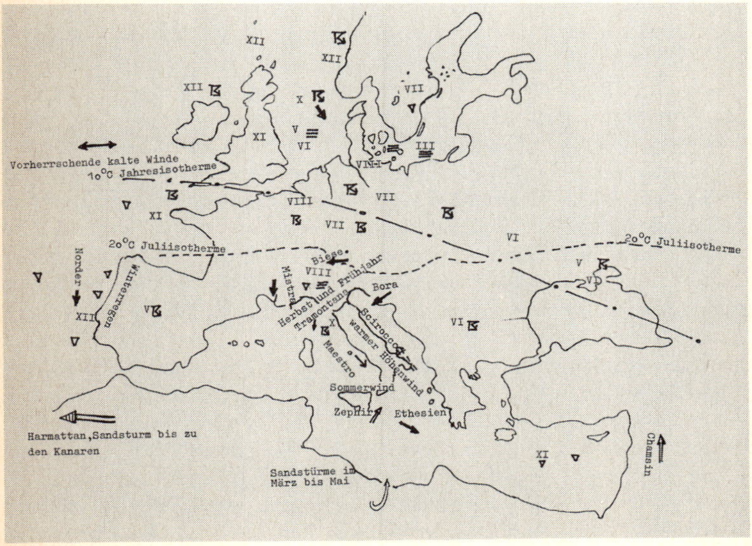

als nördlich der Mainlinie. Nördlich der Mainlinie kommt häufiger polare Luft als Mittelmeerluft vor. Zu beachten ist in diesem Zusammenhang auch die Lage der Linien gleicher Mitteltemperatur über Mitteleuropa. Der Isothermenverlauf ist im Winter mehr Nord-Süd ausgerichtet, im Sommer mehr von Westsüdwest nach Ostnordost. Damit ist deutlich, daß im Winter der Gegensatz zwischen Land und Wasser überwiegt, im Sommer aber der Gegensatz zwischen Nord und Süd, welcher sich in den Übergangsjahreszeiten extrem verschärfen kann.

Die Verteilung vorherrschender Wetterelemente zeigt sich in einer Darstellung für Europa (Abb. 87), für welche man auch den Monat maximaler Niederschläge aus der Verteilung von Gewitterschauern ablesen kann, welche wiederum etwas mit dem Übergang vom kontinentalen zum maritimen Klima zu tun hat. Das wird gleich gezeigt an den

Sommerwetterlagen

Die ergiebigsten Niederschläge fallen im allgemeinen in Gewitterregen. Deswegen hat jeder Landstrich dann sein Niederschlagsmaximum, wenn dort die größte Bereitschaft zu Gewitterregen besteht. Natürlich ist dies im Sommer der Fall. Aber wenn wir den Sommer nach seinen Monaten aufgliedern, ergibt sich da doch ein Unterschied zwischen maritimen und kontinentalen Landstrichen.

In Südosteuropa fallen die meisten Schauerniederschläge schon mit dem ausgehenden Frühling, dem beginnenden Sommer, also im Mai/ Juni. Je weiter wir nach WNW wandern, um so mehr verlagert sich der Zeitabschnitt gegen den Juli, welcher der im Herzen Mitteleuropas gültige Monat für vorherrschende Gewitterschauer ist.

Je weiter wir aber in Richtung der Küste kommen, um so später treten Schauerniederschläge auf. Das Wasser erwärmt sich spät im Sommer und stellt daher für die Auslösung von Gewitterschauern erst spät im Sommer die nötige Wärme und Feuchtigkeit zur Verfügung, um auch hier solche Mengen bringende Niederschlagsformen auszulösen. An der deutschen Küste wird es August, über der Nordsee gar erst Oktober, November. An der Atlantikküste verschiebt sich die Gewitteranfälligkeit gar auf die Wintermonate. So sind dort von der norwegischen Küste nach Süden bis Portugal die Gewitterniederschläge erst im Dezember anzutreffen. Schottland ist dafür bekannt, daß dort fast ausschließlich Gewitter in den Monaten Dezember/Januar vorkommen. Die Gewitterverteilung auf die Monate des Jahres zeigt, daß diese Wettererscheinung nicht ausschließlich ein Merkmal des Sommers ist, wie sie sich unserer Landerfahrung darstellt, sondern daß eine maritime Erfahrung zu einem ganz anderen Ergebnis kommt, nämlich Quellwolken, Schauer und Gewitter treten auf dem großen Ozean erst im Winter auf. Alle Wetterboten, die wir als Landmenschen zum Sommer erwarten, sind dagegen auf dem freien Weltmeer solche des Winters. Das läßt sich auch umkehren in dem Sinne, daß beispielsweise Nebel und trübe Tage mit Nieselregen, wie wir die Erscheinungen vom November her kennen, auf dem Nordatlantik sommerliche Merkmale sind, die ihre größte Häufigkeit im Juni/Juli haben. Schon über der Nordsee ist Nebel am häufigsten im Mai/Juni.

Es ist gut, sich den Land-See-Unterschied an solchen Wettermerkmalen klarzumachen, die aus unserer Landerfahrung eine starke Bindung zu bestimmten Jahreszeiten haben.

Landregen bringt nur bei bestimmten Wetterlagen reichlichen Niederschlag. Er tritt am häufigsten im Mai in den Ostalpen auf. Die großen Frühjahrsregen kommen von Oberitalien. Sie liegen am Nordrand von Tiefdruckgebieten, die sich über Süditalien entwickeln und die zur dalmatinischen Küste in die Adria ziehen. Sie umrunden die Karawanken, überziehen ganz Österreich und Ostbayern mit einem mächtigen, weit ausgedehntem Wolkenschirm. Beim Herübergleiten über die Alpen nordwärts lösen sich noch dicke Wolkenkamine von den Bergen ab, welche in den breiten Wolkenschirm hineinsteigen und während des Landregens Schauereinlagen bringen mit reichen Niederschlagsmengen. Die Wärmekamine entarten vielfach auch zu Gewittern, welche vor allem nachts sehr aktiv sein können. Das ganze Niederschlagsgebiet bewegt sich allmählich nordwärts. Weil im Südosten gleichzeitig soviel Gebirgsgebiete vom Regen überzogen werden, fließt das Wasser von den steilen Hängen schnell in die Flüsse. Es kommt rasch und überraschend zum Hochwasser an Inn und Donau und ihren vom Gebirge abwärtigen Nebenflüssen.

Der eben beschriebenen Zugbahn, jener mit viel Regen verbundenen Tiefs im Mai, haben die Meteorologen die Bahnnummer V b gegeben, eine römische Nummernbezeichnung. Die Zugbahnstatistik stammt noch aus der Zeit der Jahrhundertwende, wo die Wechselwirkung zwischen Temperaturfeldern und Höhenwind noch nicht physikalisch erklärbar war und die Abhängigkeit der Zugrichtung der Tiefdruckgebiete von der Höhenströmung darüber noch nicht erkannt war.

Für die Wärmegewitter des Sommers lassen sich auch bevorzugte Entwicklungswege erkennen. Sie folgen vom Sommeranfang an gesehen gern den gleichen Entwicklungswegen wie die Frühlingsvegetation. Auch sie beginnen in der oberrheinischen Tiefebene, nachdem sie aus Südfrankreich über die Burgundische Pforte in Deutschland eingewandert sind. Sie ziehen sich die Mosel herauf und den Rhein herunter, wenn sie das Mainmündungsgebiet überschritten haben.

Auch der Kraichgau oder das Altmühltal sind beliebte «Brutstätten» der Sommergewitter.

Anders als Taggewitter verhalten sich die passiv ausgelösten Nachtgewitter, passiv, insofern die tägliche Einstrahlung nicht die auslösende Wärme schafft, sondern Wärmereserven über Wasserflächen.

Wenn die Wasserflächen ihre höchsten Monatstemperaturen des Jahres erreicht haben, im August, kommt es über breiteren Flüssen, über Seen und an der Wattenküste der Nordsee zu häufigeren Nachtgewittern, deren Höhepunkt erst gegen Ende der Nacht erreicht wird. Die nächtliche Abkühlung an einer wasserdampfreichen Dunstschicht in der Höhe, auch ein typisches Merkmal des August, ist hierfür auslösend.

Im Verein mit der Wärme, die die Seen und Flüsse auch des Nachts behalten, weil Wasser sich nur wenig abkühlt und das abgekühlte Wasser auch noch von der Oberfläche verschwindet und in die Tiefe sackt, entwickelt die Abkühlung in der Höhe eine vertikale Umschichtung der Luft, Konvektion genannt, welche die nächtliche Gewitterentwicklung unterstützt.

In der Vegetationsentwicklung zwischen Land und Wasser tritt noch einmal im Ablauf des Sommers eine deutliche Gegensätzlichkeit ein.

Die Küstenregionen haben im Frühsommer ein Niederschlagsminimum. Rein kontinentale Landstriche entwickeln bereits zu dieser Zeit ihr Niederschlagsmaximum. Es ist die Zeit des Wachstums der Pflanzen, z. B. auch des Getreides. Die Kontinentalität kommt dem Getreideanbau entgegen. Sie liefert den hohen Niederschlag während des höchsten Wasserbedarfs der Wachstumsphase der Pflanzen.

Die maritimen Landstriche dagegen haben während dieser Periode eine fatale Trockenheitszeit.

Wenn die See im Juli/August warm geworden ist, liefert sie durch hohe Verdunstung viel Feuchtigkeit. Es beginnt in den Küstenregionen die Regenzeit, welche sich auf den Nordseeinseln vorwiegend nachts auswirkt, weiter landeinwärts auch am Tage. Wolken und Regen sind während der Reifephase den Pflanzen, besonders dem Getreide, abträglich. Wieder ist die Natur für die Kontinentalität und gegen die Maritimität. Im kontinentalen Klimabereich wird es nämlich – wie auch im ganzen Mittelmeerraum – ab Anfang Juli bis Mitte Oktober trocken. Sonne und Wärme stehen hier zur vollständigen und gesunden Reife der Pflanze zur Verfügung.

Maritimes Klima unterstützt im wesentlichen die Weidewirtschaft. Wohl ist auch den Gräsern eine zu lange Frühjahrstrockenheit abträglich. Aber die mit der Maritimität verbundenen milden Winter sind die besonderen Vorteile der Weide. Irland ist dafür ein ideales Beispiel, weil hier milde Winter regelmäßig eintreten.

Im gewissen Sinne folgen auch Hochlagen dem Rhythmus der Maritimität. Auch hier tritt die größte Wärme des Jahres verspätet ein. Die Nullgradgrenze schiebt sich im August gerade auf Zugspitzenhöhe.

Strengere Winterabschnitte liegen erst am Ende des Hochwinters. Intensive Ultraviolettstrahlung leitet trotz noch großer Kälterückfälle im Frühjahr das Wachstum der Pflanzen ein, die dann auch bei trockeneren Perioden vom Schmelzwasser bei aufsteigender Nullgradgrenze ernährt werden können.

Die extreme Winterkälte, die in der bayerischen Ebene und im Alpenvorland auftreten kann, fehlt in den Bergen. Bei extremer Bodenkälte kann die Luft in 1000 m Höhe um mehr als 10° C wärmer sein als in der Ebene.

Auch die Verlängerung des Sommers in einen «goldenen» Oktober ist im Bergland gut zu beobachten, wenngleich die Täler zu der Zeit schon in Nebel gehüllt sind. Die sonst so rauhe Schwäbische Alb hat im November fast ihre heitersten Tage. Wenn in den engen Taleinschnitten schon Frost und Herbstnebel vorkommen, trifft man oberhalb etwa 700 m einen sternklaren Nachthimmel bei mehr als 15° C Wärme an. Am Tage erreicht hier bei wolkenlosem Himmel die Temperatur mehr als 20° C.

So wie am Anfang unserer Wetterbeschreibung eine Wetterlage Ende Januar vorgestellt wurde, die gleichzeitig bestimmend für die Wetterentwicklung der Folgewochen war, gibt es auch im Sommer eine einschneidende Umstellung um «Siebenschläfer» (27. Juni), die einschneidend für die kommenden Wochen ist. Die Meteorologen sprechen von der Einstellung des Sommermonsuns. Diese Entwicklung hat mit der der indischen Küste, aus welchem Landstrich das Wort Monsun kommt, gemeinsam, daß nach einer Aufheizung des Festlandes Seewind einsetzt, der in diesem Falle nicht nur eine Tageszirkulation bestimmt, sondern eine größere jahreszeitliche.

In unserem Sommermonsun bricht kühle Meeresluft auf der Westflanke eines über Nordjütland fast ortsfesten Tiefs über die Nordsee nach Mitteleuropa ein. Die nördliche Nordsee hat zu der Zeit eine Wassertemperatur von 13 bis 15° C, die südliche Nordsee, südlich des 55. Breitengrades, um 16° C.

Gleichzeitig liegt ein Keil hohen Luftdrucks über den Alpen und reicht über die Pyrenäen nach Westen bis in die südliche Biskaya.

Unter solcher Luftdruckverteilung wird Süddeutschland weniger vom kühlen Schauerwetter betroffen als Norddeutschland. Hier erweist sich der statistische Befund berechtigt, daß Süddeutschland häufiger unter subtropischen Luftmassen mediterranen Ursprungs liegt als Norddeutschland. Abgesehen von einzelnen Wärmegewittern reicht das sommerliche Wetter von Südfrankreich über die gesamten Alpen bis zum Donautal und breitet sich über die ganze Balkan-Halbinsel aus. Im Mittelmeerraum bleibt es drei Monate trocken, von Juli bis Ende September bei leichtem Nordwestwind, der in Italien deswegen als Maestro bezeichnet wird.

Der beschriebene Sommerablauf ist die Regel.

Außergewöhnlich ist dagegen eine sommerliche Luftdruckkonstellation, bei der über Skandinavien ein Hochdruckgebiet liegt, das eigentlich zu einem Winterwettertyp gehört. Meistens steht es noch bis in den Frühling durch. Doch ist es außergewöhnlich, wenn es auch noch bis in den späten Sommer verweilt. Auf jeden Fall nimmt seine Beständigkeit im Laufe des Sommers ab.

Unter dem Einfluß eines solchen Hochs bläst Ostwind über die Ostsee. Sie kommt von ganz kontinentalen Landstrichen. Wie schon angemerkt, zeichnen sich kontinentale Landstriche durch eine Dominanz der Hauptjahreszeiten aus und damit auch durch starke Temperaturkontraste zwischen Winter und Sommer. Wie eben der Ostwind im Winter damit grausam kalt ist, so bringt er im Sommer viel Wärme in das norddeutsche Küstengebiet, vorausgesetzt, er stellt sich einmal alle 10 bis 15 Jahre ein, dann manchmal gleich zwei oder drei Sommer hintereinander. Gute Sommer werden an der deutschen Küste also nicht herbeigeführt vom vielgerühmten Azorenhoch, sondern vielmehr von einem nordischen polaren Hoch, das warme Festlandsluft herbeitransportiert.

Aus dem gleichen Grunde sind die Sommer in Finnland für einige Wochen mit einer extremen Wärmespitze ausgestattet, wobei 30 bis 40° C erreicht werden und die Seenlandschaft nur unter dem Moskitonetz zu genießen ist. Darin hat Finnland übrigens Ähnlichkeit mit seinem pazifischen Pendant: nämlich Alaska. Auch dort bringt ein sommerlicher Ostwind aus Kanada trockenheiße Sommerluft heran.

Belege der nordischen Ausnahmesommer sind die Sommer 1975 und 1976.

Die Schlußfolgerung aus den beschriebenen gegensätzlichen Sommerwettertypen ist: Bei gutem Sommer in Süddeutschland fällt der Sommer Norddeutschlands naßkalt mit kühlen Nordwestwinden aus. Bei gutem Wetter in Norddeutschland aber ist es regenreich und kühl in Bayern und im Alpenvorland, der seltenere Fall.

Bei der Ostwindlage Norddeutschlands nämlich ziehen schwache Randtiefs, in den heißen Gegenden der Erde heißen sie «easterlies», aus dem Karpatenraum westwärts und verstärken sich am Alpennordrand zu Gewitterlinien, die im Zweitagesrhythmus sich ablösen.

Im Kalendersommerbeginn kann es auch zu einer ortsfesten Schlechtwetterlinie kommen, die ziemlich genau dem Donautal folgt und dort über Tage ergiebigen Regen bringt, der dabei leicht die Getreidefelder überschwemmt und sie unbrauchbar macht.

Es gibt im Wetter zwischen Nord- und Süddeutschland eine Gegenläufigkeit, die man mit guter Trefferwahrscheinlichkeit so sehen kann: Gutes Wetter im Norden, schlechtes im Süden; schlechtes Wetter im Norden, gutes in Süddeutschland. Da Süddeutschland kontinentaler als Norddeutschland ist, trifft für alle Wetterelemente bis auf den Wind zu, daß sie im kontinentalen Bereich intensiver auftreten als im maritimen. Das schöne Wetter ist schöner als an der See. Temperaturen im Winter und im Sommer erreichen größere Extreme. Der Extrem-Unterschied des Jahres in Bayern erreicht leicht 60° C, wogegen er in Norddeutschland bei 40° C zwischen Sommer und Winter verbleibt. Aber auch Gewitter sind häufiger und stärker im Süden, wobei besonders häufig Bergkuppen betroffen sind. Selbst Nebel, der im Süden weniger häufig ist, ist dort intensiver als im Norden. Im Norden liegt die Nebelintensität an der Grenze zwischen Dunst und Nebel, die die Meteorologen nach der Sicht bei 1 km Sichtmarke ziehen. Der Nebel Süddeutschlands kommt oft abrupt und verschwindet ebenso plötzlich. In Norddeutschland leitet er sich durch Dunst ein. Wenn er geht, steigt die Sicht nur mühsam über die 1 km-Marke an.

Sieht man von kurzen extremen Böen ab, so ist natürlich der Wind an der Küste stärker und beständiger als im Binnenlande. Sarkastische Bewohner Nordfrieslands sagen: Bei uns ist sechs Tage in der Woche Wind und ein Tag Sturm, und dann ist die Woche vorbei!

Wegen der geringen Reibung der Wasseroberfläche gegen die Windbewegung übt diese auf den Wind auch keine bremsende Wirkung aus. So weht der Wind an der Küste ungehemmt. Aus dem gleichen Grunde hat er es über Wasser schwerer, den Gegensatz zwischen Hoch- und Tiefdruckgebiet aufzufüllen, so daß dieser Gegensatz über See größer werden kann als über Land. Dieser Effekt unterstützt natürlich die reibungsarme Eigenschaft zu hohen Windstärken.

Es ist wohl deutlich geworden, daß Land und See viel zu den charakteristischen Wettermerkmalen beitragen.

Die Alpen sorgen dafür, daß Süddeutschland von einem deutlichen Einfluß des Mittelmeeres abgeriegelt bleibt. Ein Föhn aus Süden verfälscht den Meereseinfluß, denn die Luftfeuchtigkeit wurde schon an den Südhängen der Alpen ausgefiltert. Südstau bringt hauptsächlich in den Übergangsjahreszeiten Regen in Oberitalien. Deswegen gehört auch die Po-Ebene zu den nebelreichsten und nebelintensivsten Gebieten Europas.

Wetterregeln
Zum Gebrauch für jedermann

I Barometerstand

1. Nicht jeder hohe Barometerstand bedeutet schönes Wetter: In einer Wetterkarte neigt zyklonale Isobarenführung zu schlechtem Wetter, auch wenn der Isobarenwert höher als der Jahresmittelwert (1013 hPa) ist.

Antizyklonale Isobarenführung neigt zu gutem Wetter, auch wenn der Isobarenwert kleiner als 1013 hPa ist.

2. Im Sommer ist häufig sonniges und warmes Wetter, wenn das Barometer stetig ein wenig fällt. Umgekehrt herrscht trübes kühles Wetter, wenn das Barometer langsam, aber stetig steigt.

3. Rascher und tiefer Barometerfall zeigt das Herannahen einer Gewitterfront im Sommer an, in den anderen Jahreszeiten das Herannahen eines Sturmfeldes.

4. Dauerhafte Hochs werden mit langsamem Druckanstieg aufgebaut.

5. Extrem hoher Barometerstand wird bei winterlicher Kälte aufgebaut. Es wird trockene und ebenso extrem kalte Festlandsluft herangeführt.

6. Im Winter ist trockenes Wetter bei zügigem Druckanstieg zu erwarten, schlechtes Wetter bei zügigem Druckfall (Umkehr der Sommerregel).

7. Längerer und stärkerer Luftdruckfall deutet auf die Annäherung mächtiger Polarluft (bei gleichzeitiger Wetterverschlechterung).

Längerer Druckanstieg (8 bis 10 hPa pro Tag) deutet auf den Antransport hochreichender Warmluft, die sich im Winter meist nicht bis zum Boden durchsetzt.

II Verhalten von Hoch- und Tiefdruckgebieten

1. Tief und Hoch können in schneller Folge hintereinander herwandern. Das ist das Zirkulationsschema einer Westdrift. Das Wetter ist meist unbeständig. Die Aufheiterung beim Durchzug eines «Zwischenhochs» ist nur kurzfristig (½ bis 1 Tag).

2. Sind Tiefdruckgebiete stationär (im Norden Mitteleuropas meist im Sommer), so ist das Wetter unbeständig.

Sind Hochdruckgebiete stationär (in Mitteleuropa überwiegend im Spätwinter und Frühjahr), so ist das Wetter beständig, jedoch nicht selten dunst- und nebelanfällig (Smog-Gefahr über den Industriegebieten).

3. Tiefdruckgebiete, die vom Südosten Europas kommen, bringen anhaltende ergiebige Regenfälle besonders im Osten Mitteleuropas (Häufigkeit Mai/Juni)

4. Das Azorenhoch wirkt sich nur südlich der Mainlinie aus. Schönes Wetter über Norddeutschland kommt nur von einem Skandinavienhoch (Ostwindlage).

III Seeklima – Landklima

1. Im Seeklima treten die Hauptjahreszeiten nur verkümmert auf (Sommer, Winter), es dominieren die Übergangsjahreszeiten (Frühling, Herbst).

Im Landklima ist es umgekehrt (Vorherrschaft der Hauptjahreszeiten).

2. Die Wettermerkmale der See verhalten sich gegenläufig zu denen des Landes:

Gewitter an Land im Frühsommer ab Mittag bis Abend.

Gewitter über See im Spätsommer und Herbst von Mitternacht bis Morgen.

Nebel über Land im Herbst nachts.

Nebel auf See im Frühjahr und Frühsommer, intensiver bei Tag als bei Nacht.

3. Kälteste Landtemperatur im Januar, kälteste Wassertemperatur im Februar/März.

Wärmste Landtemperatur im Juli.

Wärmste Wassertemperatur im August/September.

Im Hochgebirge hängt die Extremtemperatur ähnlich zurück wie über See. Das Hochgebirge erlaubt keinen «Osterspaziergang».

4. Schwere Herbststürme bringen die Wettermerkmale des Atlantiks, also der freien See, unverfälscht nach Mitteleuropa (nachts kräftige Gewitter).

5. Alle meteorologischen Elemente erreichen in reinem Landklima ihre Extreme. Die Kontinentalstaaten fördern deswegen ihren meteorologischen Warndienst, die maritimen Staaten nur im Hinblick auf den Wind. Im maritimen Klima gibt es nur den Wind als Extrem. Über einer rauhen Landoberfläche wie Bergwäldern wird der Wind gebrochen, nicht aber über See. Deswegen verschärft sich der Gegensatz zwischen einem Hoch und einem Tief über See mehr als über Land. Der Reibungseffekt über Land, den der Wind dort erleidet, unterstützt nämlich das Auffüllen der Tiefs. Deswegen treten tropische Wirbelstürme nicht im Innern der Kontinente auf, sondern nur über Meer und Küste.

Über Land kann der Unterschied sommerlicher und winterlicher Extremtemperatur 60° C betragen, über See nur 25° C.

IV Der Wind

1. Wenn ein Hoch über einen Beobachtungsort wegzieht, dreht der Wind rück (auf der Nordhalbkugel linksherum, z. B. von West auf Süd oder von Ost auf Nord).

Wenn ein Tief über einen Beobachtungsort wegzieht, dreht der Wind recht.

2. Der Wind dreht auch recht beim Durchzug einer Wetterfront, am häufigsten von SW auf NW. Je schärfer der Windsprung, desto heftiger das Schlechtwetter an der Front.

3. Beginnt ein Sturm bereits vor dem Regen einer Wetterfront (z. B. Starkwind aus Südost), so läßt sich der Regen Zeit. Die Wetterfronten bewegen sich kaum noch.

4. Dreht ein zunehmender Wind von Süd über Ost nach Nordost und Nord, so zieht ein Tief südlich am Beobachtungsort vorbei. Der Regen am Beobachtungsort ist sehr anhaltend (Tage).

5. Dreht der Wind mit der Höhe recht, Beispiel: niedrige Wolken ziehen aus SW, hohe Cirren ziehen aus NW, so kommt Warmluft heran.

Dreht der Wind mit der Höhe rück, Beispiel: niedrige Wolken aus West, hohe Wolken aus Süd, so kommt Kaltluft heran.

6. Es gibt lokale Windzirkulationen, an den Küsten Land- und Seewind, im Gebirge Berg- und Talwind. Der Wind wird immer bezeichnet mit der Richtung, aus der er kommt.

Ein Talwind kommt aus dem Tal und weht bergan. Ein Seewind kommt von der See und weht landwärts.

Die Lokalwinde sind von der Tagesstrahlung abhängig. Sie stellen sich daher besonders deutlich an wolkenarmen Sommertagen ein, weil dann die Einstrahlung ihre größte Wirksamkeit hat.

Der Seewind setzt ab Mittag ein und ist am späten Nachmittag am kräftigsten. Der Landwind setzt um Mitternacht ein und ist kurz nach Sonnenaufgang am stärksten.

Im Frühjahr weht fast nur Seewind. Wegen der noch kalten See ist zu dieser Jahreszeit der Landwind noch unterdrückt.

Im Herbst weht fast den ganzen Tag Landwind, weil die See den ganzen Tag wärmer als das Land ist.

Der Talwind entwickelt sich im Gebirge bei Tage. Er weht hangaufwärts. Bei sinkender Sonne setzt nachmittags der Bergwind ein. Er weht hangabwärts.

V Das Gewitter

1. In einem «gesunden» Gewitter kommt es statistisch alle 4 Sekunden zu einem Blitz. Während eines Gewitters ereignen sich 2000 Blitze.

2. Frühjahrsgewitter haben eine niedrige Eisphase. Es kommt häufiger zu Erdblitzen. Die Blitze sind aber «kalt», zünden seltener. Die Gewitterdauer ist unter einer Stunde.

3. Warme Gewitter im Mai in den Alpen, an der Küste im August haben eine hohe Eisphase und spielen sich vorzugsweise nachts ab. Hierbei gibt es überwiegend Wolkenblitze, seltener, aber um so zündender Erdblitze.

4. Im Hochgebirge sind Wolkenblitze zugleich Erdblitze. An hohen Punkten besteht große Einschlagsgefahr.

5. Schutz vor Blitzeinschlägen ist unter Baumgruppen (Nadelwäldern) besser als unter einzeln stehenden Bäumen.

6. Um die Strohdachhäuser an der Küste pflanzt man Eschen als Blitzableiter. Pappeln, Eschen, Eichen haben hohe Blitzgefahr. Die Naturvölker der Tropen sagen: Meide Bäume mit rauher Rinde, bevorzuge Bäume mit glattem Stamm (Buchen).

7. Meide das Baden bei Gewitter. Der menschliche Körper ist ein besserer elektrischer Leiter als das Wasser. Beim Einschlag des Blitzes ins Wasser in der Nähe eines Badenden wird der Strom des Blitzes durch den Körper des Badenden abgeleitet. Aus dem gleichen Grund lege man sich in einem baumlosen Gelände nicht flach auf die Erde, sondern gehe in Hockstellung.

8. Gewitter halten sich über warmem Untergrund länger als über kaltem Untergrund auf. Sie stehen dabei länger im Frühjahr und Frühsommer über Trockengebieten und vermehren sich nur bis etwa 16 Uhr/ 17 Uhr Ortszeit.

Wenn im Spätsommer feuchte Wiesengründe, Flüsse und Seen warm sind, vermehren sich dort Gewitter sogar noch nachts und halten sich bis zum Morgen.

9. Autos, Eisenbahnen und Flugzeuge sind Faradaysche Käfige. Blitzeinschläge laufen über die Außenhaut ab.

Auf Schiffen kann es gefährlicher einschlagen, besonders für die Leute an Deck. Gefährdet sind auch Segelboote.

Elektronische Regelsysteme in Flugzeugen kriegen leicht einen Systemausfall durch die mit dem Blitzschlag einhergehende Induktionswirkung.

10. Der Wind umkreist einen Gewitterherd wie ein Tiefdruckgebiet, linksherum. Die stärksten Böen treten auf, wenn harter Niederschlag die Luft gekühlt hat.

11. Hagel fällt vor allem aus «kalten» Frühjahrs- und Frühsommerge-

wittern. Warme Nachtgewitter haben keinen Hagel – außer im Bergland.

Ernteschäden durch Hagelschlag gibt es an den Küsten kaum, denn während der Wachstumsphase der Pflanzen ist die See kalt und unterdrückt Gewitter- und Hagelbildung.

Wenn das Getreide reif ist, werden die Gewitter warm, d. h., Hagel fällt nicht mehr bis zum Flachland durch.

VI Wolken und Niederschlag

1. Schauerniederschlag ist kurzfristig 30 Minuten bis 2 Stunden. Landregen ist langfristig bis zu mehreren Tagen Dauer.

2. Schauer bringen größere Regenmengen als Landregen.

3. Landregen ist mit einförmiger Schichtbewölkung verbunden (Nimbuswolken), Schauerregen kommt aus Quellwolken (Cumulonimbus).

4. Landregen tritt vor Warmfronten und am Stauhang von Gebirgen auf (Schnürlregen), Schauerregen gibt es hinter Kaltfronten und – ungeordnet – nach Tagesüberhitzung einer zur Ruhe gekommenen Kaltluft.

Zwischen den Wetterfronten, im Warmsektor eines Tiefs, gibt es Nieselregen, häufiger natürlich in den Wintermonaten.

5. Lang anhaltender Schneefall, ebenso wie lang anhaltender Regen führen zu Nebel (Verdunstungsnebel).

6. Durch die Verdunstungsabkühlung geht im Winter lang anhaltender Regen schließlich in Schneefall über.

7. Starker Wind vor einem Regen zieht Windabschwächung hinter dem Regen nach sich.

8. In einem Sturmfeld geht der Niederschlag immer mehr zu Schauern über.

9. Vor einer Wetterverschlechterung zieht mittelhohe Bewölkung gern in Linsenform, wie Sandbänke an einer flachen Meeresküste aussehend, auf. Im Hochgebirge ist dabei der Föhnwind stürmisch. Die Bergspitzen fangen an zu rauchen.

10. Ein Sturmfeld kündigt sich vorher mit hakenförmigen Cirren in Streifen an (starke Windscherung in großer Höhe). Ein Landregen kündigt sich mit einem Cirrusschleier an (farbiger Halo-Ring um Sonne oder Mond).

11. Friert Regen als Glatteis im Winter am Boden fest, gibt es bald Tauwetter.

VII Nebel

1. Nebel tritt vorwiegend in Herbstnächten auf. Er beginnt an Waldrändern und den Rändern von Siedlungsgebieten.

2. In mondhellen Nächten sieht man, daß verbreiteter Nebel mit Hochnebelschwaden beginnt, die an der Mondscheibe vorbeihuschen und sich allmählich verdichten. Während der Nacht senken sie sich dann bis zum Boden ab.

3. Nebel heißt: Sicht weniger als 1 km.

4. Nebel entsteht in Kaltluft und füllt deswegen zuerst die Täler.

5. Verdichtet sich ein Nebel plötzlich, hört er bald auf. Er senkt sich nämlich zu Boden.

Verdünnt sich der Nebel allmählich, so geht er in Hochnebel über. Ab November kann die Sonne bei Tage den Nebel nicht mehr auflösen. In Tälern mit hohen Seitenwänden (Oberrheingraben) ist das schon im Oktober der Fall.

6. Wandert man im Gebirge bergan und der Nebel wird immer dichter, so ist man bald an seiner Obergrenze angelangt.

7. Bei plötzlich scharfem Wintereinbruch «rauchen» nachts die Seen. Auch auf dem freien Meer gibt es solchen Seerauch. Im Herbst bleibt der aus Seerauch gebildete Nebel auch bei Tage um die Alpenseen herum.

8. Nebel über See tritt über der Ostsee im März, über der Nordsee im Mai/Juni auf. Die Küstenplätze können nachmittags sehr überraschend in den Seenebel geraten.

VIII Statistische Regeln

1. Wie der Freitag sich neigt, so der Sonntag sich zeigt, ist bei zyklonalen Wetterlagen, besonders Westwindlagen, eine häufig zutreffende Regel (48-Stunden-Rhythmus)

2. Wiederholung auch des Wetters im Wochenrhythmus.

3. Es gibt Lostage, zu denen sich die für die kommende Hauptjahreszeit vorherrschende Zirkulation einpendelt.

Der 20. Januar ist für den Winter so ein Lostag, der 27. Juni für den Sommer (Siebenschläferregel).

Das Wetter der Lostage, so sagt die Regel, hält sieben Wochen an. Bringt der 20. Januar keine späte Winterkälte, so gilt der 2. Februar (Lichtmeß): Wenn's um Lichtmeß stürmt und schneit, ist der Sommer nicht mehr weit. Mit Schneien ist hier Übergang zu Tauwetter nach längerer Frostperiode gemeint.

4. Als trivial wird die Erhaltungsregel angesehen:

Je länger ein Wetter beständig schön oder beständig unbeständig war, um so mehr trifft die Regel zu: Das Wetter morgen ist wie das Wetter heute.

5. Der berühmte Hahn auf dem Mist wäre der pure Zufall. Leider gibt es systematische Stützkräfte für die Atmosphäre, die die Wetterschwankung nach einer reinen Zufallsverteilung dämpfen. Das sind im wesentlichen die Strahlungswirkungen:

- mit Tag und Nacht,
- mit Sommer und Winter,
- mit Land und See,
- mit der globalen Temperaturverteilung: an den Polen kalt, am Äquator warm.

Literaturübersicht

Flohn: Vom Regenmacher zum Wettersatelliten, Fischer 1974
Fortak: Meteorologie, Berlin 1972
Robert Scultetus: Klimatologie, Westermann 1969
A. Hofmann: Probleme um die Wettervorhersage, Westermann 1969
Claus Keidel: Wolkenbilder und Wettervorhersage, BLV Naturforscher 1980
Wallington-Jaekisch: Meteorologie für Segelflieger, Limpert Verlag Frankfurt 1964
Heinr. Prügel: Maritime Meteorologie, Sozialwerk für Seeleute. Okt. 1978
Autorenteam des Seewetteramts Hamburg: Seewetter, DFV 1984
Time-Life (Nederland): Das Wetter, 1966
Geo-Heft: Das Wetter, 1981. Gruner und Jahr
Wetterkarten des Deutschen Wetterdienstes, Europäische Karte
Abonnement Deutscher Wetterdienst Offenbach
Abonnement Berliner Wetterkarte und Satellitenbilder zu beziehen vom Institut für Meteorologie und Geophysik Berlin-Dahlem, Podbielskistraße